本书为国家社会科学基金教育学一般项目
"社会流动背景下受虐儿童保护体系研究"
(BHA170130) 项目成果

异化与拯救

儿童创伤的心理发展与保护研究

袁宗金 著

Alienation and salvation

A Study on the Psychological Development and
Protection of Trauma in Children

中国社会科学出版社

图书在版编目(CIP)数据

异化与拯救:儿童创伤的心理发展与保护研究/袁宗金著. —北京:中国社会科学出版社,2022.12

ISBN 978-7-5227-1067-9

Ⅰ.①异… Ⅱ.①袁… Ⅲ.①儿童心理学—发展心理学—研究 Ⅳ.①B844.1

中国版本图书馆 CIP 数据核字(2022)第 231286 号

出 版 人	赵剑英
责任编辑	李金涛
责任校对	臧志晗
责任印制	李寡寡

出　　版	中国社会科学出版社
社　　址	北京鼓楼西大街甲 158 号
邮　　编	100720
网　　址	http://www.csspw.cn
发 行 部	010-84083685
门 市 部	010-84029450
经　　销	新华书店及其他书店
印刷装订	三河市华骏印务包装有限公司
版　　次	2022 年 12 月第 1 版
印　　次	2022 年 12 月第 1 次印刷
开　　本	710×1000　1/16
印　　张	16.75
插　　页	2
字　　数	263 千字
定　　价	98.00 元

凡购买中国社会科学出版社图书,如有质量问题请与本社营销中心联系调换
电话:010-84083683
版权所有　侵权必究

目 录

导论 ……………………………………………………………（1）
    第一节　问题之源 ……………………………………………（1）
    第二节　已有视域和问题域 …………………………………（10）
    第三节　问题域的推进 ………………………………………（30）

第一章　童年期受虐量表的编制 …………………………………（41）
    第一节　量表编制前的预备研究 ……………………………（41）
    第二节　量表第一稿测试及结果分析 ………………………（45）
    第三节　量表第二稿测试及结果分析 ………………………（57）
    第四节　正式量表的形成与施测 ……………………………（67）
    第五节　关于儿童期受虐量表的特点和使用 ………………（75）

第二章　受虐儿童的情绪问题行为 ………………………………（78）
    第一节　受虐儿童情绪问题行为概述 ………………………（78）
    第二节　受虐儿童情绪问题行为的发展特点 ………………（85）
    第三节　受虐儿童情绪问题行为产生的生理机制 …………（88）
    第四节　受虐儿童情绪问题行为产生的心理机制 …………（101）

第三章　受虐儿童的自我发展 ……………………………………（115）
    第一节　自我发展概述 ………………………………………（117）
    第二节　受虐儿童的自我发展及其对健康的影响 …………（127）

第四章　受虐儿童的家庭教养方式与依恋 ……………………（135）
　　第一节　家庭教养方式概述 ………………………………（135）
　　第二节　受虐儿童的家庭教养方式 ………………………（142）
　　第三节　受虐儿童的依恋发展及其对健康的影响 ………（152）

第五章　受虐儿童的自尊发展 ………………………………（160）
　　第一节　自尊发展概述 ……………………………………（160）
　　第二节　受虐儿童的自尊发展及其对健康的影响 ………（162）

第六章　受虐儿童的心理弹性 ………………………………（173）
　　第一节　心理弹性概述 ……………………………………（173）
　　第二节　受虐儿童的心理弹性发展及其对健康的影响 …（181）

第七章　儿童保护的国际经验 ………………………………（189）
　　第一节　儿童保护的历史发展 ……………………………（189）
　　第二节　儿童保护的基本原则 ……………………………（193）
　　第三节　儿童保护的法律保障 ……………………………（200）
　　第四节　儿童保护的社会保障 ……………………………（208）

第八章　中国儿童保护的政策进展与趋势 …………………（220）
　　第一节　儿童保护法律法规体系的建构与取向 …………（220）
　　第二节　儿童保护社会支持体系的建构与取向 …………（231）
　　第三节　社会工作系统的介入和实践流程 ………………（240）
　　第四节　受虐儿童的社会救助典型案例 …………………（244）
　　第五节　受虐儿童的社会支持体系建构 …………………（246）

参考文献 ………………………………………………………（251）

后记 ……………………………………………………………（263）

导　　论

第一节　问题之源

一　虐童现象的严峻性

中国有3.2亿儿童，占世界儿童总数的70%。① 根据国际经验，针对儿童的暴力，包括虐待、忽视和剥削，发生率在10%以上。在虐待儿童的案件中，父母为主要的加害者，其次为照顾者、同居人、亲戚和教育机构。打开电视，常常会看到儿童被虐待的新闻。2岁大的男童身上有多处香烟烫伤的痕迹和瘀血。7岁的女童被遗弃街头，父母不知去向。环顾周围，父母打骂孩子的事情也经常发生。四川成都阳阳小朋友8个小时被爸爸打17次，阳阳被打得满脸是血的照片还上了热搜。河南某男子生育8个子女，经常捆绑虐待孩子，并出租自己孩子给小偷盗窃做掩护。深圳9岁女童被父母虐待，浑身伤痕累累，送进医院抢救时已经昏迷。汕头姐弟俩被父母长期虐待，体无完肤。杭州父亲虐待2岁女童只为给前妻炫耀。黑龙江省庆安县街头10岁左右的女孩被继母打成熊猫眼。新闻媒体对儿童受虐问题进行的大量报道产生了轰动效应，得到社会的广泛关注，引起了人们的道德恐慌。在社会流动背景下，儿

---

① 张惠君：《媒介素养教育需要国家层面的推动》，《中华读书报》2017年6月21日第10版。

童成长中面对的风险增加,虐童事件刺痛了公众神经,家是儿童的快乐"城堡",但发生在"城堡"里的虐童行为已不再是"家事",而成为社会公共事件。虐待对儿童身心健康发展有着极大的危害,而且其危害可能波及孩子的整个人生过程,更可能是未来社会问题产生的根源。

近年来,侵害儿童的案件越来越多,呈明显增长趋势,纳入司法程序审理的儿童性侵案件,从 2013 年 666 例上升至 2018 年 2479 例,增长 3.7 倍。检察机关提起公诉侵害未成年人的犯罪人数显著增长,2017年、2018 年、2019 年分别为 4.75 万人、5.07 万人和 6.29 万人,2018年和 2019 年分别比前一年增长 6.7% 和 24.1%(图 1)。虽然纳入司法程序的儿童侵害案件逐年增加,但与实际发生侵害儿童事件总数相比占比仍然很小。由于儿童伤害事件具有很强的隐蔽性和隐私性,以及儿童本身不敢或不善于表达,因此在侵害儿童案件的发现环节存在很大困难。①

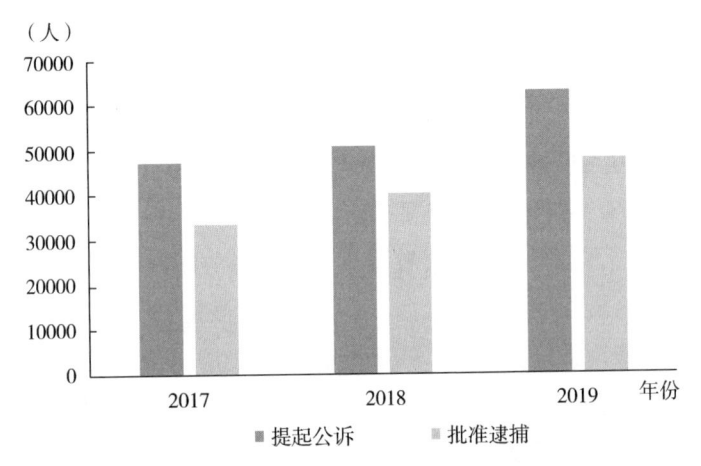

图 1　2017—2019 年办理侵害未成年人犯罪案件情况

资料来源:最高人民检察院 2020 年 6 月发布的《未成年人检察工作白皮书(2014—2019)》。

儿童虐待从冰冷的统计数字到社会新闻触目惊心的报道,再到身边真实的生活情境,常常让社会大众心痛与不解。2014—2018 年中国新闻网总计报道虐童事件 508 篇。新闻报道的数量和变化趋势可以从整体

---

① 徐富海:《中国儿童保护强制报告制度:政策实践与未来选择》,《社会保障评论》2021年第 3 期。

上反映出媒体对于虐童事件的关注程度。以中国新闻网为例,2014年报道虐童事件新闻138篇,占2014—2018年同类事件报道总量的27.1%;2015年虐童报道180篇,占总量的35.4%;2016年60篇,占总量的11.9%;2017年67篇,占总量的13.2%;2018年63篇,占总量的12.4%。就整体而言,中新网虐童事件报道数量于2015年达到波峰,出现180篇的小高潮,之后呈递减趋势。①

表1-1-1　　　2014—2018年中新网虐童事件报道的数量分布

年份	报道数量(篇)	百分比(%)
2014	138	27.1
2015	180	35.4
2016	60	11.9
2017	67	13.2
2018	63	12.4
合计	508	100

人格的发展具有阶段性和连续性,某一阶段的特殊矛盾得不到顺利解决,就会影响个体的健康发展。儿童期虐待和忽视会导致明显的甚至可能持续一生的心理问题。成年是童年阴影的放大器,那些童年的创伤,往往在成人后导致个体心理疾患的发生。儿童虐待不仅会使受虐个体产生身心问题,也可能导致社会问题,加重社会负担,成为一项严重的社会公共卫生问题。采取有效措施,保护幼童免于暴力的伤害,脱离恐惧的深渊,在家长的陪伴和社会支持的友好环境中健康成长,是社会需面对的迫在眉睫的问题。

二　虐童问题的社会性

(一)传统文化的社会桎梏

在传统文化中,成为"最优秀的人"是获得家庭认证的唯一标准。

---

① 徐鑫馨:《中国虐童事件报道研究——以中国新闻网(2014—2018)为例》,硕士学位论文,山东大学,2019年,第18页。

这种最佳价值观通常表现在"学习成果"上。为了拯救家庭,每个孩子都用自己的生命作为一面镜子,规划考试工程,全力取得好分数,以便给祖先再一次"重生"的机会。"是人""不是人"简单二元的推论在家族历史传承演化过程中,成为家族成员信奉并留存于血液中遗传的基本元素,人人都被这样的规则塑造出自己在家中的位置及生命的样式,每个成员用自己的生命、行为及人格效忠于这样的"诅咒",而效忠的目的是为了让家族最重要的人认证自己成为"人",家族的传承与家族的效忠在出生时就被植入孩子的信念中。[①] 这样的教育只会褪去孩子的纯真,剥夺孩子的创意,让孩子成为知识的工具和教育的附庸,在这样贫瘠的思想中,儿童失去对于个体生命尊严的关注,也无法孕育对"他者生命主体性"的尊重。从2015年《扬子晚报》的一篇新闻报道可以看出虐童行为背后的社会观念和价值。

[案例报告] 因男孩施某某没完成课外作业,养母李某某把孩子的头和手摁在地板上摩擦,用跳绳抽打,致使男孩双手、双脚以及背部大面积出现红肿痕迹。李某某对孩子的期望很高,渴望孩子在学校表现优秀,孩子成绩不好就要责打。每当自己打完孩子,看到孩子身上的伤痕,自己也会心疼和后悔,可是没过几天孩子又开始逃课,不按时完成作业,学习成绩下降,她心里更加恼怒,变得更苛刻了。在打孩子的时候,她会冲动地用任何能得到的东西。夫妻俩经常会为孩子的教育问题争吵。丈夫不在家,儿子的学习情况更糟。老师们抱怨孩子上课时睡觉,不交作业,欺负其他同学。班主任经常发现施某某身上的伤疤和伤口,于是找母亲谈话。作为回应,李某某打得更厉害。[②]

惩罚是一种彰显权威的方式,目的是规训一个听话的躯壳,通过作

---

① 袁宗金:《儿童提问的消逝——基于教育文化的社会学分析》,《南京晓庄学院学报》2018年第10期。
② 季宇轩:《"虐童"养母李某涉嫌故意伤害被刑事拘留》,《扬子晚报》2015年4月3日第6版。

用于儿童的身体，塑造儿童的身心以适应社会，使个体能为社会所用。家长认为教育需要通过惩罚来标识社会界限，虽然惩罚本身不会创造规范，但是它可以防止儿童失范和脱序。成绩优秀可以实现社会阶层向上流动，获得更好的社会声望与经济利益，让家庭的文化资本和经济资本更好地传承。这样，取得好成绩就成为教育的重要目标，通过考试进入更好的学校成为家长和孩子的普遍期望。"规范"要求孩子认为，父母的语言和行为都是正确的，是不容置疑的；而"规范"使父母都有一套"把孩子教好"的价值标准，父母要竭尽所能地管教孩子。打骂便成了快速有效的方式，孩子只有挨打才会感觉到疼和痛苦，才会改正自己的错误行为，这是父母的管教责任，也是社会对父母角色的期许，如果孩子不服从和反抗，就是在挑战长辈的权威和尊严，漠视父母的良苦用心。

在人们的心中，家是一座堡垒，是温暖的避风港，具有保护及照顾的功能，每当孩子遇到挫折或陷入困境，总有父母在背后及时地支持与鼓励。家是每一个人的根，是儿童生活与成长的地方，孩子与家庭有着亲密的情感联结。如果家庭经常发生暴力与冲突，不能提供有效庇护，将严重影响儿童的人格特质、行为倾向、自我概念、价值观和人际关系的发展。在社会文化建构下，父母亲行使亲权，教养子女"出人头地"。然而当父母在行使管教权时，也容易失去分寸，忽略儿童的主体性与权利，让孩子受到伤害。家长喜欢攀比，在孩子学习表现落后时，总是通过贬损来鞭策孩子进步，用羞辱和恐吓的方式激励孩子奋起直追，结果给孩子的生活和学习带来巨大的心理压力。

（二）家庭观念的社会惯习

[案例报告] 2012年10月5日，浙江乐清市发生一起"父亲殴打6岁女儿致死事件"。夫妻带着6岁的女儿小茹外出打工，起初一家人其乐融融，虽然日子过得清苦，但也高高兴兴。妻子常对女儿说："我们虽然现在是租房，但是我和你爸每个月都能存下点钱，相信过不了多久，我们就会有自己的房子了。"可是最近一段时间，丈夫变得很奇怪，也不出去上班，整天守着电脑打游戏。由于丈夫沉迷于网络游戏而不去工作，妻子看不下去就忍不住骂丈

夫，于是家里开始了两天一小打、五天一大打的日子。丈夫骂不过妻子，就常常拿女儿出气；妻子打不过丈夫，也常因为一点小事对女儿大打出手。据租给这对夫妻房子的房东说，小茹的老师打来电话说孩子最近成绩不太好，父亲就觉得为什么别人家的孩子都那么聪明，自己的孩子这么笨，气得他就想打孩子。直到有一次，女儿被打之后倒在了卧室里，再也没有醒来。夫妻得知女儿被自己虐待致死之后后悔不已，但为时已晚。①

家庭暴力是指家庭成员之间以殴打、捆绑、残害、限制人身自由以及经常性谩骂、恐吓等方式实施的身体、精神等侵害行为，不仅是家庭问题，同时也是社会问题。② 如果父母把孩子带到这个世界，却又让孩子遭受身体或情感虐待，那就是家庭暴力。社会文化虽然对个人形成外在束缚，但同时也可能通过外在力量重新形塑个体。有别于复制自身生命经验里的负向童年教养经验，父母与儿童之间的信任关系程度会影响家庭环境的转变以及儿童主体权利的发展：信任关系越高，父母就越能开放与乐意倾听；信任不足的亲子关系容易产生冲突和对立的情境。③ 经常虐待儿童的父母自己也可能曾经受到虐待，有些人把孩子当作替罪羊，以此来发泄他们的愤怒和沮丧。这些孤立无援的父母往往缺乏安全感，不确定自己是否被爱，只能求助于孩子，要求孩子满足自己的愿望，把孩子看作安慰的源泉、堡垒和爱的回应。这样的父母会有很多不合理的要求，要求孩子表现得像成年人一样，当孩子无法满足要求时，他们会感到沮丧和失望，当意识到自己的愿望被拒绝，他们会使用更多的虐待和暴力。

专制型家长认为，孩子是家庭的私有财产，惩罚孩子是父母的私

---

① 潘杰：《乐清"狼爸"体罚女儿致死的背后》，《今日早报》2012年10月8日第5版。
② 陈友华、佴莉：《家庭暴力：社会工作干预与社会学思考》，《扬州大学学报》（人文社会科学版）2018年第5期。
③ Beristianos, M. H., Maguen, S., Neylan, T. C., Byers, A. L., "Trauma Exposure and Risk of Suicidal Ideation Among Ethnically Diverse Adults", *Depression & Anxiety*, Vol. 33, No. 6, 2016, p. 495.

导 论

事。家长在家庭里常常处于权威地位，孩子无法反抗管教和约束，否则就会受到严厉的指责和惩罚。他们习惯将自己的意志凌驾于孩子之上，不是把自己的烦恼归咎于孩子，就是在孩子的言语行为里挑毛病。他们要求孩子按照自己的意愿做事，并且要绝对地服从自己，不会考虑满足孩子的愿望和需求，而且会对孩子的行为施以控制。孩子稍有不从，就会受到体罚或言语上的侵犯。这样的亲子关系是不平等的，看护人和孩子只是单纯的管与被管的关系。有些父母与上一代人相处得不融洽，经常发生争吵和暴力，结果很容易引起孩子的模仿行为。这样的教养方式不仅不利于良好亲子关系的形成，还会让孩子在处理同伴关系时，通过对其他孩子施加暴力来寻求安慰，形成攻击性行为。

家长认为惩罚儿童身体可以发挥有效的教育作用。惩罚的目的是生产"柔顺的肉体"，通过对儿童身体的征服建立一种关系。这样儿童的身体变得顺从有用，不仅在"做什么"方面，而且在"怎么做"方面都会符合家长的愿望。身体不但变成权力运作的对象，同时也是可以被驾驭和改造的肉体。身体是可以被相关个人与社会系统操控和塑造的东西。儿童的身体具有未完成性，受社会文化的建构，而当身体变成家庭系统所操控的对象时，家长通过惩罚参与规训儿童的身体，让孩子更具有"生产力"。家长是社会价值观和信念的载体，在很大程度上有助于塑造规范化的个体，同时也规约了儿童共有的身体经验。

父母对子女的养育问题似乎成了雷区，加剧了人们的不安全感和危险感。家庭开始被视为危险地带，其中的许多成员被认为不断地处于危险之中。家庭不再被描绘成"庇护所"，而是儿童可能遭受虐待的"危险丛林"，下面一个母亲的叙述展现出现代家庭亲子关系的风险谱系。

[访谈记录]（叶女士，天景山社区中心，2017.9.2，10：20）
几年前，生了两个孩子，抚养孩子的经济压力让家庭不堪重负，我们不得不住在一个40平方米的安置房。为了生计，丈夫外出打工，自己不得不独自抚养孩子。很多时候不得不胸前抱着一个孩子，背上还要背着另外一个孩子，手臂感觉像千钧重担一样。没有一次正常时间吃饭，晚上也睡不了几个小时。夜晚孩子不停地找麻烦或者

哭，一直在嚎叫。孩子让我紧张，婆婆对我有偏见，她经常无缘无故地责怪我。后来自己越来越紧张，甚至日复一日，形成了一种对自己的愤恨，当一切都发生的时候，便会爆发出来。周围似乎太喧闹了，自己失去了热情。可怜的孩子们，打了他们一巴掌，又掐了他们。事后自己又会自责，一边哭着一边在孩子耳边说："我感到很抱歉。"用手抚摸他们脸上的瘀伤，不能原谅自己做了这些，因为我真的爱他们，不希望他们被我自己的愚蠢所摧毁。

通过访谈得知，叶女士的童年受过严重的身体虐待，无法以积极的方式表达自己的感受，只能通过体罚孩子来释放自己的不满和愤怒。这种愤怒是"他者"的语言，是"他者"在"我"内心说话，因为"我"的愤怒是指向"他者"，以他人和他物为意义的所向。父母亲通过语言损害儿童的自我价值感，如"你真垃圾""你就是个废物"；以轻蔑性的言语羞辱儿童的自尊，如"我真后悔生了你""要是没有你，我也不用这么辛苦""你什么都做不好，不如去死好了"，这些是许多人小时候常常听到的话语，没有人觉察到这是一种精神虐待。面对威胁和恐吓，儿童身体释放出防卫的物质，导致高度警惕的心理状态，即使威胁解除，他们的过度防卫或者焦虑还是会如影随形，只要遭遇新的类似场景，就会引发恐惧和过度反应。

从病理学角度来看，家庭可以看作虐待的孵化器，制造有害的耻辱、有害的怒气和有害的自我怀疑，家长在施虐中寻找自己的处境，这个处境是在自己的"过去"被"现在"唤醒中体验的。面对"当下"家庭生活里的"可能性"，个体的恐惧是自我状态的"悬置"，源于缺乏坚实依靠的"立身之处"。这种"悬置"是内心的实然状态，往往在言语中表现为"害怕""忧虑"。它是过去经验的展现，也是自我内心的存有状态。虐待经历与暴力的影响是长期的，对受害人来说是无期徒刑，受欺辱在孩子的心灵中留下了创伤，几乎没有什么办法能消除这种精神伤害的影响，结果导致心理障碍或疾病，如社交恐惧症、创伤后紧张失调以及注意力不集中等，就像病毒、细菌或污染物一样，当人被它们感染时，想要摆脱它们的影响是非常困难的。

（三）教育场域的德行失范

[**案例报告**] 近年来，幼儿园教师虐童事件不绝于耳。我们不禁要问：幼儿教育究竟出了什么问题？2017年11月22日晚，红黄蓝幼儿园的十几位家长相继报案，称园长和老师涉嫌猥亵，有四名小女孩的下体红肿，一名女孩被猥亵至昏迷。2017年11月初，携程托管亲子园教师打孩子的视频在网上流传，视频显示，教师除了殴打孩子，还强喂幼儿疑似芥末物。西安枫韵蓝湾幼儿园长期给无病孩子喂食不明药片、喝褐色糖浆以及注射棕色液体。河北省民办幼儿园教师用针扎体罚幼儿并逼他们喝尿。山西某幼儿园教师连扇儿童70多个耳光。黑龙江某幼儿园老师一天打两岁半孩子4次。①

令人震惊的是，以上案例只不过是冰山一角。通过梳理慧科新闻数据库中的相关报道可知，2014—2018年，虐待儿童事件逐年增加，据不完全统计，被媒体关注和报道的虐童事件高达508起。通过图片和视频可以发现，在触目惊心的虐待事件中，最为常见的虐待方式是殴打和体罚，如扇耳光、揪耳朵以及打屁股等，如浙江温岭某幼儿园小班老师颜某红，双手拎着一名小男孩的双耳，还叫同事拍下照片。每当虐童事件发生时，大家都会谴责幼儿教师没有素质，缺乏职业道德。但从更深层次的心理层面分析，教育场域是教师个人的经验世界，而个人是经验世界的中心。教师个人在与教育环境互动的经验中构成了自我概念，重要他人和文化的评价影响教师自我概念的形成，当两者不一致时，就会产生内在心理冲突，任何与自我组织或结构不一致的经验都会被视为威胁。当个体感受到较多来自外界的威胁，自我结构就会以更加稳固的组织来维持自身的稳定。当幼儿教师来自经验的痛苦与自我概念不一致时就产生了心理失调。当代中国社会的急剧转型，幼儿园教师过低的经济

---

① 袁飞飞、孔维民：《幼儿园教师虐童事件的起因与应对》，《陕西学前师范学院学报》2019年第3期。

待遇与社会地位,让部分幼师产生无力感与无助感,使得他们普遍缺乏安全感,进而欺凌远比自己更为弱势的幼童群体。施暴让他们在面对儿童恐怖的表情时获得一种虚假的强大感,这样在工作生活中累积的压力和负面情绪就可以在一定程度上得到释放和缓解。

在去幼儿园的路上,家长对孩子说得最多的一句话是"在学校要听老师的话",当这种"老师权威"观念慢慢植入孩子头脑中时,一旦这个权威伤害到自己,那么他们除了恐惧还能做什么呢?孩子从小受到的教育是:"你要听话,你要是不听话的话就会被抓走,不听话就不给你买好吃的。"孩子潜意识里觉得只要听话就可以。但是教育的目的仅仅是产生听话的好孩子吗?孩子从小养成的观念使他们不敢质疑大人的所有行为,也不知道大人什么样的行为是错的,更不要提反抗了。

教师逾越身体界限,侵犯儿童的身体使用权,这究竟是为了促进儿童学习能力的提高,还是为了出气?体罚变成权威者的利器和维护秩序的防线。然而事实并非真的如此简单,因为孩子看不到所谓教鞭后面的"爱",看到的只有愤怒的情绪,学到的是"暴力就是力量"的观念,他们极可能在长大后成为暴力的实施者。"暴力有增加趋势"的观点使得人们形成一种共识,即每个人都可能是受害者或施虐者。人们对邪恶的虐待产生恐慌,认为几乎每个家庭中都有潜在的虐待者。每一起虐童事件的曝光,都会点燃公众的怒火,但除了愤怒,人们不应当忘记自己还有履行强制报告的义务。很多虐童案的背后,家属和邻居有所察觉,但都没有采取措施制止暴力。

第二节 已有视域和问题域

一 儿童虐待的定义、类型及成因

儿童虐待是目前较为严重的社会问题之一,与配偶虐待、老人虐待并列为家庭虐待的三大主要类型。儿童虐待是指对儿童有抚养、监管义务及操纵权的人做出足以对儿童健康、生存、生长发育及尊严造成实际或潜在伤害的行为，包括各种形式的躯体虐待、情感虐待、性虐待、忽视及对其进行商业的或其他形式的经济性剥削。①

虐童的种类可以分为四种：第一是疏忽照顾，儿童在衣食住行及医疗方面缺乏照顾，成长所需要的身体和情感等基本要素缺乏，导致儿童身体虚弱、营养不良或健康极差；第二是身体虐待，即故意用强力对儿童施行体罚，使儿童受到伤害以至需要治疗，或用武力暴力令儿童受伤甚至死亡；第三是心理虐待，持续地辱骂、恐吓、威胁或排斥儿童，或对儿童有不合情理的差别待遇，导致儿童在身体发育、情绪和心理行为等方面发展受到阻碍；第四是性虐待，即对儿童进行性侵犯或利用儿童进行性活动，包括乱伦或逼迫卖淫等。② 通过常见的受虐案例可以对儿童虐待的四种类型进一步说明。

（一）忽视型虐待

电视剧《都挺好》中的苏明玉从小被父母忽视，无论是读书机会还是生活待遇都比家里的男孩子低一等。类似这种受到性别偏好影响或在重组家庭成长的孩子，因为各种原因很少被父母照顾到需求，家长除了严厉管教就是苛责打骂。这种忽视型虐待对孩子的心灵损伤很大，让孩子从小缺乏依恋安全感。

（二）情感型虐待

情感型虐待是指在亲子、师生关系中，一方受到另一方的言语攻击、羞辱、讽刺、贬损，导致心理受到折磨，从而引发焦虑、抑郁甚至更严重的心理问题。情感型虐待在幼儿园并不少见，当幼儿不能遵守幼儿园常规时，老师常常会说，"你是坏孩子，我们都不理你！""你真是狗改不了吃屎呀！"等等，这是对幼儿的情感凌辱。

（三）身体型虐待

据报道，2020年7月，江西上饶12岁男童满身伤痕死于家中，

---

① Giovannoni, J. M., *Child Maltreatment: Theory and Research on the Causes and Consequences of Child Abuse and Neglect*, New York: Cambridge University Press, 1989, p. 3.
② Gershoff, E. T., "Corporal Punishment by Parents and Associated Child Behaviors and Experiences: A Meta-analytic and Theoretical Review", *Psychological Bulletin*, Vol. 128, No. 6, 2002, p. 539.

父母有重大嫌疑。孩子的爷爷说看到孙子时，他全身都是伤，手腕上还有被吊起来后留下的勒痕。孩子的父母张某辉、张小美结婚后生活条件一般，生了3个孩子，大儿子康康基本上由爷爷带大，从小到大，孩子父母只支付过1000元抚养费；次子被夫妻卖掉；小儿子才两岁。因为父母对孩子基本不管，12岁的康康跟父母感情也比较淡薄，不愿意听父母的话，再加上父母脾气暴躁，在一次冲突中酿成了惨剧。①

（四）性虐待

留守女童受到自己的抚养人、监管人、寄养人性侵或性虐待的案件经常发生。留守儿童多出生于低收入家庭。父母由于学历不高，对留守儿童的照顾常常停留在物质阶段，对儿童的情感需要较为忽视，很少与儿童交流情感上的问题，这也使得留守女童受到性侵或性虐待的概率较高。

在儿童虐待中，身体虐待和性虐待是严重伤害，情感虐待排在其后，忽视是程度最轻的伤害，而且在每一类行为内部也有所区别。在不同形式的身体虐待里面，烫伤是最严重的行为（伤害指数等级为8.45，最高等级为9），用皮带抽打儿童则被归为中等程度伤害（伤害指数等级为4.76）。② 儿童受到虐待主要有以下几点原因：（1）家庭因素，单亲或离异家庭结构，父母亲有童年期遭受虐待的经历；（2）儿童因素，儿童患有生理、精神或行为方面的疾病；（3）社会因素，社会大众和媒介对体罚的态度与看法；（4）施虐者个人因素，如缺乏自信、自我控制力弱和人格特质不成熟等，不仅影响其产生虐待行为，也会影响其生活和社会适应力；（5）生态环境因素，如经济压力和被扭曲的社会文化等，是形成施虐者暴力的外在因素。③

儿童虐待具有全球普遍性，每年有将近10亿儿童遭受虐待，占世

---

① 佚名：《江西12岁男童遭父母虐打惨死》，《南风窗》2020年第8期。
② Kim, H., Wildeman, C., "Lifetime Prevalence of Investigating Child Maltreatment among US Children", *American Journal of Public Health*, Vol. 107, No. 2, 2017, p. 274.
③ Chang, Y. C., et al., "Child Protection Medical Service Demonstration Centers in Approaching Child Abuse and Neglect in Taiwan", *Medicine*, Vol. 98, No. 4, 2016, p. 95.

界儿童人数的一半；又存在地域与文化差异，从欧美到非洲的各个大陆都有儿童虐待的报告，但在东亚部分国家和地区，情感虐待和忽视更为严重，受虐待儿童成年后自杀率比欧洲高9倍。① 中国儿童虐待现象也较为普遍且影响深远。2015年方向明的一项研究显示，中国18岁以下受虐儿童有26.6%遭受过身体虐待、19.6%遭受精神虐待、8.7%的性虐待和26.0%的忽视。② 万国威对中国西南地区2899名女孩的调查研究也显示，受访者儿童期遭受身体虐待、精神虐待以及忽视等行为分别高达62.6%、74.7%和58.5%。③ 可见儿童虐待普遍存在，并对儿童生理与心理健康造成深刻影响。

近年来，对儿童期虐待与生理、心理健康关系的研究主要着眼于儿童期虐待对内分泌水平、脑结构变化、精神疾病以及认知能力等的影响。④ 儿童期虐待有可能导致皮质醇与儿茶酚胺等多个指标的增高，同时也将影响儿童杏仁核、海马体、胼胝体以及大脑皮质的发育。⑤ 儿童期虐待与成年以后出现的精神疾病具有很强的关联性，儿童期虐待不仅增加了儿童出现精神疾病的种类与概率，还会影响其精神疾病出现的时间与治疗难度并造成其认知功能紊乱。⑥ 本书在对已有研究进行梳理的基础上，厘清当下儿童期虐待与儿童生理、心理健康关系研究的脉络，展望未来研究的着力点，以期为儿童期虐待的深入研究

---

① Beristianos, M. H., Maguen, S., Neylan, T. C., Byers, A. L., "Trauma Exposure and Risk of Suicidal Ideation among Ethnically Diverse Adults", *Depression & Anxiety*, Vol. 33, No. 6, 2016, p. 495.

② Fang, X., Fry, D. A., Ji, K., Finkelhor, D., Chen, J., Dunne, M. P., "The Burden of Child Maltreatment in China: A Systematic Review", *Bulletin of the World Health Organization*, Vol. 93, No. 3, 2015, p. 176.

③ Wan, G. W., Wang, M., Chen, S., "Child Abuse in Ethnic Regions: Evidence from 2899 Girls in Southwest China", *Children and Youth Services Review*, Vol. 105, No. 3, 2019, p. 1.

④ Bernard, K., Frost, A., Bennett, C. B., Lindhiem, O., "Maltreatment and Diurnal Cortisol Regulation: Ameta-analysis", *Psychoneuroendocrinology*, Vol. 78, No. 3, 2017, p. 57.

⑤ Quidé, Y., Oreilly, N., Watkeys, O. J., Carr, V. J., Green, M. J., "Effects of Childhood Trauma on Left Inferior Frontal Gyrus Function during Response Inhibition across Psychotic Disorders", *Psychological Medicine*, Vol. 48, No. 9, 2018, p. 145.

⑥ Kisely, S., Strathearn, L., Mills. R., Najman, J. M., "A Comparison of the Psychological Outcomes of Self-reported and Agency-notified Child Abuse in a Population-based Birth Cohort at 30-year-follow-up", *Journal of Affective Disorders*, Vol. 280, No. 12, 2021, p. 16.

提供有益借鉴。

二 儿童期虐待的预测因素

儿童虐待的高发率、广泛性和严重程度已成为世界各国学者普遍关注的话题，随着社会对儿童虐待关注度的不断提高，儿童虐待研究领域的文献也逐渐增加，研究者的数量也不断增多。在美国，儿童虐待发生率并不低，每年至少有200万儿童遭受各种形式的虐待，其中躯体虐待发生率极高。加拿大每年至少有13.35万儿童遭受各种形式的虐待，在虐待类型中，躯体虐待和情感虐待占总数的60%以上。[1] 由此可见，关注儿童虐待问题刻不容缓。

相较于其他国家，中国对于儿童虐待的研究起步较晚，关于儿童虐待的研究论文数量相对较少，但近几年有所增加，学界开始逐渐重视对儿童虐待的研究。首先进行虐童研究的是孟跃庆等学者，他们对济宁郊县1139名儿童进行的躯体虐待调查显示，1个月内孩子受父母殴打的发生率为43%，男童受父母责打的次数高于女童，父母对孩子的责打方式主要有用手打、用脚踢、用器械打以及其他方式等等，其中，用手打占90%以上。[2] 此外，王永红和陈晶琦的研究发现，76.2%的大专生有童年时期受虐经历，其中59.4%的人遭受过躯体虐待，61.5%的人遭受过精神虐待，10.2%的人遭受过性虐待。[3]

赵幸福等学者对河南省新乡农村中学生的调查结果显示，有虐待经历的儿童大多同时有两种或两种以上的虐待经历，大部分都是躯体虐待和情感虐待。[4] 杨世昌等人的研究也表明，每个受虐儿童大概遭受过

---

[1] Taliaferrofacep, "Injury Prevention and Control", *The Journal of Emergency Medicine*, Vol. 68, No. 2, 1998, p. 489.
[2] 王建、刘兴柱、孟庆跃等：《儿童虐待频度及影响因素分析》，《中国社会医学》1994年第1期。
[3] 王永红、陈晶琦：《1762名大专学生童年期虐待经历及影响因素分析》，《现代预防医学》2012年第18期。
[4] 赵幸福、张亚林、李龙飞：《435名儿童的儿童期虐待问卷调查》，《中国临床心理学杂志》2004年第12期。

2.2 种方式的暴力和虐待。① 因此，探究影响儿童虐待的因素，积极做好预防工作至关重要。儿童虐待的影响因素主要可分为家庭因素、社会因素以及儿童个人因素。②

（一）家庭因素

父母是孩子的主要照顾者，也是儿童期虐待事件中最普遍的施虐群体。19 世纪以前，不论在中国还是在西方国家的教育语境中，儿童都隶属于父母，因而父母有权教育甚至惩罚儿童。在这一观念的影响下，作为儿童最重要的抚养者与教育者的父母，便成为对儿童施虐的主要人群。相关研究表明，儿童期虐待通常发生在家庭中。据一项针对中国儿童期虐待案件的研究统计，在 2008—2013 年报道的 697 起虐童案件中，父母虐待占 84.79%。③ 事实上，父母的人格特征、亲子关系、受教育程度甚至受虐待史都影响其对儿童的行为态度。

首先，父母的人格特征是影响儿童期虐待的重要因素。当父母的人格健康时，虐待发生的可能性较低；而父母有人格障碍、精神疾病甚至创伤史都将显著增加其施虐的可能性。一项对儿童期虐待风险因素的研究发现：父母有人格障碍或精神疾病的情况下，儿童出现情绪障碍的风险显著增高，而这也与儿童期虐待事件的发生直接相关。④ 杨世昌等人对受虐待儿童与非受虐待儿童进行对照研究，发现两组儿童在养育方式上存在显著差异，受虐待儿童的父母经常会对孩子持抱怨和不满态度，经常批评孩子，和孩子互动时也容易产生愤怒情绪，极易与孩子产生冲突，且经常对儿童进行体罚和躯体攻击。⑤

其次，婚姻关系和亲子关系同样可以作为儿童虐待的预测因素。通

---

① 杨世昌、杜爱玲、张亚林：《国内儿童受虐状况研究》，《中国临床心理学杂志》2007 年第 5 期。

② 葛海艳、刘爱书：《基于发展生态理论的儿童虐待风险因素及其累积效应》，《中国学校卫生》2019 年第 1 期。

③ 查小兰：《我国家庭中"虐童"犯罪现状及对策研究：基于 49 起判决文书的分析》，《青少年学刊》2020 年第 5 期。

④ Schneider, W., "Single Mothers, The Role of Fathers, and the Risk for Child Maltreatment", *Children and Youth Services Review*, Vol. 81, No. 2, 2017, p. 81.

⑤ 杨世昌、张亚林、黄国平、郭果毅：《受虐儿童个性特征初探》，《中国心理卫生杂志》2004 年第 9 期。

常而言，如果父母的感情深厚、关系良好，将会有效增进亲子之间的感情，减少虐童事件发生；若父母关系长期不和甚至离异，则会在一定程度上增加儿童受虐待的概率。相关研究发现，不稳定的婚姻、低家庭凝聚力和糟糕的配偶关系是导致虐待儿童的重要因素，一些家庭成员甚至还可能将虐待孩子作为威胁其他家庭成员的手段。① 离异家庭或者单亲家庭的孩子会比由父母共同抚养的孩子经历更多的虐待，可能是因为离异家庭的父亲或母亲负担过大，容易将生活上和工作上的不满带到孩子身上，对孩子发泄不良情绪。② 近年来随着离婚率的增加，如何解决离异家庭儿童虐待发生率高的问题，也是研究者要多加思考的。家庭因素的另一方面则是亲子关系，亲子关系越差，儿童虐待的发生率越高，不和谐的亲子关系是导致虐待发生的关键风险因素之一。其他研究还发现，家庭中较低水平的亲子依恋和对儿童的高期望可能增加抚养者虐待的风险。③

最后，父母的受教育程度也在一定程度上影响儿童期虐待的概率。具体而言，受教育程度越低的父母越容易出现虐待儿童的行为。一项针对美国176件严重虐童犯罪的研究发现，虐童施暴者中46%的人没有完成高中教育，只有15%的人接受了大学教育。事实上，受教育水平通常不是单独的变量。儿童虐待也会与父母的经济水平、抚养环境以及抚养方式有紧密的联系。除父母的养育方式外，父母的受教育程度、家庭经济状况以及心理健康等都会成为儿童虐待的风险因素；父母的受教育程度低、经济状况差以及酗酒、赌博等行为都会引发家庭压力，增加家庭内部矛盾，从而导致虐待与暴力的发生。

儿童期虐待所造成的创伤，不仅会影响儿童的身心发展，甚至可以

---

① Doidge, J. C., Higgins, D. J., Delfabbro, P., et al., "Risk Factors for Child Maltreatment in an Australian Population-based Birth Cohort", *Child Abuse & Neglect*, Vol. 64, No. 3, 2017, p. 47.

② Holden, G. W., "Children Exposed to Domestic Violence and Child Abuse: Terminology and Taxonomy", *Clinical Child and Family Psychology Review*, Vol. 6, No. 3, 2003, p. 151.

③ Alto, M., Handley, E., Rogosch, F., Cicchetti, D., Toth, S., "Maternal Relationship Quality and Peer Social Acceptance as Mediators between Child Maltreatment and Adolescent Depressive Symptoms: Gender Differences", *Journal of Adolescence*, Vol. 63, No. 5, 2017, p. 19.

造成代际复制或传递,继续对下一代造成恶劣影响。创伤就像遗产一样可以传递到下一代,儿童期虐待经历如果不能被妥善处理,也将通过无意识的方式传递到下一代。具有巨大破坏力的创伤一旦形成,便会通过父母对孩子的教养和互动潜移默化地影响孩子,使其在无意识中继续遭受父母的创伤体验。[1] 这种儿童期虐待的代际传递已经获得了系列研究的证实,例如谢玲和李玫瑾的研究指出,那些长大后容易虐待他人的人往往是因为他们曾经被虐待过,而虐待对身心健康的影响也随着虐待行为的重复而发生代际传递,诸多对青少年犯罪的研究显示,早期的虐待与创伤经历都可以被看作青少年犯罪的前因,有遭受性虐待经历的儿童在未来实施性虐待的概率也会更高。[2]

(二) 教师因素

作为幼儿在教育场所最重要的保护者与教育者,教师同样是儿童期虐待的重要群体。近年来,包括2016年温州幼儿园虐童案、2017年红黄蓝虐童案以及2021年枣庄幼儿园虐童案等事件的施虐人都是幼儿园或早教机构的专职教师。这些发生在幼儿园中的施虐行为并非偶然,它与教师的人格特征、教育理念甚至职业压力紧密相关。首先,幼童因心智不健全,在校园中处于绝对的弱势地位,因而幼儿园教师更易受到其人格影响而产生虐童倾向。其次,幼儿园的施虐教师大都没有教师资格证,缺乏对教师专业伦理与职业道德的基本认识,这是导致幼儿园虐童事件多发的直接原因。[3] 最后,教师的职业压力也可能通过影响教师的情绪状态进而导致其产生虐童行为。刘婷等人的研究指出,教师的教育对象特殊、教学工作繁多,造成教师生活节奏快、工作压力大且经常有精神紧张等不良情绪体验,致使其更容易

---

[1] Yoder, J., Dillard, R., Leibowitz, G. S., "Family Experiences and Sexual Victimization Histories: A Comparative Analysis between Youth Sexual and Nonsexual Offenders", *International Journal of Offender Therapy and Comparative Criminology*, Vol. 62, No. 2, 2017, p. 297.

[2] 谢玲、李玫瑾:《虐待对儿童的影响及行为成因分析》,《中国青年社会科学》2018年第2期。

[3] 杨娜:《幼儿园教师虐童行为产生的原因及其规避路径分析——基于生态学视角》,《现代教育科学》2018年第8期。

出现虐童行为。①

(三) 社会因素

社会因素主要包括社会文化因素和经济因素。文化因素方面,受传统思想观念和文化的影响,儿童虐待在中国的发生率较高,体罚儿童现象较为普遍。经济因素方面,研究显示,贫困与儿童虐待的发生显著相关,主要是由于贫困家庭有着多种生活负担和压力,所以父母容易产生抑郁和焦虑的心态,对孩子生活方面的照料尤其不足,并且贫困家庭的父母由于知识水平受限,对儿童心理发展认识不足,大多存在不良的教育方式。研究显示,父母处在较低的社会经济地位和失业状态会使儿童虐待发生率提升3倍,忽视的风险提升7倍。② 中国留守儿童问题比较突出,父母由于经济原因长期在外打工,忽视自己的子女生活,缺少与他们的沟通和陪伴,留守儿童的情感缺失严重,缺乏情感支持,更易出现身体、心理和行为方面的问题。

(四) 儿童因素

儿童自身的年龄、性别、精神状态甚至学习成绩等因素也是预测儿童虐待的重要指标。囿于认知与活动能力的发展水平,儿童常常无法达到家长或教师的要求,致使儿童期成为遭受虐待的多发时期。刘文和邹丽娜通过对124例儿童虐待案例的分析发现,除了9—11岁的青春期儿童,受到虐待比例最大的是3—5岁年龄段的幼儿。③ 这也获得了国外类似研究的支持,如对受身体虐待与忽视的儿童研究显示,5岁幼儿更有可能遭受身体虐待与忽视,因为5岁以下的低龄儿童语言、认知以及情感反应能力都未发育成熟,往往更易遭受虐待。④ 性别也是儿童遭受虐待的主要预测因素之一。在对有受虐待经历儿童的性别分

---

① 刘婷:《幼儿教师"虐童"行为产生的原因及对策分析》,《黑龙江教育》(理论与实践) 2017年第5期。

② Sedlak, A. J. K., Mcpherson, "Fourth National Incidence Study of Child Abuse and Neglect (NIS-4): Report to Congress", *Child Abuse & Neglect*, Vol. 27, No. 2, 2010, p. 52.

③ 刘文、邹丽娜:《124例儿童虐待案分析》,《中国心理卫生杂志》2006年第12期。

④ Damashek, A., Nelson, M. M., Bonner, B. L., "Fatal Child Maltreatment: Characteristics of Deaths from Physical Abuse Versus Neglect", *Child Abuse & Neglect*, Vol. 36, No. 2, 2013, p. 735.

析中发现，男孩更易遭受身体虐待，而女孩则更多遭受情感虐待，并且年龄与性别的影响具有一定的交互性，男孩子年纪越小受虐待的影响就越大，而女孩则越大受到性虐待的严重程度也就越大。[①] 此外，儿童的地域、精神状况以及学习成绩等也都可能成为儿童虐待的预测因素。相关研究发现，偏远农村的儿童比发达乡镇的儿童遭受虐待的风险更高。[②] 相较于普通儿童，精神或智力残疾的儿童、学习成绩不佳的儿童及在学校行为不良的儿童受虐待的风险都显著增高。[③] 儿童疾病和身体缺陷等因素与儿童期躯体虐待和忽视有关，残疾儿童由于生理上的缺陷，其父母通常有较高压力，从而更易被忽视和虐待。

中国并没有一个确定的符合基本国情的儿童虐待的定义，儿童虐待的界定与多方面因素有关，不同的文化背景对儿童虐待有着不同的定义。西方国家认为任何人对儿童施加的任何伤害都属于儿童虐待的范畴。但在中国，一些人认为父母打孩子是正常的，这是管教孩子的手段。这与中国传统的儿童观念有关。传统观念认为儿童是家庭的私有财产，而非一个完全独立的个体，父母可以左右儿童的一切，甚至是生命权。这种父母对儿童的暴力一度被看作教育而非虐待，并且被认为是家庭的私事，别人无权干涉。因此，如何在中国社会文化背景下保护儿童免受虐待是一个非常复杂和重要的问题。

三 儿童期虐待对生理健康的影响

（一）儿童期虐待影响生理指标

儿童期虐待对个体的生理指标产生明显影响。神经生理学研究显

[①] Walsh, C., MacMillan, H. L., Jamieson, E., "The Relationship between Parental Substance Abuse and Child Maltreatment: Findings from the Ontario Health Supplement", *Child Abuse & Neglect*, Vol. 17, No. 1, 2003, p. 140.

[②] Sedlak, A. J. K., Mcpherson, "Fourth National Incidence Study of Child Abuse and Neglect (NIS-4): Report to Congress", *Child Abuse & Neglect*, Vol. 27, No. 2, 2010, p. 122.

[③] Leung, P. W. S., Wong, W. C. W., Chen, W. Q., "Prevalence and Determinants of Child Maltreatment among High School Students in Southern China: A large-Scale School-Based Survey", *Child and Adolescent Psychiatry and Mental Health*, Vol. 62, No. 2, 2008, p. 27.

示，儿童期虐待将导致以下丘脑—垂体—肾上腺（HPA）轴中肾上腺皮质激素和皮质醇等激素为主的神经内分泌系统的紊乱，HPA轴主要负责人体的应激反应，是应激状态下维持神经内分泌系统平衡的重要部分，儿童期虐待通过对HPA轴的改变影响内分泌系统。① 事实上，研究发现，处于长期虐待压力下的儿童的糖皮质激素分泌紊乱且儿茶酚胺水平显著升高，进而对儿童的精神健康以及大脑发育产生不利影响。② 这一结果得到了其他相关研究的支持。在检验HPA轴活动对抑郁症影响的研究中发现，HPA轴调节失败导致糖皮质激素受损可能加重抑郁症的反应。③ 同样，在一项对27项相关研究的综合分析中也发现，有虐待史的儿童皮质醇水平确实存在升高或降低模式的紊乱，这显示出儿童期虐待直接影响HPA轴的皮质醇分泌水平，进而损伤刺激反应系统。④

研究发现，儿童期虐待可能增加杏仁核中的促肾上腺皮质激素（ACTH）的浓度，进而提高皮质醇水平，且男孩的皮质醇水平要高于女孩。⑤ 为此，研究人员对儿童期受虐状态下皮质醇水平的改变做出了解释：当个体遇到具有威胁性的急性应激源时，大脑皮层的边缘区会向HPA轴中的下丘脑的室旁核（PVN）发出信号，使其释放促肾上腺皮质激素释放因子（CRH）到垂体，垂体又释放促肾上腺皮质激素（ACTH）与肾上腺上的受体结合，从而刺激皮质醇的产生。此外，儿童期虐待与儿童的生理免疫水平变化也具有一定的联系。在对3—5岁受虐儿童的研究中发现，遭受虐待的学龄前儿童的免疫系统C反应蛋白（CRP）水

---

① Heim, C., Newport, D. J., Mletzko, T., Miller, A. H., Nemeroff, C. B., "The Link between Childhood Trauma and Depression: Insights from HPA Axis Studies in Humans", *Psychoneuroendocrinology*, Vol. 33, No. 6, 2008, p. 693.

② Lu, S. J., Gao, W. J., Huang, M. L., Li, L. J., "In Search of the HPA Axis Activity in Unipolar Depression Patients with Childhood Trauma: Combined Cortisol Awakening Response and Dexamethasone Suppression Test", *Journal of Psychiatric Research*, Vol. 78, No. 3, 2016, p. 24.

③ Bernard, K., Frost, A., Bennett, C. B., Lindhiem, O., "Maltreatment and Diurnal Cortisol Regulation: A Meta Analysis", *Psychoneuroendocrinology*, Vol. 78, No. 2, 2017, p. 57.

④ Menke, A., "Is the HPA Axis as Target for Depression Outdated, or Is there a New Hope", *Frontiers in Psychiatry*, Vol. 101, No. 10, 2019, p. 122.

⑤ Grassi-Oliveira, R., Ashy, M., Stein, L. M., "Psychobiology of Childhood Maltreatment: Effects of Allostatic Load", *Revista Brasileira de Psiquiatria*, Vol. 30, No. 1, 2008, p. 60.

平显著增高,这预示儿童期虐待与免疫介质升高有关。①

(二) 儿童期虐待改变大脑结构

儿童期虐待与大脑结构改变具有显著相关性。神经心理学已将神经损伤和缺陷视为精神障碍的普遍威胁因素。近年来的研究也表明,儿童期虐待史与儿童大脑结构改变具有密切联系,有早期忽视病史的抑郁症患者比无忽视病史的抑郁症患者在前额叶—前额叶—丘脑—小脑功能连接上有更为显著的改变。大脑结构的变化与受到虐待的创伤事件有关,主要涉及海马体、杏仁核、胼胝体以及大脑皮层等诸多部位。通常海马体在儿童5岁时发育完全,杏仁核在2—4岁时发育成熟,然而它们的区域间联系在整个童年时期都持续发育。② 从发展上看,儿童期虐待无疑会影响这些区域的发展。在一项关于儿童虐待与恐惧条件反射关系的研究中发现,有虐待经历的儿童更容易出现抑郁、焦虑甚至创伤后应激障碍(PTSD),而这些都可能使海马体过早暴露于压力之下,导致其重构或萎缩,证实了童年期虐待与海马体、杏仁核体积减小有关,海马体体积减小是儿童期虐待导致脑结构改变的表现之一。③

有研究认为,儿童期虐待对大脑发育的影响可能发生在儿童时期的任何年龄段,并暗示杏仁核以及新皮质结构在发育时更易受到虐待的影响,而杏仁核在评估潜在的威胁信息、恐惧条件反射、情绪处理和情绪事件的记忆中起着关键作用。该研究表明,儿童期虐待与杏仁核功能失调有关,在受虐待个体中,杏仁核与内侧眶前额叶皮层、扣带皮层、海马体和岛叶的耦合减少。④ 而在对受虐待儿童使用拒绝词语时神经反应改变的研

---

① De Punder, K., Overfeld, J., Dörr, P., Dittrich, K., Winter, S. M., Kubiak, N., Heim, C., "Maltreatment is Associated with Elevated C-reactive Protein Levels in 3 to 5 year-old Children", *Brain Behavior and Immunity*, Vol. 66, No. 2, 2017, p. 17.

② Teicher, M. H., Samson, J. A., Anderson, C. M., Ohashi, K., "The Effects of Childhood Maltreatment on Brain Structure, Function and Connectivity", *Nature Reviews. Neuroscience*, Vol. 17, No. 10, 2016, p. 652.

③ Grassi-Oliveira, R., Ashy, M., Stein, L. M., "Psychobiology of Childhood Maltreatment: Effects of Allostatic Load", *Revista Brasileira de Psiquiatria*, Vol. 30, No. 1, 2008, p. 64.

④ Hein, T. C., Monk, C. S., "Research Review: Neuralresponse to Threat in Children and Adults after Child Maltreatment Quantitative Meta-analysis", *Journal of Child Psychology and Psychiatry*, Vol. 58, No. 2, 2017, p. 222.

究中发现，杏仁核和相关区域（包括岛叶、腹外侧前额叶皮层和眼窝前额叶皮层）活动减少的模式与虐待经历相关，这种杏仁核对社交威胁线索（以及相关区域）的低活化模式也在创伤后应激障碍患者中被观察到，可能反映了一种与分离症候群和逃避应对方式相关的威胁回避倾向。[1]

儿童期虐待会导致胼胝体的功能和形态异常。胼胝体是一个连接大脑左、右半球的髓鞘结构，提供了新皮质区最大的连接，完整的胼胝体有助于高阶功能的执行和维持。胼胝体含有许多糖皮质激素受体，这些受体被证明会导致虐待后功能不佳，而前人核磁共振成像的研究表明，受虐待儿童的胼胝体中矢状面面积较小且存在性别差异，同样有虐待史的男孩胼胝体明显小于女孩。[2] 此外，有研究显示，情感与身体的虐待和忽视与胼胝体的白质减少有关，而白质增加对于认知、行为和情感的顺利发展都具有至关重要的作用，这也间接地证实了儿童期虐待会导致胼胝体功能与形态异常。[3]

儿童期虐待影响大脑皮层的功能与结构。当儿童受到虐待时，前额叶皮层对多巴胺浓度的调节失调，导致心理发育和认知障碍。儿童期虐待还会导致前额叶皮质的低反应性，致使前额皮层的应激反应被抑制。[4] 在形态上，有虐待史的被试相比于无虐待史被试的前额叶皮质的体积更小。遭遇儿童期虐待的个体，其与颞叶共同调节威胁反应的内侧前额叶皮层也出现体积的减小。通过对受虐待和未受虐待青少年前额叶体积和厚度减少情况的调查发现：儿童期虐待与腹内侧前额叶皮质和右外侧眼窝前额叶皮质厚度减少之间存在显著关联；虐待经历与窝额叶皮

---

[1] Puetz, V. B., Viding, E., Palmer, A., Kelly, P., Lickley, R., Koutoufa, I., McCrory, E., "Altered Neural Response to Rejection-related Words in Children Exposed to Maltreatment", *Journal of Child Psychology and Psychiatry*, Vol. 54, No. 1, 2016, p. 165.

[2] Vasilevski, V., Tucker, A., "Wide-Ranging Cognitive Deficits in Adolescents Following Early Life Maltreatment", *Neuropsychology*, Vol. 30, No. 2, 2016, p. 239.

[3] Monteleone, A. M., Ruzzi, V., Pellegrino, F., Patricello, G., Cascino, G., Del Giorno, C., Maj, M., "The Vulnerability to Interpersonal Stress in Eating Disorders: The Role of Insecure Attachment in the Emotional and Cortisol Responses to the Trier Social Stress Test", *Psychoneuroendocrinology*, Vol. 101, No. 4, 2019, p. 278.

[4] Pervanidou, P., Chrousos, G. P., "Posttraumatic Stress Disorder in Children and Adolescents: Neuroendocrine Perspectives", *Science Signaling*, Vol. 245, No. 5, 2012, p. 16.

质和脑岛等区域相关,而后者可以导致奖赏线索激活减少的模式。该研究表明,儿童期虐待与皮质损伤及其形态变化具有相关性。①

由此可见,在儿童期虐待背景下,受虐儿童包括杏仁核、海马体、胼胝体以及大脑皮层等大脑结构都会发生深刻且持续的改变,这些结构的变化不仅参与并影响着体内激素分泌过程,还能够影响包括情绪调节能力、记忆力以及注意力等在内的心理健康水平。

四　儿童期虐待对儿童心理健康的影响

(一) 儿童期虐待对精神疾病的影响

儿童期虐待可能会增加儿童包括抑郁、焦虑、创伤后应激障碍甚至器质性精神病等在内的诸多心理疾病的发病率,并在临床特征及治疗表现上出现差异性,这一现象具有跨区域的一致性。一项为期30年的调查研究发现:不论在自我报告还是机构报告中,都存在虐待与精神疾病发病率的显著联系;全球超过一半的抑郁症和焦虑症病例可能归因于儿童期虐待,包括儿童期虐待和忽视在内的创伤暴露与精神疾病之间存在较为显著的关系。② 通过对1995—2018年英国787家全科医疗机构的电子病历数据的分析也发现,有虐待记录的儿童患者比普通儿童更有可能被诊断出抑郁症、焦虑症或严重精神疾病,遭受虐待的儿童具有更高的自杀倾向、自杀企图、抑郁、焦虑、创伤后应激障碍和暴力行为发作率。③ 这种现象也普遍存在于全球其他地区。一项针对中

---

① Gold, A. L., Sheridan, M. A., Peverill, M., Busso, D. S., Lambert, H. K., Alves, S., McLaughlin, K. A., "Childhood Abuse and Reduced Cortical Thickness in Brain Regions Involved in Emotional Processing", *Journal of Child Psychology and Psychiatry*, Vol. 55, No. 2, 2016, p. 154.

② Kisely, S., Strathearn, L., Mills. R., Najman, J. M., "A Comparison of the Psychological Outcomes of Self-reported and Agency-notified Child Abuse in a Population-based Birth Cohort at 30-year-follow-up", *Journal of Affective Disorders*, Vol. 280, No. 5, 2021, p. 167.

③ Chandan, J. S., Thomas, T., Gokhale, K. M., Bandyopadhyay, S., Taylor, J., Nirantharakumar, K., "The Burden of Mental ill Health Associated with Childhood Maltreatment in the UK, Using the Health Improvement Network Database: a Population-based Retrospective Cohort Study", *The Lancet Psychiatry*, Vol. 59, No. 11, 2019, p. 926.

国台湾地区儿童受虐情况的调查显示，有受虐史的儿童出现精神障碍的风险显著高于无受虐史儿童，且更易出现抑郁、焦虑、情感障碍、创伤后应激障碍以及器质性精神病。该研究使用大规模的健康保险登记来确定2000—2015年间诊断出的儿童期受虐待者，并对他们进行数年的追踪以评估精神障碍的发生率，为儿童虐待和精神障碍之间的关系提供了更有力的证据。① 在对800名中国大陆青少年的研究中也发现，创伤后应激障碍以及包括抑郁与焦虑的心理症状与所有虐待类型之间存在正相关，因此，儿童期虐待会显著影响青少年的心理健康。②

儿童期虐待不仅预示着更高的精神疾病风险，也显示出虐待类型与不同精神疾病出现的风险及病程的密切关联。在单项研究中，通过对相关研究的综合分析证实了儿童期虐待与抑郁症之间的联系，并发现虐待或忽视史可能使儿童罹患抑郁症的风险增加3—4倍。③ 有研究指出，有儿童期虐待经历的个体出现精神疾病的时间更早，程度更重，治疗更难且更易反复。在对184篇研究儿童虐待与成年人群抑郁结果之间关系的原始研究进行综合分析后发现，受虐儿童在成年期患抑郁症的可能性是普通者的2.66—3.73倍，患慢性或难治性抑郁症的概率是普通者的2倍，且发作时间也将提前大约四年。该研究通过对96项有关儿童期虐待和抑郁与焦虑之间关系的研究的综合分析又表明，各类形式的儿童期虐待都与焦虑症有密切关系。④ 情绪虐待与创伤后应激障碍有较强的相关性（$r=0.41$）。值得关注的是，通过对以往研究的系统性回顾和综合分析

---

① Wang, D. S., Chung, C. H., Chang, H. A., Kao, Y. C., Chu, D. M., Wang, C. C., Chen, S. J., Tzeng, N. S., Chen, W. C., "Association between Child Abuse Exposure and the Risk of Psychiatric Disorders: a Nationwide Cohort Study in Taiwan", *Child Abuse & Neglect*, Vol. 101, No. 10, 2020, p. 43.

② Chung, M. C. and Chen, Z. S., "The Interrelationship Between Child Abuse, Emotional Processing Difficulties, Alexithymia And Psychological Symptoms Among Chinese Adolescents", *Journal of Trauma & Dissociation*, Vol. 22, No. 1, 2021, p. 107.

③ Humphreys, K. L., Lemoult, J., Wear, J. G., Piersiak, H. A., Lee, A., Gotlib, I. H., "Child Maltreatment and Depression: a Meta-analysis of Studies Using the Childhood Trauma Questionnaire", *Child Abuse & Neglect*, Vol. 102, No. 11, 2020, p. 61.

④ Nelson, J., Klumparendt, A., Doebler, P., Ehring, T., "Childhood Maltreatment and Characteristics of Adult Depression: Meta-analysis", *British Journal of Psychiatry the Journal of Mental Science*, Vol. 210, No. 2, 2017, p. 96.

发现，包括性虐待、身体虐待以及精神虐待在内的多种儿童期虐待将显著增加儿童因精神疾病而自杀的风险（2—3倍）。①

（二）儿童期虐待对认知能力的影响

目前，儿童期虐待会影响认知能力的发展已成为共识。在对中国某中学 662 名 10—16 岁的青少年受虐史、记忆力以及 NEO 五因素的测量与分析中发现：儿童期受虐的严重程度与其记忆损害的严重程度（前瞻性和回顾性考虑）呈显著正相关；神经质在儿童虐待和记忆之间起到了部分中介作用；儿童期虐待作为一种压力源，破坏了威胁处理、奖励处理、情绪调节以及执行功能等诸多认知能力。② 对 1958 年英国出生婴儿的追踪研究也发现，在 7 岁、11 岁和 16 岁时进行的一系列阅读、算术和一般能力测试中，儿童期虐待和忽视与认知功能得分之间存在显著负相关，且在控制诸多混杂因素后，儿童期性虐待对认知能力的影响仍然显著。③ 在对认知能力影响的深度上，研究人员通过对 11 项相关研究的综合分析后指出，儿童期虐待对不同的认知能力都具有一定的损害，其影响甚至可以持续到老年。④

儿童期虐待不仅有损于成年后的智商和语言理解能力，也会产生注意力缺陷等认知障碍。研究人员使用韦氏成人智力量表（WAIS）语言理解指数评估被试的语言理解能力后发现，在 3—11 岁有受虐待经历的个体在中年时的语言理解测试中表现较差，这表明有受虐史的儿童读写能力和语言理解能力都相对较低，儿童如果被忽视并遭到虐

---

① Angelakis, I., Gillespie, E. L., "Childhood Maltreatment and Adult Suicidality: a Comprehensive Systematic Review with Meta-analysis", *Psychological Medicine*, Vol. 49, No. 7, 2019, p. 1057.

② Li, M., Darcy, C., Meng, X., "Maltreatment in Childhood Substantially Increases the Risk of Adult Depression and Anxiety in Prospective Cohort Studies: Systematic Review, Meta-analysis, and Proportional Attributable Fractions", *Psychological Medicine*, Vol. 46, No. 4, 2016, p. 717.

③ Geoffroy, M. C., Pinto Pereira, S., "Child Neglect and Maltreatment and Childhood-to-adulthood Cognition and Mental Health in a Prospective Birth Cohort", *Journal of the American Academy of Child & Adolescent Psychiatry*, Vol. 55, No. 1, 2016, p. 33.

④ Su, Y. Y., Darcy, C., Yuan, S., Meng, X. F., "How does Childhood Maltreatment Influence Ensuing Cognitive Functioning among People with the Exposure of Childhood Maltreatment? a Systematic Review of Prospective Cohort studies", *Journal of Affective Disorders*, Vol. 252, No. 1, 2019, p. 278.

待,将会对孩子造成社会经济方面的不良影响,影响时间长达数十年,被忽视的孩子阅读和数学学习能力都比同龄人要差,这也将削弱他们成年后的求职能力。[1]

在对双胞胎的纵向研究中发现,儿童期身体虐待和家庭暴力都会造成儿童的神经发育缺陷,甚至导致其青少年和成年期的智商受损。有虐待史的儿童注意力、控制力都较差,这限制了他们努力远离威胁相关干扰物的能力。[2] 在对英国2232名双胞胎的纵向研究中发现,儿童期遭受虐待与忽视和多动症之间存在着强烈的联系。[3] 为此,研究人员尝试通过对童年期逆境经历的影响研究解释这一现象,他们认为童年期受虐可能导致儿童无法处理和合并来自环境的信息,而这正是个体调整行为的必要条件,因此影响了包括语言理解力和注意力在内的儿童认知能力的发展。[4]

虽然一些研究显示儿童期的身体和性虐待会造成多项认知能力的下降,但也有个别研究表明儿童期虐待可能导致认知能力的上升。例如,在对儿童期性虐待(CSA)病史与老年认知功能关系的研究中发现,尽管有儿童期性虐待病史的患者心理健康状况较差,但他们仍然具有较好的整体认知、记忆、执行功能和处理速度。研究者认为这可能是因为早期的压力经验增强了个体的情绪调节能力。[5] 而研究人员

---

[1] Danese, A., Moffitt, T. E., Arseneault, L., Bleiberg, B. A., Dinardo, P. B., Gandelman, S. B., Houts, R., Ambler, A., Fisher, H. L., Poulton, R., Caspi, A., "The Origins of Cognitive Deficits in Victimized Children: Implications for Neuroscientists and Clinicians", *American Journal of Psychiatry*, Vol. 174, No. 2, 2017, p. 349.

[2] Gray, P., Baker, H. M., Scerif, G., Lau, J. Y. F., "Early Maltreatment Effects on Adolescent Attention Control to Non-emotional and Emotional Distractors: Maltreatment and Attention Biases for Threat", *Australian Journal of Psychology*, Vol. 68, No. 3, 2016, p. 143.

[3] Stern, A., Agnew Blais, J., Danese, A., Fisher, H. L., Jaffee, S. R., Matthews, T., Polanczyk, G. V., "Associations between Abuse/neglect and ADHD from Childhood to Young Adulthood: A Prospective Nationally Representative Twin Study", *Child Abuse & Neglect*, Vol. 81, No. 2, 2018, p. 274.

[4] Harms, M. B., Shannon Bowen, K. E., Hanson, J. L., Pollak, S. D., "Instrumental Learning and Cognitive Flexibility Processes are Impaired in Children Exposed to Early Life Stress", *Developmental Science*, Vol. 21, No. 4, 2020, p. 125.

[5] Feeney, J., Kamiya, Y., Robertson, I. H., Kenny, R. A., "Cognitive Function is Preserved in Older Adults with a Reported History of Childhood Sexual Abuse", *Journal of Traumatic Stress*, Vol. 6, No. 2, 2013, p. 735.

在使用元认知评定简表（MAS-A）探究儿童期创伤与首发精神病（FEP）患者较低的元认知能力的关系时发现，性虐待和情绪虐待都标志着更高的自我反思性得分和去中心化得分，继而提高被试在元认知评定简表中的总分，这意味着儿童期虐待可能与更好的元认知能力与洞察力相关。[1] 对此，有学者指出这可能是由于一些受害者之前暴露于中等（但不是最小或实质性的）压力水平。他们认为，一些儿童期虐待所造成的中等压力水平可能刚好具有足够的挑战性，足以引发急性焦虑，有助于培养对随后生活中遇到的压力源的适应能力，也有助于受害者适应随后遇到的生活中的压力源。[2]

总之，不论是增强还是减弱，儿童期虐待必然会影响儿童的认知能力，且可能持续终身。这种认知能力的改变不仅表现为儿童在注意力、记忆力以及语言理解能力等方面认知水平的巨大波动，也反映在儿童在面对压力环境时的混乱与挣扎。近年来，学界愈发重视探讨儿童期虐待对生理与心理健康的影响，但始终无法追根溯源，获得较为明确的因果联系，研究方法也显现出一定的局限性。这些研究主要使用问卷法、系统回顾法以及综合分析等简单的量化与定性的研究方法，因此未来的研究应尝试在心理学之外更多地寻求生物学以及医学等领域的技术与方法的支持。

在有关精神健康与认知能力的研究方面，基因研究因其独特视角越来越受到研究者的重视。研究发现，被虐待和未被虐待的患有相同初级精神疾病的患者除了在临床和神经生物学上表现不同外，基因表现也不同。事实上，基因是儿童期虐待与精神疾病以及神经生理表现之间良好的中介因素。全基因组关联研究都显示，双相情感障碍和重度抑郁症等精神疾病分别涉及基因的 30 个位点和 44 个

---

[1] Trauelsen, A. M., Gumley, A., Jansen, J. E., Pedersen, M. B., Nielsen, H. G. L., Haahr, U. H., Simonsen, E., "Does Childhood Trauma Predict Poorer Metacognitive Abilities in People with First-episode Psychosis?", *Psychiatry Research*, Vol. 273, No. 6, 2019, p. 163.

[2] Parker, K. J., Buckmaster, C. L., Hyde, S. A., Schatzberg, A. F., "Nonlinear Relationship between Early Life Stress Exposure and Subsequent Resilience in Monkey", *Scientific Reports*, Vol. 9, No. 1, 2019, p. 1.

风险变异。[①] 基因易感性个体在儿童期受到虐待后更容易出现精神分裂症的附加风险。2018 年，对 14 项包括 1.5 万多名被试参与的研究的综合分析发现，FKBP5 基因型和早期虐待压力之间的相互作用会导致重度抑郁症和创伤后应激障碍。[②]

近年来，在检验基因 rs1360780 和儿童虐待之间的相互作用是否预示着杏仁核和突出网络的其他区域之间的静休息状态功能连接（rsFC）的研究中也发现，rs1360780 的 TT 基因型可能使有虐待史的个体更容易受到处理情绪和身体感觉的脑区之间沟通功能变化的影响，这可能是精神病理的基础或增加风险。该研究还发现，自我报告有儿童期受虐经历的青年脱氧核糖核酸中所携带的与身体和精神疾病相关的基因的表观遗传调节模式发生了改变。[③] 遗传标记的脱氧核糖核酸甲基化可以用来解释儿童期虐待影响后来健康的机制，遗传标记、基因及其与环境之间的相互作用都可以被确定为影响儿童期虐待和认知功能之间关系的重要因素。[④] 显然，基因技术的引入，能够为研究儿童期虐待和生理、心理关系提供更具解释力的微观变量。

在对大脑皮层的干预研究中，经颅磁刺激（TMS）显示出较好的效果。经颅磁刺激是一种神经刺激技术，通过放置在头皮上的线圈释放短暂、非侵入性的磁电流，可以通过跨突触神经通路刺激新皮层 2—3 厘米深的目标部位和大脑底层区域，不仅可以用来增加神经可塑性并治疗

[①] Wray, N. R., Ripke, S., Mattheisen, M., Trzaskowski, M., Byrne, E. M., Abdellaoui, A., "Genome-wide Association Analyses Identify 44 Risk Variants and Refine the Genetic Architecture of Major Depression", *Nature Genetics*, Vol. 50, No. 5, 2018, p. 668.

[②] Wang, Q., Shelton, R. C., Dwivedi, Y., "Interaction between Early-life Stress and FKBP5 Gene Variantsin major depressive disorder and Post-traumatic stress disorder: A systematic review and meta-analysis", *Journal of Affective Disorders*, Vol. 225, No. 3, 2018, p. 422.

[③] Wesarg, C., Veer, I. M., Oei, N. Y., Daedelow, L. S., Lett, T. A., Banaschewski, T., "The Interaction of Child Abuse and Rs1360780 of the FKBP5 Gene is Associated with Amygdala Resting-state Functional Connectivity in Young adults", *Human brain mapping*, Vol. 42, No. 10, 2021, p. 3269.

[④] Su, Y. Y., Darcy, C., Yuan, S., Meng, X. F., "How does Childhood Maltreatment Influence Ensuing Cognitive Functioning among People with the Exposure of Childhood Maltreatment? A Systematic Review of Prospective Cohort Studies", *Journal of Affective Disorders*, Vol. 252, No. 6, 2019, p. 278.

抑郁症，也可以成为一种确定不同部位以及皮层的具体影响的研究手段。① 例如，有证据支持经颅磁刺激可以通过缩短经胼胝体抑制持续时间来增加皮质兴奋性，使其在患者认知障碍状态下也能提供有益的治疗效果，经颅磁刺激具有描述一个给定的大脑区域如何处理知觉信息的研究潜力。② 可见，经颅磁刺激技术不仅能够应用于有虐待史患者的心理治疗，同样也有助于定位对应不同精神疾病以及认知能力缺陷的大脑功能区的位置。

五　儿童期虐待研究存在的不足

儿童期虐待不仅与诸多精神疾病和认知障碍有密切关系，同时也深刻影响受虐者的神经生理结构。因而，对儿童期虐待的研究不仅有利于儿童的心理健康发展，也有助于对其神经生理变化的早期干预与治疗。政府需要出台相关政策预防并及时减少儿童期虐待所造成的影响，同时也需要研究者拓展研究思路，用针对性的研究方法与范式，深入发掘儿童期虐待与儿童生理、心理健康发展的关系。总体而言，学界对"儿童虐待问题"的研究取得了一定进展，但是仍然存在一些不足。

首先是概念还不够清晰。近年来，儿童虐待话题广泛出现在新闻媒体上，儿童虐待问题也逐渐被学者所关注，相关研究逐渐增多。广泛出现在人们视野中的儿童虐待是躯体虐待，在一定程度上对于儿童躯体虐待的研究是较丰富的。通过对儿童发展心理学的不断研究发现，言语上对儿童的侮辱和忽视同样会对儿童的成长产生不良影响，因此，心理虐待、儿童忽视也成为人们较为关注的话题，但由于国际上

---

① Schaffer, D. R., Okhravi, H. R., Neumann, S. A., "Low-frequency Transcranial Magnetic Stimulation (LF-TMS) in Treating Depression in Patients with Impaired Cognitive Functioning", *Archives of Clinical Neuropsychology*, Vol. 36, No. 5, 2021, p. 801.

② Silvanto, J., Bona, S., Marelli, M., Cattaneo, Z., "On the Mechanisms of Transcranial Magnetic Stimulation (TMS): How Brain State and Baseline Performance Level Determine Behavioral Effects of Tms", *Frontiers in Psychology*, Vol. 86, No. 2, 2018, p. 741.

对心理虐待和忽视并没有形成统一的概念，因此缺乏一个科学的测量手段。

其次是研究理论与实践脱节。研究的实践意义在一定程度上并没有很好地实现。中国的儿童受虐研究已持续了约30年，儿童虐待会给儿童及其成人后的心理健康造成不可逆的伤害已成为学界共识。而研究的实践意义在于改变家长的不良做法以及教师的教育观念，给孩子创造健康的生长环境。但是仍有大量教师以及家长信奉传统的教育观念，经常羞辱孩子。他们看似没有在孩子的身体上留下伤痕，但是这种"隐秘的暴力"往往会在他们不知道的情况下给儿童留下心灵上的伤害。这种错误教育方式的存在，说明家庭、社会以及教育工作者对儿童虐待概念以及影响并没有深入全面地认识和理解。与儿童虐待现象尤其是心理虐待现象严重相对的是，相关研究仍显薄弱。由于国内对儿童虐待的研究缺乏大量长期稳定的研究者，并且研究的对象和领域并不丰富，因此，儿童虐待的研究领域有待进一步深入拓展。

第三节 问题域的推进

一 研究的基本问题

第一章《童年期受虐量表的编制》主要研究编制一套符合中国文化背景的儿童受虐量表。通过文献梳理，初步建立儿童受虐的理论模型，包括五个维度，即躯体虐待、精神虐待、性虐待、躯体忽视、精神忽视。本书力求以上维度的观测指标达到如下测量效果：儿童虐待的理论性层面指导其操作性层面，成为量表编制和测量的基础与来源，同时操作性层面定义依据受测者的特性和实际情况进行有根据地调整，使得量表条目既受理论层面指导，又具有一定的特殊性和实践意义。选用适合中国文化背景的语句表达方式，建立条目库，经相关专家对每个条目逐条打分评价，筛选出效价高的条目，对儿童受虐的程度给予定量和定性的评估，为研究儿童受虐提供一个可操作的量化工具。

第二至六章通过对受虐儿童的实证研究归纳受虐儿童心理发展特点和规律。从中国现代化进程中受虐儿童成长的现实问题出发，围绕受虐儿童的行为、情感、自我、社会认知等典型心理与行为问题，在大规模分类调研的基础上，采用多阶段分层整群抽样方法，按照儿童规模、地理分布和经济条件等因素选择。在数据分析方面，首先通过单因素分析挑选出合适的自变量，然后确定纳入儿童心理健康和行为模型的自变量。具体估计方法以因变量类型而定，连续性因变量采用"多元线性回归"分析，二分类因变量采用"非条件逻辑回归"分析，探讨受虐儿童心理问题的典型表现和主要特征，并分析其影响因素，为促进受虐儿童心理健康教育提供科学依据。

第七章《儿童保护的国际经验》主要分析国际儿童保护的制度与经验。有关儿童保护问题，由于文化差异，不同国家采取的举措有所不同，然而在全球化背景下，各国在儿童保护方面达成了一些基本共识，存在许多共通元素。从国际上看，各国儿童保护政策举措主要表现为建立政府主导以及各部门协作的儿童保护体制，构建规范有力的儿童保护政策体系，通过加强公共财政投入来建立儿童保教安全机制，保护儿童免受进一步伤害，推动儿童保护体系的有效运行。中国对儿童保护相关问题的关注和研究起步相对较晚，通过借鉴其他发达国家和地区在儿童保护方面的原则、措施、立法与社会服务体系等，探讨儿童保护制度的基本要素，有利于建构适合中国国情的儿童保护体系。

第八章《中国儿童保护的政策进展与趋势》主要研究如何建构一个符合中国国情，以政府与民间组织通力合作为主线，全社会共同参与的儿童权利保障新模式。每个儿童都可能有着非常独特和个性化的需求，但个体面临的问题从来都不是孤立的，如果从个体视角向系统视角转换会发现，大量的合作与协调才能真正解决儿童保护问题。中国传统的儿童保护职责主要由家庭承担，缺乏明确的儿童保护主管部门与快速反馈机制，《刑法》和其他儿童保护政策法规的衔接存在断层，对虐童问题的处理缺乏力度。基于中国实践，参考国际经验，本书建议建立"一体两翼"的儿童福利体系："一体"主要以政府为主，在立法、司法保护、政策构建、资金支持方面发挥主导作用；"两翼"是民间组织和社区在政府指导下发挥各自优势，保障社区提供综合性和基础性服务，提升民间组织的专业化服务和发展水平。

二 研究方法论视域的构成

"范式"是一种方法论和一套基本方法、一种学术传统和学术形象，这一概念最早由美国科学哲学家托马斯·库恩提出。思维范式是某一时代人类共有的对事物的见解、思维方法和思维框架。有一个关于科学的传统神话，认为科学有其独特的"科学方法"，可以和其他非科学的学科区分开来。所谓的"科学方法"，据说是搁置自己的先入之见，而毫无偏见地专注于事实，但事实往往是在某一范式出现之后，才成为值得研究的"谜题"。新范式被广泛接受后，不愿接受新范式的人，就不再被视为同道，他们的观点也被忽视，当一个共同体接受了一个科学范式之后，它也同时接受一个价值判准，以此来选择研究的问题。不受范式保证的问题，常被斥为形而上学的问题或其他学科的问题，从而受到排斥，因为那些问题不能用范式所提供的观念、理论和仪器装置来处理，在这样范式下根本无法解决，所以不值得研究。

（一）研究范式的价值之争

研究的价值到底是什么？为什么要做这个研究？研究只是为了解现象而已吗？研究只是为了诠释社会现象，做一个学术性的探讨来满足知识的追求而已吗？研究做出来只是供起来，不对社会产生任何影响，这是做研究的目的吗？研究者要去思考，这样子对吗？研究者应该怎样做，才能够更贴近社会生活脉络？划分研究方法的类型必须根据分类的标准而定，目前常依据资料收集的技术，将研究方法分为量化与质化两大类。质性与量化的差别不在于所谓的范式之争，而是方法和技术上的差别，可以用质的方法收集数据，也可以用量的方法收集数据。所做的既有可能是实证主义的质性研究，就像早期有些人类学者所做的质性研究；也有可能是诠释或批判的质性研究。所以不在于表面上所谓的质性与量化，而在于背后用的是什么样的范式来做研究。

导 论

　　量化研究通过资料或经验搜集以获得信息、知识和理解现象,① 主要包括实证研究与调查研究。实证研究是通过随机抽样来检验因果关系,调查研究是针对样本资料来描述说明母群。② 量化研究最简单的定义是处理数字,只要搜集和分析的资料是数字的就是量化研究。从这一层面看,质化研究也常常搜集和分析人口学数据,这种情况是不是量化研究呢? 从方法论的角度可以把教育学分成"实证教育学"和"理解教育学"两大类:实证教育学主张教育现象是客观的和可预测的,可以应用类似自然科学的范式研究;理解教育学则关注行动者的意义建构,强调诠释教育实践的脉络与价值。当然每一种研究都有基本假设、特性和限制,对于教育事实的本质、证据解释和价值都有不同的看法,"证实"不是判定其有效性的唯一标准,这些知识不仅能陈述事实和解释现象,还能提供反省批判的观点。换句话说,教育学知识可以有不同的表达方式,过度强调差异容易造成对立,教育学的研究方法应该是多元的和相互融合的。③

　　范式塑造了研究共同体的活动方式和研究成果的沟通方式。量化研究与质化研究主要涉及客观与主观的争论,事实上两者的差异并不大,在研究的过程中相互融合是常见的,并不是水火不容或者难以调和的。教育学是研究教育事实的一门"科学",在方法论上强调教育学的实证性,主张探讨教育现象的"事实"层面,研究对象是事实性问题而不是规范性问题,否则单一的价值判断就会失去研究的"客观性"。不管是量化研究还是质化研究,本质上都诉诸人类的感官经验,是站在经验论的立场上的。有人批评经验主义的教育学违背了纯粹的科学精神,掉入社会现象的万花筒,只是一种经验游戏,甚至美其名曰"让事实自己讲话",这是否值得深思呢? 规范性研究就一定会流于"主观"吗? 恰

---

① Blcak, T. R., *Doing Quantitative Research in the Social Sciences: An Integrated Approach to Research Design, Measurement and Statistics*, Thousand Oaks, CA: Sage, 1999, p. 35.
② Creswell, J. W., *Research Design Qualitative and Quantitative Approaches*, Thousand Oaks, CA: Sage, 1994, p. 78.
③ Gorard, S., *Quantitative Methods in Educational Research: The Role of Numbers Made Easy*, London: Continuum, 2001, p. 125.

恰相反，经典的教育学对于研究对象的选择，都充满对儿童全面健康发展的深切关怀，谁又能清晰地分辨出这中间"事实"与"价值"的界限呢？[①]

质性研究者运用现象学的还原分析方式，认为这样可以贴近事实真相，而非视万物为理所当然，去澄清问题并达到严谨的学术要求。这个步骤可以避免研究者预设立场，以增加结果解释的可信度。因此，一条线性的关系便在"意识""真实"与"描述"间产生，根据个人经验或了解的描述就可以获得"真实"的答案。有学者强调，知识论假设与研究结果有关，并描述知识论假设的三个重点：第一，现象学的假设强调定义的多样性以及定义的解释，定义的重要性在于它是知识的展现，可以呈现不同受访者对同一现象的了解，因此了解定义并描述定义，就能找出受访者如何下定义以及之间的关联性；第二，研究结果可以从数据中筛选出来成为描述范畴，描述范畴是现象学研究者通过不断地阅读和理解数据，减少数据中过于衍生的部分，使得经验现象的中心定义能被描述出来但不会改变意义；第三，研究结果可以根据其定义现象的相似处或不同点来呈现概念之间的关系。[②]

根据已有研究，描述范畴可以分为四种：第一，关系分类主要在说明概念形成中经验者与被经验现象的内在关系；第二，经历分类描述受访者如何去经历一个现象；第三，内容导向分类厘清经验现象的定义；第四，质化或描述分类呈现出研究者所要了解的现象。[③] 描述范畴的内容来自原始资料，所以描述范畴可反映出受访者对研究现象原始的定义或了解。研究者必须了解，受访者也可能以不同的方式去表现他对一个现象的了解，个人单一的经验或定义并非分析的单位，因此要分析所搜集的经验之间可能因空间、时间或其他因素造成的差异，在分析时先将未直接与研究现象相关的数据暂时忽略，待进行基本归类后，再将这些

[①] 袁宗金：《回归与拯救：儿童提问与早期教育》，高等教育出版社2008年版，第22页。
[②] Svenssen, L., "Theoretical Foundations of Phenomenography", *Higher Education Research & Development*, Vol. 16, No. 2, 1997, p. 159.
[③] Marton, F., Pong, W. Y., "On the Unit of Description in Phenomenography", *Higher Education Research & Development*, Vol. 24, No. 4, 2005, p. 335.

暂时忽略的资料拿出来详细检视，再次归类并开始分析相似经验间的差异，排列或架构各描述范畴间的关联。研究者在归类或寻求关联时，必须不断地向自己提问：描述范畴内的经验是同一组的经验，还是彼此间存在差异；各描述范畴间的经验是否有关联，其关联是层层相叠、同时产生还是有时间差的。只有通过如此不断反思、解释和修正的过程，才能把握人们是如何用不同方式去了解、架构和认知经验现象的。

（二）从"困惑"走向"澄明"

从方法论的角度来看，教育学的主要研究方法可以分成四类：田野研究、调查、文献研究和实验。量化研究与质化研究的着重点固然有所不同，但是过分夸大其间的差别，似乎也没有必要。不论是量化研究还是质化研究，都可能同时具有"导致社会行动"和"证实学理和建立理论"的目的。这两种目的彼此之间并没有必然的矛盾存在，两方面的充分交流或许才是教育学进一步发展的当务之急。

理论探索和实践研究具有紧密联系。理论的建构一方面依赖于对文献大量地检索、分析和归纳，从前人的研究方法及研究成果中得到启发，另一方面或者说更重要的方面还要依赖于现实生活，描述当事者的经验如何形成这个现象或情况，经验者与所经验的现象或情况是不可分开的。[①] 每个人的经验或了解一个现象的方式可能相同也可能不同，所以在描述自己对于这个经验或情况的理解时，也会有其个别性与独特性，也就是说经验者与被经验现象间是互相依存而非独立的关系。

被了解的经验或现象就是研究的对象。经验或现象本身就可以作为假设。假设由自身的概念所构成，通过经历，人们对于体验的现象产生了解。概念是个体与外界之间互动所产生的，它代表经验者与被经验现象间的内在关系，反映出个人对于所经验现象的看法，并受到过往经验的影响。然而并非每个人对一个现象或经验的了解都不同，可能有些人的部分认知或经验是相同的，也就是说可能某一群人对一个特定现象都有着同样的经验，而同一个现象可通过不同的方式去得到相似的了解或

---

① Hesselgren, B., Beach, D., "A Good-for-nothing Brother of Phenomenography? Outline of an Analysis", *Higher Education Research & Development*, Vol. 16, No. 2, 1997, p.191.

感受，这些了解或感受某一现象的方式，并非"难以计数"，而是可以归纳成一定数量的。因此，现象学研究法的目的是描述某一群人对于一个特定现象的有限了解或经验。

在传统实证主义的范式下，被试常常被理所当然地认为是数据的提供者，是被动的和被研究的客体，但是基于"研究中的互惠关系"，如何站在平等的关系位置上去看待被研究的人值得深思。但要在教育的场域中做到这一点有时相当困难。当研究者进入教育的现场，去了解学校成员如何看待他们的教学生活世界，会不会妨碍现场的运作或者破坏原本的现场呢？甚至是在访谈的过程里，可不可以讲出自己的观点或想法？事实上当研究者进入田野时已经在和别人共创"事实"，这是一个共同形塑意义的过程。因此，只要不违背研究伦理，何必害怕说进入现场就是破坏现场。

存而不论不是对现成的理论置之不顾，而是对理论的"理所当然性"存而不论，如此才能将它的问题"放入括号"，成为研究的焦点，与访谈者处于"进入情况"的"在场"状态中，开诚布公地进行访谈。因此，表面看起来似乎是在进行一种未预设立场的开放性访谈，但实际上访谈者已从现成理论中获取访谈的"框定"。如何破除这些"成见"进行访谈，的确不是件容易的事，如果能够不断地做这样的反思，就会去思考自己原来的想法是不是可以推翻，是不是可以再从另外的观点重新去看。研究者并不是脑袋空无一物地进入现场观察，看到的只是经验世界，并将其写成文字，加以归类整理，而未理出意义，这就是经验数据的堆砌；因为每个人有不同的背景，进入现场时会看到不同的东西，会运用不同的理论进行现象诠释，当诠释现象时，就是要把经验数据概念化和抽象化，经验世界将会跟理论产生互动和交融，这样意义才能彰显。

[访谈记录]（天景山小学，2017.10.16，16：00）小琪，五年级学生。小琪说："爸爸是一个疑心病很重的人，他想控制我们都要听他的话，对妈妈更是如此，只要不顺他的意，马上就对我们拳打脚踢。除了学校之外，我们从来没有去过别人家玩，也不能邀

请别人来我们家玩，因为爸爸会对他们狂吼，赶人家回去！我们都已经习惯放学要赶快回家，不然等到爸爸来抓人，事情就会一发不可收拾，爸爸就像一条疯狂的狗，爱乱叫也爱乱咬人。"

"多疑""控制""暴力""疯狂"是小琪对父亲的形象描述。她认为父亲把全家人都当作自己的所有物，无时无刻不宣示主权，违者则施以处罚，以儆效尤，让大家臣服于他的威严之下。小琪由此变得暴躁和易怒，在学校遭到同伴的排斥。小琪本就是以一个外来者的姿态进入新班级的，又用不稳定的情绪来应对人际互动，弄得全班都来反对她，触伤她敏感又脆弱的情绪系统，激发她用反击来保护自己的本能，因此状况越来越糟。

[观察记录]（天景山小学，2017.10.31，11:00）这样过了一段时间，小琪感觉全班没有人愿意跟她说话，集体活动也会将她排除在外，她就更生气了，每天不断地与同学互相对骂。她觉得很累，但没有办法克制自己，只能安慰自己：以后会好的，所有的事情都会变好的。

小琪出现了"病态感"的认知，她被自己既想融入班级又想逃离同学这种"认知失调"的矛盾所影响。在学校，只要同学们看着她然后接着讨论事情，她就会觉得他们是在讲她坏话，她必须反击。她也知道这样不对，所以她既想逃离他们又想融入他们，她常常在想自己是不是病了。因此，要了解儿童的受虐问题，除了从前人的研究中吸取经验外，还必须深入学校生活场域，和他们一起对话沟通，才能找到建构理论的基点。

在研究的实证部分，一开始，研究者用量化的观察表格进行数据搜集，后来在研究过程中发现，质性研究的方式较能获取丰富的信息。在进入现场之初，笔者随身扛着两个大包袱——"文献"与"成见"，不自觉地找寻现场有哪些信息可以与文献相互印证，这样的举动犹如在自己外围罩上一层筛子，在信息丰富的现场却只接收到有限的信息。这种情形在反复检视访谈资料后有了改观,当笔者试着跳出文献的框架,让更多的信息进来,就使得现场变得丰富起来,孩子们的故事开始有了生命。小琪独自堆积木,她完成一座相当对称的建筑物,找出相同大小的长条形积木,两个一叠排列在建筑物的四周,构筑了一道围墙。研究者问小琪"是什么",小琪回答"是房子"。研究者再问"是围墙吗",小琪表示"这道墙是不想让别人进来"。这意味着小琪对别人总是防卫和不信任,也习惯将自己封闭在孤独的自我世界里。

然而随之而来的是"成见"的拖累,在"成见"的钳制下,研究者又再次陷入自己所筑成的"陷阱"中。田野研究真的能够反映事实吗?"我亲身目睹""我当时身在其中"或"我在那里"合理化了研究者对事件或者社会的"真实再现"。简单来说就是"因为我在那里,所以我有权说话,你不在那里,你要听我讲"。因此赋予田野研究权威的并非田野工作者的著述本身,而是研究者与被研究对象相处的经验和个人亲身的观察。"田野研究能够反映事实"这样的一种假设明显基于所谓的"科学经验主义",预设了价值中立,预设了研究对象可以被当成一个可供观察和操纵的对象,密集式的实地观察能将"事实"和"真相"完全再现出来,这就成了保证人类学存在及其知识建构的稳健基石。

由于不平等的关系早已存在于田野研究者和研究对象之间,尽管有人一再地声称要拥抱"他者",但这种研究态度却又再次固化了田野研究者作为高人一等的"知者"的幻想。这当中尚待解决的问题是田野工作者是否具有代言的权力,这是一个永恒的问题,人们可以一直追问下去,却始终得不到答案。

在言说中个体展现他们所理解的事物以及他们理解这些事物的方式,研究者与访谈者是"共在"(being-with)的关系,研究者将自身移入访谈者的位置而获得理解,访谈文本是双方共同完成的经验描述,也就是说每个研究者都是"我",在面对直接经验时又变成受访者的"你",在最后的调查报告中却变成"他",这种多重身份是理解行为的必要条件。但在客观论述中,研究者往往只看到被化约的"他",这个"他"固然是明确无疑的显现,却让"我"在其中隐退,

导　论

研究双方不是主体与对象的对立，而是主体与主体之间的相连，这个彼此相连的状态所展现出的谱系，让每个事件记录的同时又成为一个具有主体意涵的文本。①

当研究对象是儿童时，田野研究中研究者的"我"与"他"的关系就更加复杂。"儿童"的概念是在成人的世界扩张中提出的，研究者总以"儿童与成人"这个两分的框架来确定儿童的方位，让"成人"处在"儿童"之外；或者反之，让"儿童"外在于"成人"。这个两分框架符合成人与儿童的格局想象。"能否说出自己所想的？"这样的问题就更深入地触及心灵。正如同维特根斯坦的论断："思想已经在那里，我们只是在寻找表达法。"② 其实对儿童的任何书写只是一个挣扎着去了解儿童每天生活经验的可能意义的建构。就个人而言，手中有没有呈现真相的"钥匙"并不重要，重要的是必须了解到自己的局限，进而敞开胸怀去接受有可能将错误的解释强加于"他者"身上的危险。研究的目的是希望了解儿童和他们所处的社会文化，研究者唯一能做的是尝试去向儿童学习，寻找一个基于儿童对自身的认识的解说，一个力求减少对儿童误解的机会。

虑及研究对象的特殊性，本书在量化研究的同时采用质的研究。质的研究能够真实深入地反映个案所具备的特殊性，这种混合研究方法适用于包括现实主义、相对主义、解释学在内的不同认识论取向的研究，且具有多种用途：用于解释实验或调查法所无法解释的现实生活中各因素之间假定存在的复杂因果联系，以及对于因果联系不明显或复杂多变的因素进行深度探索。③ 基于上述的定义和解释，本书采用混合研究范式，对于一个单元和系统进行深度、整体地调查、统计、描述与分析（图2）。

---

① Giorgi, A., "A Phenomenological Perspective on Some Phenomenographic Results on Learning", *Journal of Phenomenological Psychology*, Vol. 30, No. 2, 1999, p. 68.
② ［奥］维特根斯坦：《哲学研究》，陈嘉映译，生活·读书·新知三联书店1992年版，第146页。
③ ［美］罗伯特·K. 殷：《案例研究：设计与方法》，周海涛、史少杰译，重庆大学出版社2017年版，第20页。

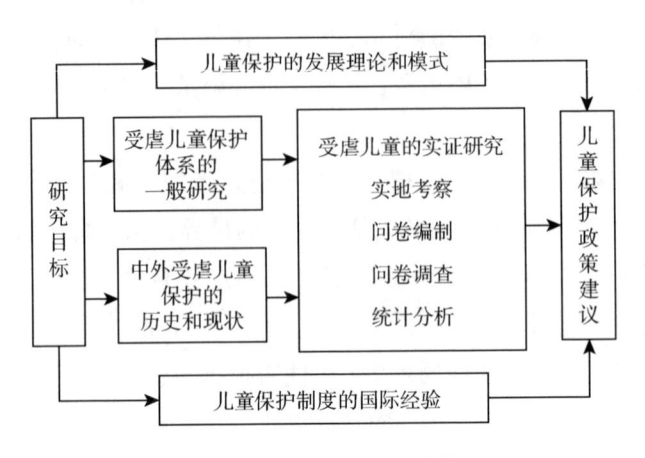

图 2　研究方法与技术路线

在社会流动背景下，儿童成长中面对的风险增加，儿童虐待仍然是社会中一个视而不见的问题。本书采用儿童虐待的评估工具进行调查，了解中国文化背景下虐待的发生情况，并系统探讨儿童虐待的影响因素以及虐待对儿童心理健康的影响，进一步分析儿童保护制度责任主体现状，考察儿童保护制度的有效性，并试图回答这样的问题：中国需要建立一个什么样的保障体系才能够对儿童提供有效的保护？本书将针对儿童虐待问题提出基本的保护制度的行动方案，建立儿童保护制度的路线图。

第一章　童年期受虐量表的编制

第一节　量表编制前的预备研究

一　理论分析

本章将初步建立儿童受虐的理论模型，主要包括五个维度，即躯体虐待、精神虐待、性虐待、躯体忽视、精神忽视。研究者力求以上维度的观测指标达到如下测量效果：儿童虐待研究的理论性层面指导其操作性层面，成为量表编制和测量的基础和来源；操作性层面定义依据受测者的特性和实际情况进行有根据的调整，使得量表条目既受理论层面指导，又具有一定的特殊性和实践意义。各维度条目依据实际情况进行编制，同时进行具体描述，增加情境性表达，防止受测者出现笼统、不愿作答的情况，并使得各维度具有层次性和程度性。

二　测量指标提取

基于上述维度，通过对10名江苏省内各高校大学生、8名学前教育专业或心理学专业大学教师、5名大学生家长展开深度访谈，以确立维度的测量指标；通过访谈，提取出"经常被打""曾经被骂""无理由责骂""被猥亵""被冷漠对待"等高频词汇，确立"儿童期受虐程度""儿童期受虐频次""儿童期受虐类型""儿童期受虐情境"为儿童虐待的测量指标；提取出"用衣架、鞭子、棍棒殴打""拳打脚踢"

"经常被打""有被打过"等高频词汇,确立"器具性殴打""非器具性殴打""殴打程度"为躯体虐待的测量指标;提取出"被触摸""被猥亵""被看到下体""看到别人暴露下体"等高频词汇,确立"接触性性虐待""非接触性性虐待""被引诱从事违法犯罪"或"性剥削"为性虐待的测量指标;提取出"经常被辱骂""被别人孤立""被别人言语打击""让人觉得自己一无是处"等高频词汇,确立"辱骂斥责""威胁恐吓""孤立对待""讥讽嘲笑"为精神虐待的测量指标;提取出"吃不饱""穿不暖""没人管我"等高频词汇,确立"师德规范""教师形象""职业价值"为躯体忽视的测量指标;提取出"不和我沟通交流""不重视我的感受""不带我去好玩的地方""没有给我应有的教育"等高频词汇,确立"沟通交流""情感教育""关心爱护"为精神忽视的测量指标。

通过问卷星、见数等问卷平台发放量表。在前言部分向施测者说明研究意义和答题规则,并删除答题时间过短或所有选项一致的无效量表。数据回收后,运用 SPSS26.0 软件对预测量表进行项目分析、探索性因素分析和内外部信度检验,运用 Mplus7.0 软件对预测量表进行验证性因素分析,继而确定正式量表的所有测题。

三 编制原则

基于理论构建和学科特性,确立量表编制的几项基本原则。第一,适用对象:年满 18 周岁的成年人。第二,量表内容:根据理论模型构建的维度和深度访谈确立的指标编写量表测题。尤其要指出的是,对于儿童虐待的测量并非指受测者主观上对监护人行为的判断,而是对其行为的客观描述,同时还增加情境化的表达,使测题更加具体,防止出现记忆模糊的情况。此外,为了防止受测者情绪激烈,采用的描述都较为平和客观。测题中围绕儿童虐待的相关描述均指向成年人的"童年期"而非"当前"。第三,项目表达:使用自陈量表形式评估年满 18 周岁大学生的童年期受虐情况,语言表述言简意赅,无暗示性或歧义,各题项表达的含义相互独立。

四　相关量表

从国内外有关儿童虐待研究已有的量表中参考部分项目。在《儿童期创伤问卷》（CTQ-SF）中参考"当时家里有人用皮带、绳子、木板或其他硬东西惩罚我""当时家里有人把我打伤得很重，不得不去医院"等关于躯体虐待的部分题项，以及"当时家里有人喊我'笨蛋''懒虫'或'丑八怪'"等精神虐待的内容。[①] 参考王振等人翻译的《早年创伤问卷简表》（ETI-SF）中"在童年或者少年期间遭受过来自他人的性侵犯（如强奸或性侵犯）"和陈晶琦编制的《儿童期性虐待经历调查问卷》中"虐待者故意向儿童暴露其生殖器""迫使儿童对其进行性挑逗和性挑逗式地触摸虐待者的身体"等性虐待维度的题目。[②③] 参考李鹤展等人翻译的《儿童期虐待史问卷》（CECA-Q）的精神忽视维度中"父母总是愿意花时间和我交流""他对我在学校的表现很感兴趣"等题目所描述的内容。[④] 参考邓云龙、潘辰等人编制或修改的《儿童心理虐待和忽视量表》（CPANS）中"家长丢掉或毁掉我喜欢的东西""家人不带我去能够增长知识等有趣的地方""我听见或看见家人在家里吵架或打架""家长盘问我与朋友交往的细节"等精神虐待和精神忽视维度的题目及"家长不禁止我喝酒或者其他损害我身体健康的行为""家长不关心我是否睡得好"等躯体忽视维度的题目。[⑤] 参考杨世昌所编制的《儿童受虐量表》（CAS）中"有人试图以性的方式触摸我或让我触

[①] David P. Bemstein, et al., "Validity of the Childhood Trauma Questionnaire in an Adolescent Psychiatric Population", *Journal of the American Academy of Child & Adolescent Psychiatry*, Vol. 36, No. 3, 1997, p. 340.

[②] 王振、杜江、陈珏、苑成梅、王媛、赵敏、肖泽萍：《早年创伤问卷简表中文版的信度和效度》，《中国行为医学科学》2008年第10期。

[③] 陈晶琦：《565名大学生儿童期性虐待经历回顾性调查》，《中华流行病学杂志》2004年第10期。

[④] 李鹤展、张亚林、周永红、张迎黎、王国强、杨世昌：《儿童虐待史问卷的信度效度分析》，《中国行为医学科学》2004年第6期。

[⑤] 廖英、邓云龙、潘辰：《大学生儿童期心理虐待经历与个性特征的关系》，《中国临床心理学杂志》2007年第6期。

摸他"有关性虐待维度的题目和《儿童期忽视量表》(CNS)中"给我讲些注意安全的问题"等有关精神忽视的维度等。[①]

五 专家审核

根据上述原则编制预测量表，并请来自高校心理学和教育学的2名专家审核完善。专家审核主要包含以下内容：评估测题对于研究主题的解释力，对测题的内容和文字加以润色。经专家修改，最终形成40道预测试题。测题采用李克特五点计分方式，答案分为"1—从来没有发生""2—偶尔""3—有时""4—经常""5—总是"五个等级，对应分值为1—5分。项目平均得分为成年人童年期虐待得分，分值越高表示其受虐程度越高。

六 研究对象

在江苏省各高等院校中随机抽取大一至大四年满18周岁的大学生作为被试，数据收集工作完成后，剔除正向题和负向题出现矛盾或整份问卷均选同一个答案的无效问卷，最终得到有效问卷，用于预试量表的项目分析与探索性因素分析，并考察其内部一致性信度。

样本1：选取江苏省内5所院校大一至大四500名各专业学生作为被试。剔除答题时间小于120秒和整份均选同一个答案的量表，共得到425份有效数据。其中包含194名男生，231名女生；82名大一学生，136名大二学生，127名大三学生和80名大四学生。此部分数据应用于量表第一稿的信效度分析。

样本2：在江苏省内8所院校随机选取500名各专业学生作为被试进行研究。剔除答题时间小于120秒和整份均选同一个答案的量表，共得到463份有效数据。其中包含217名男生，246名女生；63名大一学

[①] 杨世昌：《儿童受虐量表、儿童被忽视量表的编制及信度效度研究》，博士学位论文，中南大学，2006年。

生，143 名大二学生，162 名大三学生和 95 名大四学生。此部分数据应用于量表第二稿的信效度分析。

样本 3：在江苏省内 6 所院校随机选取 500 名各专业学生作为被试进行研究，剔除答题时间小于 120 秒和整份均选同一答案的量表，最终保留 416 份有效数据。其中包含 202 名男生，214 名女生；78 名大一学生，125 名大二学生，117 名大三学生和 96 名大四学生。此部分数据应用于正式量表的信效度分析。

第二节 量表第一稿测试及结果分析

遵循量表编制原则，从儿童期虐待理论框架出发，将预试量表共 40 题作为第一次正式测试题。

一 被试与施测过程

在南京晓庄学院随机抽取大一至大四学段 500 名大学生作为被试，采用线上问卷自评的方式，让各专业学生根据自己的实际感受和判断自行选择最适合自己的答案。

数据收集工作完成后，剔除正向题和负向题出现矛盾或整份问卷均选同一个答案的无效问卷，最终得到有效问卷 425 份。

二 项目分析

研究的项目分析采用相关分析、高低分组的差异性检验及题项间同质性检验进行分析，目的在于检验个别题项的适切性。在相关分析部分，利用皮尔逊积差相关求得各题项与题总分的相关。在高低分组的差异性检验部分，利用各题目的决断值（CR），了解各题目的区分度。在同质性检验部分，利用因素负荷量与内部一致性信度检验，了解各题项与其他题项的同质性。

(一) 描述统计量

在进行项目分析之前,首先需用描述性统计检查数据文件是否有小于1或大于5的极端值。量表采用李克特五点量表法,每个题项均为1—5五个等级,小于1或大于5的数值均为缺失值或错误值。

表 1-2-1　　　　　　　　量表第一稿描述统计量

题项	极小值	极大值	题项	极小值	极大值
Q1	1	5	Q21	1	5
Q2	1	5	Q22	1	5
Q3	1	5	Q23	1	5
Q4	1	5	Q24	1	4
Q5	1	5	Q25	1	4
Q6	1	5	Q26	1	3
Q7	1	5	Q27	1	5
Q8	1	3	Q28	1	5
Q9	1	5	Q29	1	5
Q10	1	5	Q30	1	5
Q11	1	5	Q31	1	5
Q12	1	5	Q32	1	5
Q13	1	5	Q33	1	3
Q14	1	5	Q34	1	5
Q15	1	5	Q35	1	5
Q16	1	5	Q36	1	5
Q17	1	5	Q37	1	4
Q18	1	5	Q38	1	5
Q19	1	5	Q39	1	3
Q20	1	5	Q40	1	5

表 1-2-1 为描述统计结果,40 个题项中均未出现小于 1 或大于 5 的错误值,因此可以进行项目分析。

(二) 题总相关

利用皮尔逊积差相关计算量表中的每个项目与总分间相关度,要求题目与总分的相关需达0.4以上,且达显著水准($p<0.05$)。① 若相关不显著或低度相关,则予以删除。结果如表1-2-2所示,34道题达极其显著标准($p<0.01$),且相关度均在0.4以上,因此所有题目均符合标准。

表1-2-2　　　　　　　　量表第一稿的题总相关

题项	题总相关	题项	题总相关
Q1	0.432*	Q21	0.475**
Q2	0.552**	Q22	0.413*
Q3	0.746**	Q23	0.791**
Q4	0.691**	Q24	0.812**
Q5	0.837**	Q25	0.482**
Q6	0.777**	Q26	0.790**
Q7	0.518**	Q27	0.748**
Q8	0.412*	Q28	0.710**
Q9	0.532**	Q29	0.753**
Q10	0.690**	Q30	0.485**
Q11	0.436*	Q31	0.557**
Q12	0.706**	Q32	0.711**
Q13	0.581**	Q33	0.532**
Q14	0.801**	Q34	0.690**
Q15	0.432*	Q35	0.482**
Q16	0.764**	Q36	0.690**
Q17	0.763**	Q37	0.412*
Q18	0.739**	Q38	0.532**
Q19	0.518**	Q39	0.790**
Q20	0.548**	Q40	0.801**

注:*—$p<0.05$,**—$p<0.01$,***—$p<0.001$,下同。

(三) 高低分组的差异性检验

以独立样本 t 检验考查高、低分组的差异,求出决断值。决断值越

---

① 吴明隆:《SPSS统计应用实务问卷分析与应用统计》,科学出版社2003年版,第63页。

高,说明该题区分度越好。将决断值低于 3.000 的题目删除,以保证测题的鉴别力。结果如表 1-2-3 所示,40 道测题的差异均达到极其显著水平($p<0.001$),且决断值均高于 3.000,表明测题区分度良好。因此所有题目均符合要求。

表 1-2-3　　　　　　量表第一稿独立样本 t 检验

题项	显著性	决断值	题项	显著性	决断值
Q1	***	3.225	Q21	***	3.514
Q2	***	3.346	Q22	***	3.162
Q3	***	6.325	Q23	***	4.126
Q4	***	3.628	Q24	***	3.598
Q5	***	6.068	Q25	***	3.616
Q6	***	5.996	Q26	***	3.966
Q7	***	3.638	Q27	***	4.546
Q8	***	3.198	Q28	***	6.410
Q9	***	5.362	Q29	***	4.346
Q10	***	3.463	Q30	***	3.513
Q11	***	4.698	Q31	***	4.743
Q12	***	6.824	Q32	***	6.822
Q13	***	4.000	Q33	***	4.426
Q14	***	4.126	Q34	***	3.513
Q15	***	3.173	Q35	***	4.743
Q16	***	5.728	Q36	***	6.822
Q17	***	4.434	Q37	***	3.218
Q18	***	3.326	Q38	***	4.513
Q19	***	3.858	Q39	***	6.743
Q20	***	4.532	Q40	***	7.822

(四) 内部一致性信度检验

整体量表的内部一致性 α 系数为 0.918,说明该量表具有较高信度。综合表 1-2-4 发现,整体量表的内部一致性较高,无论删除哪个题目,α 系数都无增高,表示该题与其他题项同质性较高。"校正的项总计相关性"均大于 0.4 则说明该题项与其余题项同质性较高,因此本环节暂不删除任何题项。

表1-2-4　　　　　　　量表第一稿信度检验

题项	题项删除后的α值	校正的项总计相关性	题项	题项删除后的α值	校正的项总计相关性
Q1	0.917	0.475	Q21	0.916	0.458
Q2	0.915	0.515	Q22	0.918	0.426
Q3	0.912	0.713	Q23	0.913	0.775
Q4	0.913	0.650	Q24	0.913	0.800
Q5	0.910	0.814	Q25	0.917	0.426
Q6	0.911	0.747	Q26	0.914	0.778
Q7	0.915	0.473	Q27	0.913	0.727
Q8	0.918	0.415	Q28	0.912	0.672
Q9	0.918	0.492	Q29	0.913	0.734
Q10	0.913	0.657	Q30	0.918	0.423
Q11	0.916	0.463	Q31	0.915	0.517
Q12	0.913	0.675	Q32	0.913	0.681
Q13	0.915	0.557	Q33	0.916	0.546
Q14	0.912	0.781	Q34	0.913	0.650
Q15	0.918	0.465	Q35	0.910	0.814
Q16	0.912	0.740	Q36	0.911	0.747
Q17	0.912	0.736	Q37	0.918	0.453
Q18	0.912	0.707	Q38	0.914	0.692
Q19	0.918	0.434	Q39	0.915	0.676
Q20	0.915	0.492	Q40	0.913	0.757

(五) 因素负荷量

因素负荷量越高，表示题项与总量表关系越密切。如表1-2-5所示，第8题、第21题的共同性低于0.20，因素负荷量小于0.45，与总量表关系不密切，予以删除。

表1-2-5　　　　　　量表第一稿共同性与因素负荷量

题项	共同性	因素负荷量	题项	共同性	因素负荷量
Q1	0.263	0.454	Q21	0.183	0.441

续表

题项	共同性	因素负荷量	题项	共同性	因素负荷量
Q2	0.342	0.585	Q22	0.263	0.479
Q3	0.489	0.699	Q23	0.761	0.872
Q4	0.444	0.666	Q24	0.758	0.871
Q5	0.634	0.796	Q25	0.279	0.499
Q6	0.574	0.757	Q26	0.734	0.857
Q7	0.269	0.479	Q27	0.616	0.785
Q8	0.195	0.437	Q28	0.474	0.689
Q9	0.265	0.456	Q29	0.623	0.789
Q10	0.524	0.724	Q30	0.653	0.574
Q11	0.292	0.439	Q31	0.270	0.519
Q12	0.559	0.748	Q32	0.504	0.710
Q13	0.439	0.663	Q33	0.583	0.588
Q14	0.676	0.822	Q34	0.536	0.559
Q15	0.253	0.494	Q35	0.624	0.574
Q16	0.651	0.807	Q36	0.431	0.513
Q17	0.685	0.827	Q37	0.463	0.653
Q18	0.588	0.767	Q38	0.675	0.718
Q19	0.242	0.534	Q39	0.274	0.485
Q20	0.257	0.546	Q40	0.298	0.458

所有题项项目分析具体情况如表1-2-6所示，根据各项指标判断，本轮项目分析主要删除第8题和第21题两题。

表1-2-6　　　　　　量表第一稿的项目分析摘要

题项	极端组比较	题项与总分相关		同质性检验			未达标准指标数	备注
	决断值	题项与总分相关	校正题项与总分相关	题项删除后的α值	共同性	因素负荷量		
Q1	3.225	0.432	0.475**	0.918	0.263	0.454	0	保留
Q2	3.346	0.552	0.515**	0.915	0.342	0.585	0	保留
Q3	6.325	0.746	0.713**	0.912	0.489	0.699	0	保留
Q4	3.428	0.691	0.650**	0.913	0.444	0.666	0	保留

续表

题项	极端组比较	题项与总分相关		同质性检验			未达标准指标数	备注
	决断值	题项与总分相关	校正题项与总分相关	题项删除后的α值	共同性	因素负荷量		
Q5	6.068	0.837	0.814**	0.91	0.634	0.796	0	保留
Q6	5.996	0.777	0.747**	0.911	0.574	0.757	0	保留
Q7	3.638	0.518	0.473**	0.915	0.269	0.479	0	保留
Q8	3.198	0.412	0.415**	0.918	#0.195	#0.437	2	删除
Q9	3.362	0.532	0.492**	0.918	0.265	0.456	0	保留
Q10	3.463	0.690	0.657**	0.913	0.524	0.724	0	保留
Q11	4.698	0.436	0.463**	0.916	0.292	0.439	0	保留
Q12	6.824	0.706	0.675**	0.913	0.559	0.748	0	保留
Q13	4.000	0.581	0.557**	0.915	0.439	0.663	0	保留
Q14	4.126	0.801	0.781**	0.912	0.676	0.822	0	保留
Q15	3.163	0.432	0.465**	0.918	0.253	0.494	0	保留
Q16	5.728	0.764	0.740**	0.912	0.651	0.807	0	保留
Q17	3.434	0.763	0.736**	0.912	0.685	0.827	0	保留
Q18	3.326	0.739	0.707**	0.912	0.588	0.767	0	保留
Q19	3.858	0.518	0.434**	0.918	0.242	0.534	0	保留
Q20	4.532	0.548	0.492**	0.915	0.257	0.546	0	保留
Q21	3.514	0.475	0.458**	0.918	#0.183	#0.441	2	删除
Q22	3.742	0.413	0.426**	0.918	0.263	0.479	0	保留
Q23	4.126	0.791	0.775**	0.913	0.761	0.872	0	保留
Q24	3.298	0.812	0.800**	0.913	0.758	0.871	0	保留
Q25	3.616	0.482	0.426**	0.917	0.279	0.499	0	保留
Q26	3.966	0.790	0.778**	0.914	0.734	0.857	0	保留
Q27	4.546	0.748	0.727**	0.913	0.616	0.785	0	保留
Q28	4.410	0.710	0.672**	0.912	0.474	0.689	0	保留
Q29	4.346	0.753	0.734**	0.913	0.623	0.789	0	保留
Q30	3.513	0.485	0.423**	0.918	0.653	0.574	0	保留
Q31	4.743	0.557	0.517**	0.915	0.270	0.519	0	保留
Q32	6.822	0.711	0.681**	0.913	0.504	0.710	0	保留
Q33	4.426	0.532	0.546**	0.916	0.583	0.588	0	保留

续表

题项	极端组比较 决断值	题项与总分相关 题项与总分相关	题项与总分相关 校正题项与总分相关	同质性检验 题项删除后的α值	同质性检验 共同性	同质性检验 因素负荷量	未达标准指标数	备注
Q34	3.513	0.690	0.650**	0.913	0.536	0.559	0	保留
Q35	4.743	0.482	0.814**	0.910	0.624	0.574	0	保留
Q36	6.822	0.690	0.747**	0.911	0.431	0.513	0	保留
Q37	3.218	0.412	0.453**	0.918	0.463	0.653	0	保留
Q38	4.513	0.532	0.692**	0.914	0.675	0.718	0	保留
Q39	6.743	0.790	0.676**	0.915	0.274	0.485	0	保留
Q40	7.822	0.801	0.757**	0.913	0.298	0.458	0	保留
标准	≥3.000	≥0.400	≥0.400	≤0.918（注）	≥0.200	≥0.450		

注：0.918为儿童期受虐量表的内部一致性α系数，#指未达指标值。

三 探索性因素分析

对项目分析后的38道题目进行探索性因素分析，采用主成分分析及最大变异转轴进行因素分析，排除因子负荷低于0.45的项目，并且删除在多个因子上均有高负荷的项目，找出量表的潜在结构。

判断数据是否可以做因素分析要看：（1）KMO检验统计量，结果如表1-2-7所示，KMO值是0.997，适合做因素分析；（2）Bartlett球形检验值为7673.091（自由度为803），变量之间存在极其显著相关（$p<0.01$），说明相关系数矩阵存在共同因子，适合做因素分析。

表1-2-7　量表第一稿 KMO 和 Bartlett 的球形检验

KMO 和 Bartlett 的检验	
抽取适度测定值	0.997
Bartlett 的球形度检验	7673.091
df	803
p	0.000

因素分析结果如表1-2-8所示，通过主成分分析抽取共同因素发

现，特征值大于 1 的共同因素有 4 个，累计方差贡献率为 71.143%。

表 1-2-8　　　　量表第一稿因子的方差解释量及特征值

因子	特征值	方差解释量	累计方差解释量
1	18.755	49.355	49.355
2	4.496	11.832	61.187
3	2.303	6.062	67.248
4	1.480	3.894	71.143

可以看出，38 道测题之间的关系与原设想存在差异，没有得到相对稳定的结构，有一部分题目都集中于因子 1，不是很理想。但这点在意料之内，因为量表结构的探索本身就是一个不断完善的过程。此环节中，测题的删除标准：一是，删除因子负荷小于 0.45 的测题；二是，删除同时在多个因素上有高负荷或在任何一个因子均无显著影响的测题；三是，删除测题数量小于 3 的因子。

经上述标准，第一次探索性因素分析删除了第 19 题，对剩余题目再次进行转轴因素分析，结果如表 1-2-9 所示，经旋转后的成分矩阵已经相对整齐，共得到 4 个共同因素，分别命名为 $F1$、$F2$、$F3$、$F4$，累计方差贡献率为 71.756%，每个共同因素下有 3 个以上测题。

表 1-2-9　　　　量表第一稿旋转成分矩阵

题项	因子			
	$F1$	$F2$	$F3$	$F4$
Q9	0.900			
Q22	0.877			
Q21	0.876			
Q29	0.876			
Q10	0.861			
Q27	0.860			
Q5	0.859			
Q40	0.858			
Q18	0.854			
Q1	0.835			

续表

题项	因子			
	F1	F2	F3	F4
Q24	0.811			
Q6	0.808			
Q14	0.803			
Q34	0.799			
Q16	0.765			
Q26		0.836		
Q31		0.806		
Q3		0.806		
Q12		0.794		
Q38		0.771		
Q28		0.766		
Q37		0.740		
Q20		0.737		
Q17			0.814	
Q25			0.803	
Q5			0.769	
Q33			0.761	
Q11			0.756	
Q4			0.744	
Q35			0.699	
Q39			0.631	
Q13				0.684
Q36				0.676
Q23				0.664
Q32				0.662
Q7				0.614
Q30				0.608
特征值	18.343	4.485	2.256	1.466
贡献率	49.575%	12.122%	6.098%	3.961%
累计贡献率	49.575%	61.697%	67.795%	71.756%

经本轮测试与分析，共删除3道题，结合因子载荷矩阵以及碎石图（图1-2-1）的拐点分析，提取4个因子，37个有效项目。参考原先的理论框架和较大负荷的因子潜在含义对各因素进行命名，初步建立量表的维度框架。

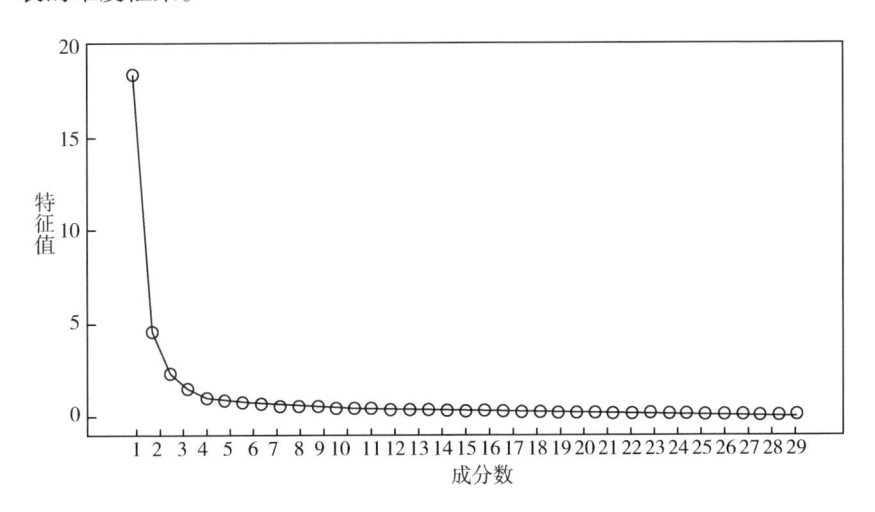

图1-2-1　量表第一稿碎石图

第一个因素被命名为"忽视"，包含第9、第22、第21、第29、第10、第27、第5、第40、第18、第1、第24、第6、第14、第34、第16题共15道测题。主要描述的是抚养者或对儿童有监管义务的人员因疏忽而长期未履行对儿童身体的、情感的、医疗的、教育的、安全的和社会的需求的满足，以致危害或损害了儿童身心健康发展。

第二个因素被命名为"躯体虐待"，包含第26、第31、第3、第12、第38、第28、第37、第20题共8道测题，主要指是任何人经常性采取暴力手段对儿童造成实际的或潜在的躯体损伤，包括拳打脚踢、鞭抽等方式，造成儿童皮肤瘀血、骨折、神经受损、致残甚至死亡等。

第三个因素被命名为"精神虐待"，包含第17、第25、第15、第33、第11、第4、第35、第39题共8道测题，主要描述的是任何人通过言语、表情等对幼儿采取持续性、重复性的恐吓、贬损、干涉、纵容等行为，损害儿童在精神方面的健康和发展。

第四个因素被命名为"性虐待",包含第13、第36、第23、第32、第7、第30题共6道测题,主要描述的是任何人对儿童进行持续性的接触的性虐待行为或非接触的性虐待行为,例如引诱或强迫儿童从事任何违法的性活动以及强奸、性骚扰、性剥削以及乱伦等在内的各种性活动。

第一轮修改后的量表具体题目如表1-2-10所示。

表1-2-10　　　　　　维度划分与具体题目

维度	维度名称	具体题目
维度一	忽视	9. 家人忙于工作,对我不管不问 22. 父母会查探我的隐私 21. 我悲伤、烦恼时父母会安慰我 29. 家人会给我讲些注意安全的问题 10. 当我生病时,家人会照顾我 27. 父母不会用某种方式对我表达爱 5. 家人督促我注意锻炼身体 40. 父母会丢掉或毁掉我喜欢的东西 18. 家人过分干涉我交什么样的朋友 1. 当我有烦恼时,家人用说教的口吻来安慰我 24. 当时家里没人管我衣着或饮食 6. 父母在我面前争吵 14. 父母不和我一起玩耍 34. 父母不带我去增长知识的地方,例如博物馆、科技馆等 16. 家人按时给我打预防针
维度二	躯体虐待	26. 我因为很小的过失而挨打 31. 我被打得很重,以至于引起了其他人的注意 3. 我被人用皮带、绳子、木板或其他工具惩罚 12. 我被人拳打脚踢 38. 我被打出了瘀青 28. 我因为被打得很严重而不得不去医院 37. 我被打到流血 20. 我被打到骨折
维度三	精神虐待	17. 我被叫"笨蛋""丑八怪"等让我感到伤心的词 25. 我被威胁、恐吓 15. 我被别人孤立 33. 我被下列类似的话斥责过:"你真没用""你什么都做不好" 11. 父母当着别人的面训斥我 4. 父母对我的言行不满时斥责、挖苦我 35. 父母会辱骂或贬低我 39. 父母使脸色给我看

续表

维度	维度名称	具体题目
维度四	性虐待	13. 有人威逼或引诱我同对方做性方面的事 36. 有人故意在我面前暴露自己的性器官 23. 有人试图以带有性色彩方式触碰我 32. 有人迫使我触摸虐待者的身体 7. 有人让我看色情视频、图片、书刊等 30. 有人让我从事性方面的交易行为

四 信度分析

为进一步了解量表的可靠性与有效性，本书主要采用克龙巴赫 α 系数（Cronbach's α coeffuient）检验和折半信度检验做信度分析。一般而言，一份优良的测验至少应该具有 0.8 以上的信度系数值才具有使用的价值。[①] 但系数值达到 0.7 即代表该维度信度高，整个量表信度可以接受。结果如表 1-2-11 所示，量表第一稿的总信度系数为 0.971，内部一致性信度十分理想，各维度系数值均在 0.7 以上。由此可见，量表与各维度的内部一致性较好。

表 1-2-11　量表第一稿各维度及总量表的内部一致性系数

维度	cronbach's α 系数	折半信度系数
F1	0.982	0.893
F2	0.939	0.886
F3	0.921	0.859
F4	0.789	0.779
总量表	0.971	0.863

第三节　量表第二稿测试及结果分析

结合量表第一稿的分析结果，对剩余 37 道测题的表述进行完善修

[①] Camines, E. G., Zeller, R. A., *Reliability and Validity Assessment*, Beverly Hills, CA: Sage, 1979, p.56.

饰，对题意表述不明确的句子删繁就简，并打乱第一稿题目顺序，重新编号，完成量表第二稿题项的整合，进行第二次测试与结果分析。

一 被试与施测过程

在江苏省内大学随机选取大一至大四学段 500 名各专业大学生作为被试进行数据收集，仍按第一稿的原则剔除无效问卷，最终保留 463 份有效问卷。

二 项目分析

依旧沿用第一稿的项目分析方法，对第二轮数据进行项目分析。目的在于检验所编制量表个别题项的适切性或可靠程度。

（一）描述统计量

表 1-3-1 为执行结果，37 个题项中均未出现错误值，因此可以进行项目分析。

表 1-3-1　　　　　　量表第二稿描述统计量

题项	极小值	极大值	题项	极小值	极大值
Q1	1	5	Q20	1	5
Q2	1	5	Q21	1	4
Q3	1	5	Q22	1	5
Q4	1	5	Q23	1	5
Q5	1	5	Q24	2	5
Q6	1	5	Q25	1	5
Q7	2	5	Q26	1	5
Q8	1	5	Q27	1	5
Q9	1	5	Q28	1	5
Q10	1	5	Q29	2	5
Q11	1	5	Q30	1	5
Q12	1	4	Q31	1	5

续表

题项	极小值	极大值	题项	极小值	极大值
Q13	1	5	Q32	1	5
Q14	1	5	Q33	1	5
Q15	1	5	Q34	1	5
Q16	1	5	Q35	1	5
Q17	1	5	Q36	2	5
Q18	1	5	Q37	1	5
Q19	2	5			

（二）题总相关

对收集的463份数据进行题总相关分析，结果如表1-3-2所示，37道测题均达极其显著（$p<0.01$），有32道测题的相关度在0.4以上，占所有测题的86.5%，第7、第15、第18、第20、第26题与题总相关系数分别为0.379、0.372、0.392、0.396、0.286，低于0.4，因此删除以上5道题。

表1-3-2　　　　　　　量表第二稿的题总相关

题项	题总相关	题项	题总相关
Q1	0.536**	Q16	0.657**
Q2	0.841**	Q17	0.722**
Q3	0.439**	Q18	0.392**
Q4	0.846**	Q19	0.818**
Q5	0.592**	Q20	0.396**
Q6	0.541**	Q21	0.847**
Q7	0.379**	Q22	0.888**
Q8	0.727**	Q23	0.625**
Q9	0.628**	Q24	0.887**
Q10	0.558**	Q25	0.429**
Q11	0.770**	Q26	0.286**
Q12	0.794**	Q27	0.808**
Q13	0.797**	Q28	0.717**
Q14	0.795**	Q29	0.474**

续表

题项	题总相关	题项	题总相关
Q15	0.372**	Q30	0.757**

（三）高低分组的差异性检验

将剩余32道测题进行高低分组的差异性检验。结果如表1-3-3所示，32道测题的差异均达到显著水平（$p<0.05$），且决断值均高于3.5，所有题项均达标。

表1-3-3　　　　　　　量表第二稿独立样本 t 检验

题项	显著性	决断值	题项	显著性	决断值
Q1	***	3.827	Q21	***	6.710
Q2	***	6.934	Q22	***	4.323
Q3	*	3.876	Q23	***	6.825
Q4	***	9.339	Q24	***	3.964
Q5	***	3.560	Q25	***	6.782
Q6	***	3.782	Q27	***	8.000
Q8	***	3.962	Q28	***	4.171
Q9	***	5.898	Q29	***	7.625
Q10	***	4.152	Q30	***	4.191
Q11	***	4.693	Q31	***	11.314
Q12	***	6.517	Q32	***	7.002
Q13	***	5.209	Q33	***	6.761
Q14	***	4.786	Q34	***	4.254
Q16	***	5.634	Q35	***	8.222
Q17	***	3.590	Q36	***	8.432
Q19	***	4.186	Q37	***	8.002

（四）内部一致性信度检验

内部一致性系数为0.958，说明量表具有较好的信度。综合表1-3-4发现，整体量表的内部一致性较高，无论删除哪个题目，α系数都无增高，表示该题与其他题项同质性较高，且32个题项的校正项总计相关性均达到0.4以上，因此，本环节不删除题目。

表1-3-4　　　　　　　量表第二稿信度检验

题项	题项删除后的α值	校正的项总计相关性	题项	题项删除后的α值	校正的项总计相关性
Q1	0.958	0.539	Q21	0.958	0.608
Q2	0.955	0.539	Q22	0.956	0.625
Q3	0.958	0.565	Q23	0.958	0.537
Q4	0.955	0.657	Q24	0.955	0.431
Q5	0.957	0.575	Q25	0.958	0.508
Q6	0.957	0.557	Q27	0.955	0.517
Q8	0.957	0.613	Q28	0.954	0.438
Q9	0.956	0.566	Q29	0.957	0.502
Q10	0.957	0.631	Q30	0.954	0.524
Q11	0.957	0.454	Q31	0.958	0.494
Q12	0.956	0.560	Q32	0.955	0.544
Q13	0.955	0.613	Q33	0.955	0.448
Q14	0.955	0.618	Q34	0.956	0.550
Q16	0.955	0.512	Q35	0.958	0.525
Q17	0.958	0.584	Q36	0.956	0.578
Q19	0.957	0.567	Q37	0.957	0.596

(五) 题项因素负荷量

如表1-3-5所示，32个题项因素负荷量均高于0.45，且共同性高于0.2，符合标准，因此本环节不删题。

表1-3-5　　　　　量表第二稿共同性与因素负荷量

题项	共同性	因素负荷量	题项	共同性	因素负荷量
Q1	0.257	0.507	Q21	0.555	0.745
Q2	0.706	0.840	Q22	0.225	0.453
Q3	0.218	0.460	Q23	0.695	0.834
Q4	0.741	0.861	Q24	0.234	0.466
Q5	0.338	0.581	Q25	0.707	0.841
Q6	0.284	0.533	Q27	0.816	0.903
Q8	0.342	0.585	Q28	0.381	0.617
Q9	0.547	0.740	Q29	0.823	0.907

续表

题项	共同性	因素负荷量	题项	共同性	因素负荷量
Q10	0.390	0.624	Q30	0.259	0.499
Q11	0.295	0.544	Q31	0.740	0.860
Q12	0.568	0.753	Q32	0.700	0.837
Q13	0.641	0.801	Q33	0.542	0.736
Q14	0.675	0.822	Q34	0.294	0.441
Q16	0.669	0.818	Q35	0.559	0.748
Q17	0.209	0.470	Q36	0.211	0.465
Q19	0.401	0.634	Q37	0.430	0.655

综合以上项目分析，删除第7、第15、第18、第20、第26题。

三 探索性因素分析

再次进行探索性因素分析，结果如表1-3-6所示，KMO值是0.886，Bartlett球形检验值为8866.149（自由度为496），$p<0.01$，达到了极其显著性水平，适合做因素分析。

表1-3-6　量表第二稿 *KMO* 和 *Bartlett* 的球形检验

KMO 和 Bartlett 的检验	
抽取适度测定值	0.886
Bartlett 的球形度检验	8866.149
df	496
p	0.000

通过主成分分析抽取共同因素发现，特征值大于1的共同因素有6个，累计方差贡献量为67.895%，结果如表1-3-7所示。

表1-3-7　量表第二稿因子的方差解释量及特征值

因子	特征值	方差解释量	累计方差解释量
1	11.231	34.785	34.785
2	3.405	10.651	47.426

续表

因子	特征值	方差解释量	累计方差解释量
3	3.137	9.843	55.259
4	2.660	5.197	60.436
5	1.274	3.972	64.436
6	1.100	3.468	67.895

为形成更稳定的结构，仍采取第一稿的筛选标准删除不恰当的题目，筛选标准是：删除因子负荷小于0.45的测题，删除同时在多个因素上有高负荷或在任何一个因子均无显著影响的测题，删除测题数量小于3的因子。由此，删除第28、第36题。对剩余题项再进行因素分析，仍按照筛选标准，再次删除第17题。最终发现，量表结构已较稳定，各因子包含题项均已明确。如表1-3-8所示，包括5个共同因素共29题，每个因素的测题数量为3—8个。

表1-3-8　　　量表第二稿经多次旋转后的成分矩阵

题项	因子				
	$F1$	$F2$	$F3$	$F4$	$F5$
$Q25$	0.834				
$Q4$	0.825				
$Q16$	0.819				
$Q8$	0.797				
$Q32$	0.796				
$Q29$	0.686				
$Q23$	0.579				
$Q37$		0.821			
$Q2$		0.812			
$Q31$		0.772			
$Q27$		0.757			
$Q14$		0.744			
$Q3$		0.689			
$Q34$		0.579			
$Q1$			0.818		

续表

题项	因子				
	F1	F2	F3	F4	F5
Q22			0.816		
Q11			0.778		
Q24			0.767		
Q9			0.728		
Q13			0.686		
Q10				0.826	
Q30				0.809	
Q12				0.768	
Q5				0.701	
Q33				0.656	
Q19					0.743
Q35					0.732
Q6					0.648
Q21					0.567
特征值	10.300	3.326	2.738	1.588	1.120
贡献率	35.516%	11.470%	9.440%	5.4774%	3.861%
累计贡献率	35.516%	46.986%	56.527%	61.904%	65.765%

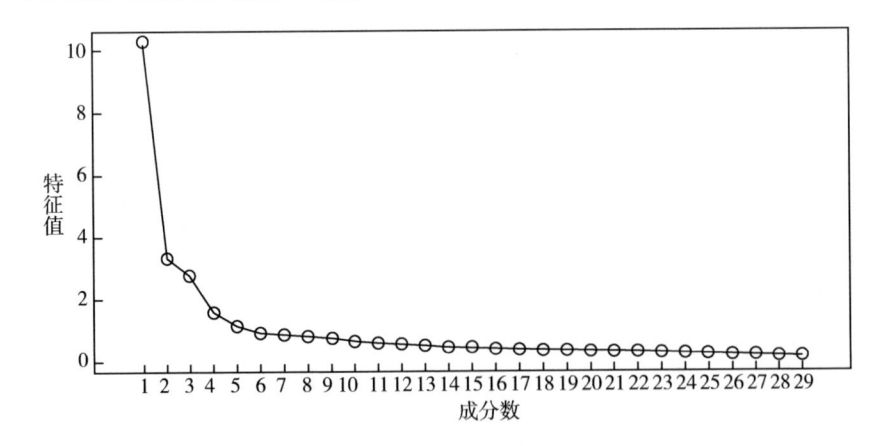

图 1-3-1 量表第二稿碎石图

综上所述，本轮项目分析与探索性因素分析共删除 8 道题。进一步对这 5 个因素共 29 题进行维度划分与命名，优化本量表的结构。

第一个因素被命名为"躯体虐待"，包含第 25、第 4、第 16、第 8、第 32、第 23、第 29 题共 7 道测题。主要是指任何人经常性采取暴力手段对儿童造成实际的或潜在的躯体损伤，包括拳打脚踢、鞭抽等方式，造成儿童皮肤瘀血、骨折、神经受损、致残甚至死亡等。

第二个因素被命名为"精神虐待"，包含第 37、第 2、第 31、第 27、第 14、第 3、第 34 题共 7 道测题，主要描述的是任何人通过言语、动作等方式对幼儿采取持续性、重复性的恐吓、贬损。

第三个因素被命名为"性虐待"，包含第 1、第 22、第 11、第 24、第 9、第 13 题共 6 道测题，主要描述的是无论儿童是否同意，任何人对儿童进行持续性的接触的性虐待行为或非接触的性虐待行为，例如引诱或强迫儿童从事任何违法的性活动以及强奸、性骚扰、性剥削以及乱伦等在内的各种性活动。

第四个因素被命名"精神忽视"，包含第 10、第 30、第 12、第 5、第 33 题共 5 道测题，主要描述的是抚养者或对幼儿有监管义务的人员因疏忽而长期未履行对儿童精神的照顾，例如拒绝、干涉、纵容等，损害了儿童认知、情感、行为的发展。

第五个因素被命名为"躯体忽视"，包含第 19、第 35、第 6、第 21 题共 4 道测题，主要描述的是抚养者或对儿童有监管义务的人员因疏忽而长期未履行对儿童身体的照顾，以致危害或损害了儿童躯体健康或发展。

第二轮修改后的量表各题如表 1-3-9 所示。

表 1-3-9　　　　第二轮修改后维度划分与具体题目

维度	维度名称	具体题目
维度一	躯体虐待	25. 我因为很小的过失而挨打 4. 我被打得很重，以至于引起了其他人的注意 16. 我被人用皮带、绳子、木板或其他工具惩罚 8. 我被人拳打脚踢 32. 我被打出了瘀青或流血 23. 我被打到骨折 29. 我因为被打得很严重而不得不去医院

续表

维度	维度名称	具体题目
维度二	精神虐待	37. 我被叫"笨蛋""丑八怪"等让我感到伤心的词 2. 我被威胁、恐吓 31. 我被别人孤立 27. 我被下列类似的话斥责过：你真没用、你什么都做不好 14. 父母当着别人的面训斥我 3. 父母对我的言行不满时斥责、挖苦我 34. 父母使脸色给我看
维度三	性虐待	1. 曾经有人试图以带有性色彩方式触碰我 22. 有人故意在我面前暴露自己的性器官 11. 有人威逼或引诱我同对方做性方面的事 24. 有人迫使我触摸虐待者的身体 9. 有人让我看色情视频、图片、书刊等 13. 有人让我从事性方面的交易行为
维度四	精神忽视	10. 家人过分干涉我交什么样的朋友 30. 当我有烦恼时，家人用说教的口吻来安慰我 12. 父母在我面前争吵 5. 父母会查探我的隐私 33. 父母会丢掉或毁掉我喜欢的东西
维度五	躯体忽视	19. 当时家里没人管我衣着或饮食 35. 当我生病时，家人会照顾我 6. 家人忙于工作，对我不管不问 21. 家人会提醒我注意安全

至此，已完成量表结构的探索工作，基本确定各个维度以及测题归属。

四　量表第二稿信度分析

仍采用克龙巴赫 α 系数和折半信度两种方式进行信度分析。结果如表1-3-10所示，剩余的29题的总量表克龙巴赫 α 系数为0.889，且各维度的克隆巴赫 α 系数值和折半信度系数值均达到0.7以上。由此可见，最终形成的量表内部一致性较好，具有较好的信度。

表1-3-10　量表第二稿各维度及总量表的内部一致性系数

维度	cronbach's α 系数	折半信度系数
F1	0.897	0.885
F2	0.892	0.873
F3	0.846	0.817

续表

维度	cronbach's α 系数	折半信度系数
F4	0.871	0.863
F5	0.862	0.843
总量表	0.889	0.868

第四节 正式量表的形成与施测

一 研究目的

对之前得出的量表结构做一步验证，并根据验证性因素分析得出的参照估计值和拟合度检验量表结构与预想的一致性状况，再通过信度分析与效度分析检验量表的结构，以形成具有科学性与普适性的量表。

二 被试与施测过程

在江苏省范围内的大学中再次随机选取年满 18 周岁各专业的大学生共 500 名作为被试，仍然采用线上问卷的方式，得到相关数据，最终保留 416 份有效问卷。

三 研究方法

同样采用统计分析法，使用统计软件 SPSS26.0 和 Mplus7.0 对数据进行统计处理，按照前两次的类似步骤，通过项目分析检验测题之间是否具有良好的区分度及与总分之间是否有很好的相关性，再使用 Mplus7.0 验证量表框架的合理性，最后通过信度分析与效度分析检验量表结构的合理性。具体过程如下。

本次项目分析结果显示，所有测题与总分均在 0.01 的水平上显著相关，测题的相关度均在 0.4 以上，有 27 道测题的相关度在 0.5 以上，占所有测题的 93.1%，有 21 道测题的相关度在 0.6 以上，占所有测题的72.4%，说明所有测题与总分间有很好的相关性。29道测题p值均小于0.01，所有题目的决断值均大于3.5，表明各测题之间具有良好的区分度。

表1-4-1　　正式量表题总相关与独立样本t检验结果

题项	题总相关	显著性	决断值	题项	题总相关	显著性	决断值
Q1	0.752**	**	4.512	Q16	0.653**	**	8.766
Q2	0.676**	**	6.475	Q17	0.565**	**	4.980
Q3	0.545**	**	4.784	Q18	0.682**	**	6.372
Q4	0.453**	**	5.299	Q19	0.642**	**	6.053
Q5	0.689**	**	3.787	Q20	0.701**	**	7.832
Q6	0.648**	**	4.237	Q21	0.573**	**	7.523
Q7	0.615**	**	7.211	Q22	0.826**	**	4.862
Q8	0.677**	**	6.019	Q23	0.628**	**	5.663
Q9	0.734**	**	5.218	Q24	0.516**	**	5.917
Q10	0.577**	**	4.763	Q25	0.629**	**	6.492
Q11	0.659**	**	7.903	Q26	0.853**	**	8.194
Q12	0.607**	**	6.048	Q27	0.748**	**	7.167
Q13	0.826**	**	4.572	Q28	0.525**	**	6.291
Q14	0.657**	**	4.281	Q29	0.614**	**	6.843
Q15	0.454**	**	7.783				

四　验证性因素分析

（一）模型拟合度指标分析

一份符合统计学要求的量表还需要对其结构框架的合理性进行验证。研究使用统计软件Mplus7.0对测验数据进行验证性因素分析，综合多个指标作为模型拟合的参考值，包括卡方自由度比（$CMIN/DF$）、标准化残差均方根（$SRMR$）、近似误差均方根（$RESEA$）、比较拟合指数（CFI）、非规范拟合指数（TLI）。首先根据各维度题项的分布情况建构拟合模型，建立五因子间的关系路径。在研究的测量模型中，将躯体虐待、精神虐待、性虐待、精神忽视、躯体忽视这五个因子分别定义

为 $F1$、$F2$、$F3$、$F4$、$F5$，两两相关，共建立 10 条相关路径，并将维度测题分别用 $a1—a7$、$b1—b7$、$c1—c6$、$d1—d5$、$e1—e4$ 表示，共包含 29 个观测变量。

对各维度进行结构验证，在验证时根据删除不合理项的原则修正结构。删除不合理项应遵从如下原则：第一，模型拟合度指标要求；第二，标准化因素负荷量不低于 0.6，低于 0.6 表示该题项与因子间关系较弱，可以考虑删除；第三，各维度题项数量至少达到三题。[1] 依据以上原则依次对五个维度进行模型分析。由于 $a6$、$b4$、$d2$ 三个题项标准化因素负荷量低于 0.6，便删除这三道题。对删除题项后的各个维度再次进行结构验证，此时各维度各项指标均已达成，具体指数如表 1-4-2 所示。

表 1-4-2   各维度的模型拟合度指标情况

维度	X^2	df	X^2/df	SRMR	CFI	TLI	RMSEA
F1	41.284	14	2.949	0.036	0.973	0.974	0.064
F2	14.176	8	1.772	0.024	0.991	0.936	0.074
F3	27.837	9	3.093	0.035	0.968	0.968	0.076
F4	13.274	8	1.659	0.019	0.985	0.953	0.073
F5	8.594	5	1.719	0.015	0.992	0.925	0.057

各维度 CFI、TLI 皆大于 0.9，SRMR、RMSEA 均小于 0.08，各项指标均达标，代表量表各维度结构拟合较好。

（二）信度与聚合效度分析

聚合效度参照 AVE、CR 和因子载荷量三个指标，结果如表 1-4-3 所示。

各维度及所有题目标准化估计系数均大于 0.6，P-Value 均小于 0.01，表示所有题目均显著。题目信度 R-square 表示维度对题目的解释能力，R-square > 0.36 说明可接受，R-square < 0.5 说明信度良好。量表中所有题项均达到 0.36 以上，其中，R-square > 0.5 的有 21 个题项，占

---

[1] Bollen, K. A., *Structural Equations with Latent Variables*, New York: John Wile & Sons, 1989, p.12.

总题项的 80.8%，说明量表具有较好的项目信度。组成信度 CR 是指维度题目的内部一致性，CR＞0.7 表示可接受，本量表 CR 值均在 0.7 以上，说明量表组成信度较好。方差萃取量 AVE 表示维度对题目的平均解释能力，AVE＞0.5 较为理想，AVE＞0.36 表示可接受，本量表各维度 AVE 值均在 0.5 以上，说明各维度对题目的平均解释能力较为理想。综合上述，本量表聚合效度理想。

表 1-4-3　　　　　正式量表的信度与聚合效度

维度	题目	参数显著性检验				项目信度	组成信度	聚合效度
		Estimate	S.E.	Est./S.E.	P-Value	R-square	CR	AVE
F1	a1	0.626	0.026	24.077	***	0.638	0.914	0.614
	a2	0.728	0.032	22.750	***	0.714		
	a3	0.684	0.045	15.200	***	0.643		
	a4	0.674	0.033	20.424	***	0.535		
	a5	0.812	0.043	18.884	***	0.612		
	a7	0.743	0.036	20.639	***	0.473		
F2	b1	0.648	0.042	15.429	***	0.466	0.873	0.563
	b2	0.734	0.029	25.310	***	0.638		
	b3	0.604	0.042	14.381	***	0.587		
	b5	0.685	0.032	21.406	***	0.627		
	b6	0.714	0.035	20.400	***	0.656		
	b7	0.863	0.034	25.382	***	0.423		
F3	c1	0.696	0.027	25.778	***	0.604	0.808	0.632
	c2	0.764	0.043	17.767	***	0.576		
	c3	0.702	0.037	18.973	***	0.631		
	c4	0.653	0.043	15.186	***	0.436		
	c5	0.830	0.030	27.667	***	0.637		
	c6	0.735	0.041	17.927	***	0.635		
F4	d1	0.643	0.043	14.953	***	0.516	0.842	0.562
	d3	0.637	0.035	18.200	***	0.729		
	d4	0.836	0.041	20.390	***	0.574		
	d5	0.744	0.044	16.909	***	0.696		

续表

维度	题目	参数显著性检验				项目信度	组成信度	聚合效度
		Estimate	S. E.	Est. /S. E.	P-Value	R-square	CR	AVE
F5	e1	0.692	0.033	20.970	***	0.526	0.858	0.585
	e2	0.845	0.042	20.119	***	0.433		
	e3	0.732	0.029	25.241	***	0.653		
	e4	0.685	0.039	17.564	***	0.607		

（三）区别效度分析

区别效度的测量采用 AVE 的平方根值与其他因子的相关系数对比。

结果如表1-4-4所示，各维度组成信度均高于0.7，方差萃取量均大于0.5。AVE开根号值表示聚合效度各维度题目中平均相关均大于该维度与其他维度之间的相关，F1 的 AVE 开根号值为0.785，大于F1 与另外四个因子间的相关系数，同理 F2、F3、F4、F5 的 AVE 开根号值均大于该因子与其他因子间的相关系数，表示本量表区别效度良好。

表1-4-4　　　　　　　正式量表的区别效度

维度	组成信度	聚合效度	区别效度				
	CR	AVE	F1	F2	F3	F4	F5
F1	0.914	0.614	**0.785**				
F2	0.873	0.563	0.728	**0.750**			
F3	0.808	0.632	0.416	0.385	**0.795**		
F4	0.842	0.562	0.524	0.403	0.426	**0.750**	
F5	0.858	0.585	0.638	0.518	0.316	0.574	**0.765**

注：对角线粗体字为 AVE 开根号值，下三角为维度之皮尔逊相关。

（四）模型拟合指标分析

至此，本量表的模型结构基本稳定，但仍需对整个量表的拟合度指标进行分析，如表1-4-5所示，各项指标均较为理想，说明整体模型结构拟合较好。

整个量表的结构模型拟合度指标中：X^2/df 为1.384，介于1—3之间，且接近1，说明量表结构较为严谨；CFI、TLI 均大于0.9；RMSEA、

SRMR 均在 0.08 以下，表示该模型结构拟合良好。[1] 由此可见，本量表的结构模型拟合质量较佳。

表 1 – 4 – 5　　　　　正式量表的模型拟合度指标

拟合度指标	建议值（标准值）	模型指标	符合
ML X^2	越小越好	519.548	——
df	越大越好	774	——
X^2/df	$1 < X^2/df < 3$	1.384	符合
CFI	≥0.9	0.941	符合
TLI	≥0.9	0.932	符合
RMSEA	≤0.08	0.052	符合
SRMR	≤0.08	0.064	符合

（五）因子模型分析

由此，形成了本量表的验证性因子分析模型，如图 1 – 4 – 1 所示，潜在变量之间相关性为 0.327—0.745，且大部分相关性低于 0.6，说明各维度较为独立，对各自维度内题目内容的具有较好的解释能力。二阶模型的建立原则是：第一，各维度之间相关性达到 0.6 以上；第二，二阶模型的维度至少包含三个一阶模型维度；第三，通过目标系数值验证二阶模型是否能替代原有一阶模型，目标系数越接近 1，表示二阶模型越具有代表性。本量表不存在一个新的潜在维度能够解释三个以上的原有维度，况且二阶模型的建立旨在简化一阶模型，而本量表的各维度之间较为独立，题目数量均为 4—6 道，结构较为合理。综上所述，研究验证性因素分析部分不对二阶模型进行分析。

（六）效度检验

随后对正式量表的内容效度与结构效度进一步检验。在内容效度方面，研究中的项目来源包括对家长、有经验的教师、年满 18 周岁的大学生的访谈结果及以往学者的儿童虐待的相关研究结果，并在初始测题编制完成后邀请具有相关研究经验的专家学者对量表的结构、内容、形式等进行修改，最终形成预试量表。

---

[1] Browne, M. W., Cudeck, R., *Alternative ways of assessing model fit. Testing Structural Equation Models*, New Bury Park, CA: Sage Publications, 1993, pp. 136 – 162.

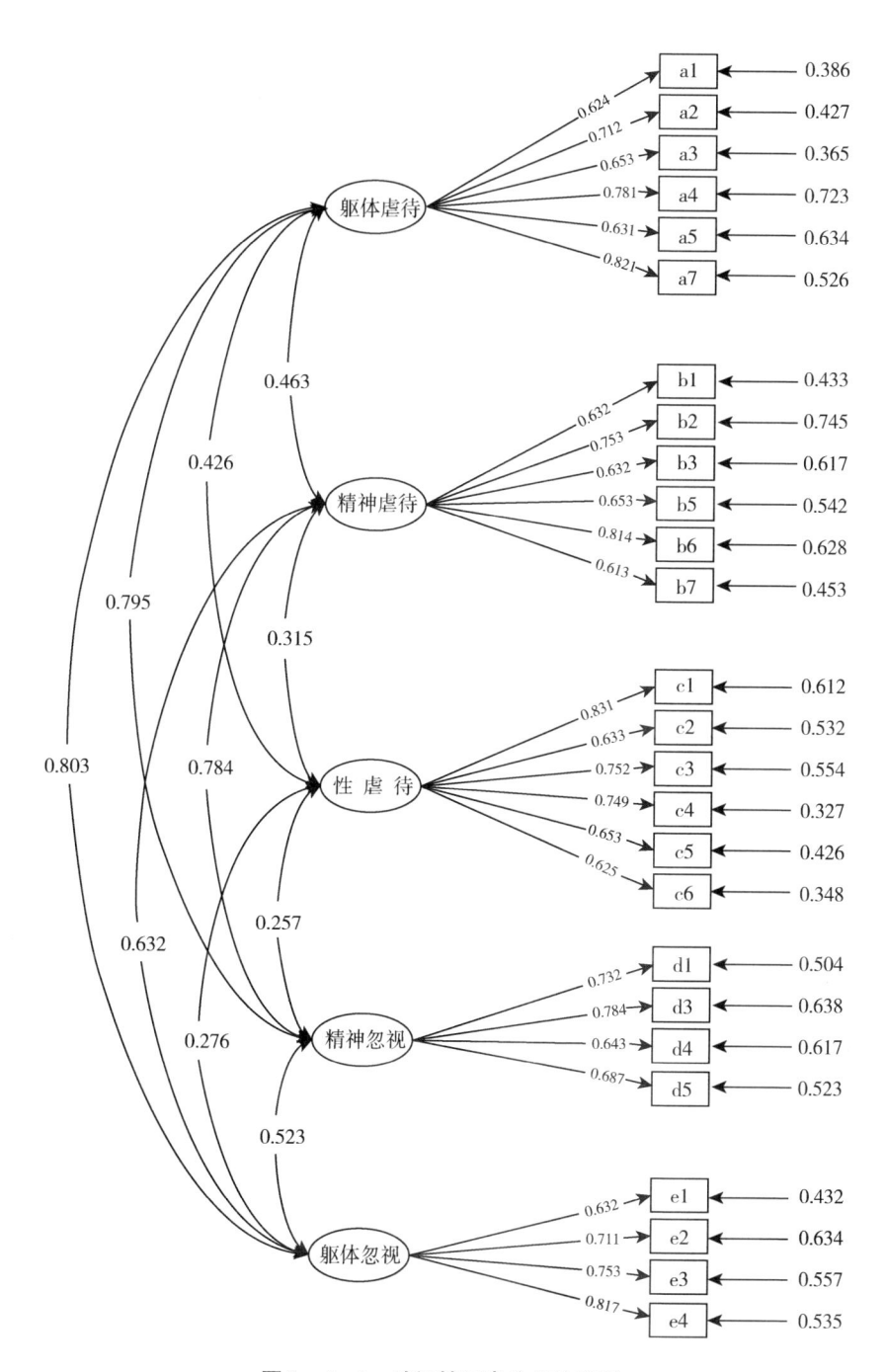

图 1-4-1 验证性因素分析的路径

在结构效度方面，计算本轮各维度之间，以及各维度与总量表之间的相关性，结果如表1-4-6所示：总量表与五个维度之间的相关性均大于0.5，$p<0.01$，相关性显著；五个维度之间的相关性为0.10—0.50，p值均在0.01与0.05的水平上相关显著，因此本量表的结构效度良好。

表1-4-6　各维度之间及各维度与总量表之间的相关性

维度	$F1$	$F2$	$F3$	$F4$	$F5$	总量表
$F1$ 躯体虐待	1					
$F2$ 精神虐待	0.434**	1				
$F3$ 性虐待	0.207*	0.236**	1			
$F4$ 精神忽视	0.251**	0.374**	0.408**	1		
$F5$ 躯体忽视	0.316**	0.233**	0.315**	0.272**	1	
总量表	0.823**	0.785**	0.60**	0.563**	0.682**	1

五　研究结果

经过两轮的反复修改与一轮的验证分析，最终形成含有26道测题的正式量表，包括躯体虐待、精神虐待、性虐待、精神忽视、躯体忽视等五个维度，共26道测题（表1-4-7）。

表1-4-7　　　　　　　　维度划分与具体题目

维度	维度名称	具体题目
维度一	躯体虐待	8. 我因为很小的过失而挨打 4. 我曾被人用皮带、绳子、木板或其他工具惩罚 22. 我曾被人拳打脚踢 1. 我曾被打得瘀青或流血 26. 我曾被打到骨折 17. 我因为被打得很严重而不得不去医院
维度二	精神虐待	13. 我被叫"笨蛋""丑八怪"等让我感到伤心的词 2. 我被威胁、恐吓 20. 我曾被别人孤立 16. 我被下列类似的斥责过：你真没用、你什么都做不好 3. 父母当着别人的面训斥我 9. 父母使脸色给我看

续表

维度	维度名称	具体题目
维度三	性虐待	5. 有人试图以带有性色彩方式触碰我 19. 有人故意在我面前暴露自己的性器官 11. 有人威逼或引诱我同对方做性方面的事 14. 有人迫使我触摸对方的身体 10. 有人让我看色情视频、图片、书刊等 13. 有人让我从事性方面的交易行为
维度四	精神忽视	23. 家人过分干涉我交什么样的朋友 6. 当我有烦恼时，家人用说教的口吻来安慰我 12. 父母在我面前争吵 21. 父母会查探我的隐私
维度五	躯体忽视	18. 当时家里没人管我衣着或饮食 25. 当我生病时，家人会照顾我 7. 家人忙于工作，对我不管不问 15. 家人会提醒我注意安全

至此，已经全部完成儿童期受虐量表的初步编制工作，对最终的题目重新编号，形成了包含5个维度、26道测题的正式量表。量表由24道正向和2道反向题组成，具有良好的信效度，符合测量学的各项标准。

第五节　关于儿童期受虐量表的特点和使用

一　量表的结构与特点

研究构建的儿童虐待模型，包含躯体虐待、精神虐待、性虐待、精神忽视、躯体忽视5个维度，和已有的儿童虐待模型相比具有如下特点。

一是与时俱进。研究构建的儿童期虐待模型整合了国内外已有儿童期虐待模型及相关研究，并根据中国国情进行修改，维度数量比绝大多数国内外的儿童期虐待模型的数量要多，比狭隘的儿童期心理虐待量表、儿童期躯体虐待量表等维度更全，在具体条目描述上贴近儿童虐待发生的不同情境，如家庭、校园、社会，同时添加了不同类型的施虐者，使题目相较其他量表中的题目更加全面和具有针对性。儿童虐待的模型维度和测量指标也并未刻意凸显受虐者受到的隐性伤害，而是着眼于测量各虐待类型的发生率。

二是维度清晰。相比以往的儿童虐待模型，注意严格区分心理虐待和精神虐待的概念内涵。对于受虐者而言，心理虐待特指在心理上受到的潜在和深层次伤害，其中包括部分精神忽视的内涵，并有可能与其他虐待形式共同发生，因此本书采用精神虐待的概念。同时基于时代和社会文化背景提出精神忽视在中国儿童成长发展中的特有价值，将广义的儿童忽视细分为精神忽视和躯体忽视，五个维度各自完整独立，互不重合。

三是层层递进。虽然本量表注重各维度的相互独立和虐待类别的发生率，但在虐待类别内对条目按照虐待程度进行编写，将可能发生的虐待行为进行概括和分类，例如在躯体虐待类别中根据受伤程度按非器质性损伤到使用工具殴打等有条理地进行编写。

二 量表的使用和优化

量表是模型验证与现状测量的有效形式。鉴于目前国内对儿童期虐待的测量缺乏可靠有效的工具，研究者基于多元理论视域确立框架，继而结合深度访谈确立测题，经多步统计学分析得出信效度符合测量学标准的量表。本量表仅可施测于年满18周岁的成人，采取自陈作答形式，受测者通过自我感知完成测验。量表包含26道测题，被试在5分钟内便可填答完毕，不会因时间因素影响测量的信效度指标。

本量表的作用包括以下几点。一是帮助家长了解自身教养水平，尤其能直观地反映家长自身教养的欠缺之处，如是否信奉"棍棒之下出孝子"的教育模式，是否在不知情的情况下对孩子造成精神虐待或精神忽视等，助其在教育子女方面能够科学民主、严慈相济，制订更合适的教育策略。二是帮助成年人回顾自身童年经历，有助于认识自己，从而改善自身因儿童期虐待所带来的各类负面影响，调节自身言行，并且能更好地教育下一代。三是促进高校开展心理指导，教师与教学管理人员可通过量表掌握学生儿童期受虐的总体状况，并且针对其中程度较为严重的学生进行细分，根据他们的真实情况，从而采取更为有效的教育方式，改善童年期遭遇虐待的学生的心理健康水平。

量表可在以下几个方面进一步优化。第一，被试集中于江苏地区，量表的可靠性和推广性还有进一步提升的空间。第二，研究中的样本范围集中于大学生群体，遭遇儿童虐待的人数并不是特别显著，有可能是因为遭遇过严重儿童虐待的人不一定能成功考入大学，因此本量表的模型框架是否深度契合成年人的测度内涵仍需进一步验证。第三，研究中儿童虐待的部分维度得分差异并不显著，且儿童虐待中的性虐待得分较低，这是因为在发达地区性虐待的发生率不高，但并不意味着性虐待没有发生，且很多学生经历过"猥亵"，但并未达到"虐待"的程度，因此，有必要对性虐待进行更贴合地区实际情况的讨论和改变，以增强评测的准确性和解释力。

第二章 受虐儿童的情绪问题行为

第一节 受虐儿童情绪问题行为概述

一 受虐儿童情绪问题行为的界定

情绪能力（Emotional Competence）这一概念最早由萨尔尼（Saarni C.）提出。他认为，情绪能力包括心理适应力、自我效能感以及符合道德品质的行为。它是由情绪诱发交往中的自我效能感来表现的。人际交往应该具备八项情绪技能：认识自己的情绪、识别他人的情绪、用本土化语言表达情绪、共情共感、意识并区分内外情绪状态、调节消极情绪、情绪沟通交流及情绪自我效能感。[1]

随着研究的深入，研究者们在此基础上完善有关情绪能力的定义与分类。有学者认为，情绪能力是由多种不同但又相互联系的技能组成的复杂现象，可以分为情绪理解能力、表达能力和评价能力三部分，并强调情绪能力的核心是情绪表达能力。[2] 李欢、赵玉红提出，情绪能力是根据情绪来构建、维持或改善个体与外部联系的能力，主要包括情绪理解能力、表达能力和调节能力三个方面。[3] 此外，还有研究者提出，情

---

[1] Saarni, C., *The Development of Emotional Competence*, New York: Guilford Press, 1999, p. 125.

[2] Bohnert, A. M., Crnic, K A., Lim, K. G., "Emotional Competence and Aggressive Behavior in School-age Children", *Journal of Abnormal Child Psychology*, Vol. 31, No. 1, 2003, p. 79.

[3] 李欢、赵玉红：《学龄期儿童情绪能力的发展特点概述》，《黑龙江教育学院学报》2009年第1期。

绪识别能力是模仿、理解或表达情绪的基础，是个体社交的前提条件，情绪模仿能力是个体理解和表达情绪的重要前提，它能够促进幼儿对他人内心情绪的理解。[①]

综上所述，情绪能力是指个体习得技能后运用到具体情境中去，并以此建立、保持与他人的正常交往的能力，是情绪智力的一部分，其发展关键期是儿童早期，这期间情绪能力的发展情况对人生的成功与否更具预示性。幼儿的情绪能力分为三个维度：情绪理解、情绪模仿和情绪表达。情绪理解能力是指幼儿理解情绪的起因并对此做出合适的回应，包括从面部表情等非言语信息去了解别人的心理。情绪模仿能力是指幼儿对情绪表达者做出的非语言信号（如面部表情、行为）进行模仿，做出一致情绪的能力，情绪表达能力是指幼儿能将情绪词汇或自己内心的情绪感受通过面部表情等途径表现出来。

问题行为（behavioral problems），也称行为问题，是儿童发展过程中的一种常见现象，也是表征儿童社会适应的一个重要指标，因此一直受到发展心理和儿童心理卫生领域研究者的广泛关注。国内外研究者分别从问题行为的类别、标准与程度给出了不同的界定。吕勤等人按问题行为的标准来界定问题行为，认为儿童的问题行为主要表现在违纪越轨、攻击反抗、孤僻退缩、焦虑抑郁及各种身体不适等方面。[②] 有研究按照类别将其划分为内化问题行为和外化问题行为两大类：外化问题行为是指一组可以从儿童的外在行为中明显观察到的问题行为，是儿童对外部环境的消极反应，包括攻击、反抗、违纪等行为；内化问题行为则主要指向儿童的内部心理环境，包括焦虑、抑郁、社交退缩与抑制等行为。[③] 还有研究者按照结果将其定义为，在严重程度和持续时间上都超过相应年龄所允许的正常范围的异常行为。[④] 不管研究者从哪个

[①] 王琼：《谈谈幼儿情绪识别能力的培养》，《教育导刊（幼儿教育）》2004年第12期。

[②] 吕勤、王莉、陈会昌、陈欣银：《父母教养态度与儿童在2—4岁期间的问题行为》，《心理学报》2003年第1期。

[③] Campbell, S. B., Shaw, D. S., "Early Externalizing Behavior Problems: Toddlers and Pre-schoolers at Risk for Later Maladjustment", Development and Psychopathology, Vol. 12, No. 3, 2000, p. 467.

[④] 李雪荣：《儿童行为与情绪障碍》，上海科学技术出版社1987年版，第26页。

角度出发界定问题行为，它都是一种异常行为，且表现在行为和情绪两个方面上。其中，行为问题通常表现为攻击、不听管教、偷窃、逃学、说谎、离家、纵火等；情绪问题通常表现为愤怒、焦虑、恐惧和抑郁等。所以，受虐儿童的情绪问题行为是指儿童在经历他人实际的或潜在的伤害行为后出现的持续时间长、超出相应年龄所允许的正常范围的情绪性层面的问题行为，包括焦虑、恐惧、抑郁等。

二 虐待亚类型与儿童情绪问题行为的关系

研究发现，与未受虐待儿童和儿童常模相比，童年期遭受虐待的儿童的情绪问题行为检出率明显较高，且与成年期抑郁和焦虑存在密切联系。例如，刘珏等人的调查发现，有童年受虐经历的大学生比没有受虐经历的大学生更容易表现出抑郁等情绪问题，这说明虐待会影响儿童情绪的健康发展，使其日后容易出现情绪问题行为。[1] 多项元分析研究也发现，50%的抑郁症患者有受虐史，这些患者还可能伴发慢性的、抗治疗的抑郁症状。[2] 对儿童期虐待和抑郁之间关系的进一步研究发现，儿童期受虐经历和抑郁之间存在一种"剂量—反应"关系，即童年受虐程度越深、时间越长、频率越高，成年期时的抑郁越严重。[3] 目前，虽然大量研究已表明儿童期受虐经历与抑郁、焦虑等情绪问题存在密切联系，但在探讨不同的虐待形式与抑郁的关系上研究结论不尽相同。

（一）性虐待与情绪问题行为

儿童期受虐待经历包括性虐待、身体虐待、心理虐待、身体忽视和情感忽视几种亚类型，在这几种亚类型中，性虐待的研究起步较早，取

---

[1] 刘珏、郭年新、麻超：《儿童期虐待经历对大学生抑郁症状的影响：安全感和拒绝敏感性的中介作用》，《现代预防医学》2018年第10期。

[2] Mandelli, L., Petrelli, C., Serretti, A., "The Role of Specific Early Trauma in Adult Depression: A Meta-analysis of Published Literature. Childhood Trauma and Adult Depression", *European Psychiatry*, Vol. 30, No. 6, 2015, p. 665.

[3] Spinhoven, P., Penninx, B. W., Hemert, A. V., Rooij, M. D., "Comorbidity of PTSD in Anxiety and Depressive Disorders: Prevalence and Shared Risk Factors", *Child Abuse & Neglect*, Vol. 39, No. 2, 2014, p. 1320.

得的研究结果也比较丰富且一致。研究结果表明：83%经历性虐待的个体出现了抑郁症状，如睡眠障碍、对生活失去乐趣和经常哭泣等，而且这些症状可持续到成年期；童年期性虐待与抑郁症、焦虑症显著正相关；美国国民健康调查发现，经历性虐待的女性在成年期出现抑郁症或心境恶劣的人数几乎是没有性虐待经历女性的2倍。① 这说明，性虐待可导致个体，尤其是女性日后出现严重的抑郁症和焦虑症等情绪问题行为。

（二）身体虐待与情绪问题行为

案例1：凯特的故事

> 凯特，45岁，在一家大型企业担任部门经理，患有抑郁症，常常睡眠失调、害怕黑暗和做噩梦，出现溃疡、哮喘等严重急性焦虑症的症状。家庭医生询问以后为她开了镇静剂，过了一段时间仍然不见好转，医生建议她接受心理咨询和治疗。心理医生对她的印象特别深刻，感觉她从未笑过，不愉快的表情像是刻在脸上，交友较为困难，社会疏离感较强。很快心理医生就知晓了原因：凯特从小就不爱读书，调皮打架、撒谎不听话、时常丢东西，经常欺负弟弟妹妹。爸爸是机械厂工人，脾气比较暴躁，性子比较急，爸爸经常用皮带和棍子打她，特别是跟妈妈吵架以后，往往会恼羞成怒，随手拿到鸡毛掸子就抽打凯特和弟弟妹妹。记忆最深刻的就是10岁左右，妹妹8岁，她和妹妹躲在卧室门后，爸爸在外面不停地叫喊和砸门，后来他用脚踹开门，她们吓得赶快起身逃跑，爸爸立马追了出来。爸爸刚好脚痛，没能追上她们。那时候她们还小能跑到哪里去，最后还是要回家，回家以后她们被爸爸吊起来用皮带打，一边打一边恐吓："如果你们再敢把我锁到门外，我就杀了你们！"凯特的抑郁和恐惧源于她童年时期所遭受的虐待。②

---

① Molnar, Beth, E., Buka, Stephen, L., "Child Sexual Abuse and Subsequent Psychopathology: Results From the National Comorbidity Survey", *American Journal of Public Health*, Vol. 91, No. 5, 2001, p. 753.

② Pagelow, M. D., *Family Violence*, New York: Greenwood Press, 1984, p. 78.

案例呈现了童年身体虐待对儿童成年后抑郁、恐惧等情绪问题的严重影响。学界关于躯体虐待的实证研究起步比较早，并且取得了丰硕的研究成果：研究发现，童年身体虐待与个体青春期的自杀行为和成年期的抑郁症存在显著相关；还有一项元分析发现，童年身体虐待与青少年期的重度抑郁症和自杀行为的发生率联系十分紧密。[①]

（三）心理虐待与情绪问题行为

20世纪80年代开始，人们才逐渐重视起心理虐待。心理虐待又叫作隐性虐待（Hidden Abuse），本质上是指情感而非身体上的任何形式的虐待，包括言语虐待和不断地批评，以及更微妙的策略。之所以被叫作隐性虐待，是因为心理虐待和身体虐待不同，后者很容易分辨，也很好界定，而心理虐待既具有模糊的边界，也具有隐蔽的特征。一个人如果没有被别人稳定、健康地对待过，是没有办法识别自己是否遭遇过心理虐待的，反而会认为关系本来就应该是他所感受的那样。所以，心理虐待是一种最具有破坏性、隐蔽性的虐待形式，其实质是施虐者为了控制受虐者采取的手段，由此带来的不良影响很可能伴随儿童一生的成长与发展。

有报告指出："即使在身体上受到良好照顾的情况下，被严重剥夺基本情绪养育的婴儿也可能无法健康成长，可能会成长为焦虑和不安全的人，他们的成长速度缓慢。"[②] 研究者通过实证研究发现，相对于性虐待和身体虐待，儿童期心理虐待与青少年期抑郁、社会焦虑等情绪问题行为存在更紧密的联系，这些症状在其成年早期会表现得更加严重。[③] 肖勇等人的研究也发现，经历过童年期心理虐待的个体会出现抑郁

[①] Kaplan, S. J., Pelcovitz, D., Labruna, V., "Child and Adolescent Abuse and Neglect Research: A Review of the Past 10 Years. Part I: Physical and Emotional Abuse and Neglect", *Journal of the American Academy of Child & Adolescent Psychiatry*, Vol. 38, No. 10, 1999, p. 1214.

[②] Glaser, D., Tuppett M. Yates, "The Long-term Consequences of Childhood Emotional Maltreatment on Development", *Child Abuse & Neglect*, Vol. 33, No. 1, 2009, p. 19.

[③] Wright, M. O., Crawford, E., Castillo, D. D., "Childhood Emotional Maltreatment and Later Psychological Distress among College Students: The Mediating Role of Maladaptive Schemas", *Child Abuse & Neglect*, Vol. 29, No. 1, 2009, p. 59.

的症状，严重者不爱惜自己，进而伤害自己如出现自伤、自杀等行为。①

（四）忽视与情绪问题行为

儿童忽视包括身体忽视和情感忽视两种类型，儿童忽视和成年期内源性抑郁障碍存在密切联系。母亲对子女漠不关心、缺乏照顾是长大之后抑郁的危险因素，其不良影响会一直伴随儿童的成长，甚至延续至整个成年期（如案例2所示）。一项研究显示：在一个家庭中，当孩子的情感需求长期得不到父母足够的认可、接纳和回应，孩子便学会了去隐藏或者压抑他们的真实感受，情感忽视的负面影响就发生了。② 情感忽视是一种隐匿的、容易被忽略的童年经历，当父母没能满足儿童的情感需求时，就可能出现情感忽视，这将对儿童以后的情绪行为产生极为严重的影响。

案例2：大卫的故事

> 大卫，一位40多岁的成功商人，有妻子和3个孩子，却因慢性抑郁症不得不接受心理治疗。他一开始表明自己的童年很自由也很快乐，然而从他叙述的故事来看事实并非如此。大卫在家中排行最小，他有7个哥哥，和最小的哥哥相差9岁。他父母在年过半百的时候生下他，他的出生可以说是一个意外。他爸妈是勤勤恳恳的好人，当然也很爱大卫，然而他们年龄太大，已经没有能力抚养大卫了，所以大卫基本是自己养大自己的。他父母很少过问他的学习和生活，他也确实是个好孩子，循规蹈矩，从不给大人添乱，他从这份自由中感知了父母的教育方式，"不要问，不要说"。大卫成年后组建了自己的家庭，然而和别人一样，他的妻子认为他情感冷漠、自我封闭，认为他们的缘分走到了尽头。他时常幻想自己逃跑了，独自生活在被遗弃的热带海岛上。③

---

① 肖勇等：《青少年童年期虐待与忽视对不良心理行为的影响》，《中国学校卫生》2016年第1期。
② Rudolph, S. G., *Dimensions of perfectionism, history of childhood maltreatment, and depression in university students*, Canada: York University, 2005, p. 86.
③ Hall, L. A., Peden, A. R., Beebe, L. H., "Parental Bonding: A Key Factor for Mental Health of College Women", *Issues in Mental Health Nursing*, Vol. 25, No. 3, 2004, p. 277.

在人类成长发育的过程中,一系列创伤性事件会阻碍个体形成持续、稳定的内在生命,而持续稳定内在生命的缺失,则会带来个体孤独感。在个体生命早期,如果有长期或者重大的应激经历,如虐待和忽视事件,会对个体的情绪调节能力造成一定程度的损伤。孤独是个体不愿意与外界接触而导致的自我封闭,这类人通常性格内向,很少对自己有信心,同时又不能正确地认识自己,不能正确认识自己在他人心中或者社会上的真实地位,在与人交往中,容易被他人歧视和排斥,经常会受到挫折并且抗挫折能力较差,结果就会逐渐关闭自己的心灵,刻意地远离别人。孤独感广泛存在于人群之中,不同的只是人们对孤独的觉察程度、忍受程度和孤独体验的激烈程度。孤独感其实并不遥远,当人们独自在家,或者在街边独自徘徊,或者与朋友在一起却各自玩手机时,不经意间就会产生被孤独感包围的窒息体验。孤独感反映的是一个人生存空间的自我封闭状态,这种内心隔绝以及与外界失去联系的感觉在中文里有多种表达:举目无亲、孤家寡人、茕茕孑立、形单影只等等。

根据社交需要理论,个体的孤独感源于其社交需要没有得到满足。个体很早就可以体验到孤独。调查发现,学龄前期儿童已经可以用言语准确地命名这一感受,孤独感的发生机制包括发育过程的经验和情景触发,它的产生最早可以追溯到儿童期所经受的创伤性事件。童年期受虐导致亲情缺失。简福平等人在调查亲情缺失和同伴关系缺失产生的孤独感与社会信息加工图式之间的关系后发现,孤独感儿童,尤其是具有家庭孤独感的儿童,社会认知图式与情绪状态有关而且结构相对稳定,揭示了亲情缺失对儿童孤独感的显著负向影响。[1] 通过追踪童年中后期孤独感的发展趋势发现,小学阶段儿童孤独感呈现下降趋势,随着年龄的增长下降速度会明显减缓,并且孤独感的起始水平及发展速度均存在显著的个体差异。[2] 随着群体结构趋向成熟和稳定,儿童的交往范围扩

---

[1] 简福平:《不同孤独感农村留守儿童对亲情缺失信息的加工特点研究》,博士学位论文,西南大学,2011年,第64页。

[2] Shevlin, M., Mcelroy, E., Murphy, J., "Loneliness Mediates the Relationship Between Childhood Trauma and Adult Psychopathology: Evidence from the Adult Psychiatric Morbidity Survey", *Social Psychiatry and Psychiatric Epidemiology*, Vol. 50, No. 4, 2015, p. 591.

大，交往能力逐步提高，出现了较为稳定的同伴群体，同时伴随社会交往认知水平的提升，个体的孤独感水平也在逐渐降低。进入青春期后，随着自我意识的发展，学习压力的增加，个体对社会关系的认识和需求再次调整，孤独感的发展呈现明显上升的趋势。

第二节 受虐儿童情绪问题行为的发展特点

一 性别差异

儿童期虐待与情绪问题行为之间的联系是否存在性别差异呢？大量研究证明，女性的抑郁和焦虑水平显著高于男性，童年期虐待会对女性产生更严重的后果，与男性相比，童年期虐待对女性抑郁和焦虑的影响更严重。[1] 但也有研究发现，童年期虐待与抑郁以及焦虑的联系在男性群体中更紧密。[2] 因此，以往关于童年期虐待对情绪问题行为的影响是否存在性别差异的研究结果并不一致。导致研究结果不一致的原因众多，比如采用的研究设计不同、研究对象不同（临床样本和普通人群样本）、对结果变量的测量存在差异等。针对此问题，有学者采用元分析技术对生物医药文献数据库（Medline）、心理学文摘数据库（PsycINFO）、科技文献索引数据库（Web of Science）数据库里的论文进行研究发现，与男性相比，童年期身体虐待和性虐待对女性抑郁症和广泛性焦虑症的影响较大，但这种差异没有达到统计学上的显著水平[3]。

国内研究者探讨了儿童期虐待与中国青少年睡眠障碍的联系是否

---

[1] Matthew Brensilver, S. N., "Longitudinal Relations Between Depressive Symptoms and Externalizing Behavior in Adolescence", *Journal of Clinical Child & Adolescent Psychology*, Vol. 40, No. 4, 2011, p. 607.

[2] Reinherz, H. Z., Paradis, A. D., Giaconia, R. M., "Childhood and Adolescent Predictors of Major Depression in the Ttransition to Adulthood", *American Journal of Psychiatry*, Vol. 160, No. 12, 2003, p. 2141.

[3] Gallo, E., Munhoz, T. N., "Gender Differences in the Effects of Childhood Maltreatment on Adult Depression and Anxiety: A Systematic Review and Meta-analysis", *Child Abuse & Neglect*, Vol. 79, No. 1, 2009, p. 107.

存在性别差异，结果发现，童年期经历至少一种虐待类型的女孩比男孩有更严重的睡眠障碍，睡眠障碍又是抑郁症和焦虑症患者最典型的症状。[1] 那么在中国群体样本中，儿童期虐待与情绪问题行为的联系是否和国外研究结果一样呢？对此，本书以500名大学生为研究对象进行了分析，结果发现，童年期心理虐待和性别的交互作用对青春期抑郁的预测没有达到显著水平（表2-2-1）。在大学生群体中，心理虐待和抑郁的联系也不存在显著的性别差异。

表2-2-1　　　　心理虐待和性别对大学生抑郁的预测

变量	ΔR^2	B	SE	β	t
第一层					
是否为独生子女	0.13**	-0.94	0.53	-0.10	-1.77
是否来自单亲家庭		-3.60	0.59	-0.33**	-6.08
第二层					
性别		-0.03	0.36	-0.01	-0.09
心理虐待	0.49**	-1.67	0.41	-0.15**	-4.10
心理虐待与性别		0.74	0.36	0.08	2.04

二　年龄差异

美国得克萨斯儿童医院调查了266名3—17岁遭受虐待的儿童，结果发现，大约90%的儿童遭受虐待时的年龄在5岁以下，这说明年龄是影响儿童遭受躯体虐待和严重程度的一个重要因素，年龄越小越容易受到躯体虐待，受虐程度也越严重。[2] 在儿童不同年龄阶段发生的虐待行为对儿童情绪行为发展带来的消极后果是否有差异呢？

有学者以96名儿童和73名青少年为研究对象，采用多元方差分析

---

[1] Xiao, D., Wang, T., Huang, Y., Wang, W., Lu, C., "Gender Differences in the Associations between Types of Childhood Maltreatment and Sleep Disturbance among Chinese Adolescents", *Journal of Affective Disorders*, Vol. 73, No. 2, 2019, p. 265.

[2] Jessee, S. A., Rieger, M., "A Study of Age-related Variables among Physically Abused Children", *ASDC journal of dentistry for children*, Vol. 63, No. 4, 1996, p. 275.

考察性虐待发生在不同年龄阶段时与精神疾病的关系，结果发现，与儿童相比，青少年报告了更多的抑郁症、低自尊和性焦虑。[1] 同样，其他研究也发现，发生在早期阶段（1—13岁）的性虐待会导致日后更严重的焦虑。[2] 还有研究者在更小的儿童群体中探索了其他类型的虐待在不同发展阶段发生会导致的结果，如在控制家庭经济地位和儿童性别等变量之后发现，与5岁以后遭受身体虐待的儿童相比，5岁以前遭受身体虐待的儿童在青春早期出现了更多焦虑、抑郁等。[3] 而国外的一个课题组发现，婴幼儿期、学前期和学龄期时经历的虐待亚类型与儿童焦虑、抑郁等情绪问题行为之间的联系不同，具体为：婴幼儿期经历的情感虐待和学前期经历的身体虐待能够显著正向预测攻击等外化问题行为，但不能显著正向预测焦虑和抑郁等情绪问题行为，但是学前阶段遭受身体忽视能够正向预测个体的焦虑和抑郁；在控制了早期的虐待之后，学龄阶段的各种虐待亚类型都能显著预测焦虑和抑郁等；另外，婴幼儿阶段和学前阶段发生的慢性虐待也会导致更严重的情绪问题行为。[4] 这些研究结果均倾向于支持这样一个假设：虐待发生得越早，儿童日后出现情绪问题行为的概率越大，结果也越严重。[5] 然而，也有部分研究发现了与上述研究不同的结果，青春期遭受虐待的儿童比早期遭受虐待的儿童报告了更多的情绪障碍，例如有研究发现，与12岁以前经历虐待的儿童相比，青春期（12—17岁）经历虐待的个体在青春期后期有更多的情绪问题行为，该研究的另一项结果则没有发现虐待发生的发展阶段与情绪问

---

[1] Feiring, C., Taska, L., Lewis, M., "Age and Gender Differences in Children's and Adolescents' adaptation to Sexual Abuse", *Child Abuse & Neglect*, Vol. 6, No. 2, 1999, p. 115.

[2] Kaplow, J. B., "Pathways to PTSD, Part II: Sexually Abused Children", *American Journal of Psychiatry*, Vol. 62, No. 7, 2005, p. 1305.

[3] Keiley, M. K., Howe, T. R., Dodge, K. A., Bates, J. E., "The Timing of Child Physical Maltreatment: A Cross-domain Growth Analysis of Impact on Adolescent Externalizing and Internalizing Problems", *Development & Psychopathology*, Vol. 13, No. 4, 2001, p. 891.

[4] Kim, J., Cicchetti, D., Rogosch, F. A., Manly, J. T., "Child maltreatment and Trajectories of Personality and Behavioral Functioning: Implications for the Development of Personality Disorder", *Development and Psychopathology*, Vol. 21, No. 3, 2009, p. 889.

[5] Quas, J. A., Goodman, G. S., Jones, D., "Predictors of Attributions of Self-blame and Internalizing Behavior Problems in Sexually Abused Children", *Journal of Child Psychology & Psychiatry & Allied Disciplines*, Vol. 44, No. 5, 2010, p. 723.

行为存在关联。①

　　导致上述研究不一致的原因可能有以下几点。第一，大多数考察虐待发生的年龄阶段与情绪问题行为之间关联的研究为回溯研究，这就导致有被试的报告存在偏差或者出现与实际情况相矛盾的结果。第二，不同年龄阶段发生的虐待呈现了独特的虐待特征，这种特征会导致相应的后果，例如，年幼儿童不会和年长儿童遭受同等程度的暴力，因此，有研究者认为与情绪问题有关联的是虐待本身而不是虐待发生的时间，不同年龄阶段发生的虐待所具有的独特特征导致虐待与情绪问题行为在不同时间有不同的联系。② 第三，以往研究对虐待发生的年龄阶段划分不一致，也会导致不一致的研究结果。因此，在判断虐待发生的年龄阶段与情绪问题行为之间联系时仍需小心谨慎。

第三节　受虐儿童情绪问题行为产生的生理机制

　　研究表明，童年虐待经历导致个体对压力环境的易感性提高，尤其会导致个体在压力环境中产生抑郁和焦虑等情绪问题行为的易感性增加。但是其生理机制十分复杂，越来越多研究者认为神经内分泌—免疫网络（neuroendocrine-immune networks）功能失调在儿童期虐待导致抑郁、焦虑等情绪问题行为中起着重要作用。该网络涉及负责调节体内内稳态平衡的 HPA 轴功能失调、免疫应答反应的改变、神经递质及其神经递质基因，这些变化都会影响大脑结构和功能的改变。该神经机制的改变可能是虐待导致情绪问题行为的重要中介机制。

一　脑机制

　　在生命早期，由于大脑不断发展，大脑对压力环境十分敏感。儿童

---

① Thornberry, T. P., Ireland, T. O., Smith, C. A., "The Importance of Timing: The Varying Impact of Childhood and Adolescent Maltreatment on Multiple Problem Outcomes", *Development & Psychopathology*, Vol. 13, No. 4, 2001, p. 957.

② Keiley, M. K., Howe, T. R., Dodge, K. A., Bates, J. E., Petti, G. S., "The Timing of Child Physical Maltreatment: A Cross-domain Growth Analysis of Impact on Adolescent Externalizing and Internalizing Problems", *Development & Psychopathology*, Vol. 13, No. 4, 2001, p. 891.

期虐待作为一种早期压力源使大脑的结构和功能广泛地变化。[1] 20世纪的研究已经表明，儿童期虐待会导致颅内体积和脑容积减小，而且受虐持续时间越长，颅内胼胝体积越小，侧脑室体积越大。进入21世纪后，又有新的证据表明，边缘系统（包括海马、杏仁核等）是负责情绪调节的关键脑区域。受遗传和环境的影响，海马神经元的形成会贯穿整个生命过程，所以海马是大脑中最具有神经可塑性的结构，海马神经形成受损和突触功能障碍都可能在抑郁症发生的病理生理机制中扮演着重要角色。以往对抑郁症患者研究的结果显示，那些报告儿童期遭受身体虐待、性虐待或情感忽视的患者左海马体积减小。[2] 还有研究表明，身体忽视和情绪虐待是左海马体积减小的最强预测因子。[3] 与海马结构损伤相比，前额叶皮层对压力环境高度敏感，即使很短时间内暴露于压力环境都会导致前额叶皮层（PFC）的改变，受虐经历会导致前额叶皮层体积变小。[4] 此外，还有研究发现，受虐儿童的杏仁核体积变大，而前额叶皮层和杏仁核又是与抑郁等情绪问题行为密切相关的脑结构，儿童期虐待带来的这些脑结构的改变都会导致抑郁和焦虑等情绪问题行为的发生。[5]

二 应激作用机制

对儿童来说，虐待是一种慢性应激源，长期处于虐待这种压力环境

---

[1] Teicher, M. H., Samson, J. A., Anderson, C. M., Ohashi, K., "The Effects of Childhood Maltreatment on Brain Structure, Function and Connectivity", *Nature Reviews Neuroscience*, Vol. 17, No. 10, 2016, p. 652.

[2] Frodl, T., Reinhold, E., Koutsouleris, N., Reiser, M., Meisenzahl, E. M., "Interaction of Childhood Stress with Hippocampus and Prefrontal Cortex Volume Reduction in Major Depression", *Journal of Psychiatric Research*, Vol. 44, No. 13, 2010, p. 799.

[3] Dannlowski, U., Stuhrmann, A., Beutelmann, V., Zwanzger, P., Lenzen, T., Grotegerd, D., Bauer, J., "Limbic Scars: Long-Term Consequences of Childhood Maltreatment Revealed by Functional and Structural Magnetic Resonance Imaging", *Biological Psychiatry*, Vol. 71, No. 4, 2012, p. 286.

[4] Mcewen, B., Morrison, J., "The Brain on Stress: Vulnerability and Plasticity of the Prefrontal Cortex over the Life Course", *Neuron*, Vol. 79, No. 1, 2013, p. 16.

[5] Tottenham, N., Hare, T. A., Quinn, B. T., Mccarry, T. W., Nurse, M., Gilhooly, T., Eigsti, I. M., "Prolonged Institutional Rearing is Associated with Atypically Large Amygdala Volume and Difficulties in Emotion Regulation", *Developmental Science*, Vol. 13, No. 1, 2010, p. 46.

中的儿童会在生理、心理和行为上出现一系列慢性应激反应。HPA 轴是机体参与慢性应激反应的重要系统之一，它的主要作用是通过调控机体应激反应来维持机体的正常生理机能。[1] 具体过程为：当个体的感觉器官受到应激源刺激后将刺激信息通过大脑，传递给中枢神经系统的下丘脑室周核，刺激下丘脑释放出促肾上腺皮质激素释放因子（CRH）和神经肽激素并作用于垂体，促使垂体释放促肾上腺皮质激素（ACTH），而后通过血液作用于肾上腺皮质，使其释放糖皮质激素，如皮质醇等（如图 2-3-1 所示）。尤为重要的是，CRH 除下丘脑外还会在大脑的其他区域产生，如杏仁核中就具有大量的 CRH 神经元，并且 CRH 使这一区域糖皮质激素的水平大幅增加，同时与恐惧和焦虑相关的行为也随之增加，这些情绪反应又最终促使皮质醇水平增高，增高的皮质醇继而又刺激杏仁核形成正反馈刺激 HPA 产生皮质醇，机体通过反馈和负反馈过程，最后对外界刺激做出生理、心理和行为反应。因此，HPA 轴功能失调可能是受虐儿童情绪问题行为形成的重要生理机制之一。

一项以 56 个儿童为被试的研究发现，遭受虐待的抑郁症儿童的皮质醇水平从早晨到中午逐渐升高，受虐儿童的皮质醇基准水平和日间平均水平也逐渐上升。[2] 研究表明，儿童期虐待会导致儿童 HPA 轴功能失调，并且受虐儿童在面对急性应激压力时皮质醇/促肾上腺皮质激素的比例会升高。[3] 在其他两项研究中也发现了类似的结果。一项研究发现，在特里尔社会应激测验（TSST）中，与对照组相比，受虐青少年

---

[1] Frodl, T., Reinhold, E., Koutsouleris, N., Reiser, M., Meisenzahl, E. M., "Interaction of Childhood Stress with Hippocampus and Prefrontal Cortex Volume Reduction in Major Depression", *Journal of Psychiatric Research*, Vol. 44, No. 13, 2010, p. 799.

[2] Birmaher, B., Kaufman, J., Brent, D. A., Dahl, R. E., Perel, J. M., Al-Shabbout, M., Waterman, G. S., "Neuroendocrine Response to 5-Hydroxy-L-Tryptophan in Prepubertal Children at High Risk of Major Depressive Disorder", *Archives of General Psychiatry*, Vol. 54, No. 12, 1997, p. 113.

[3] Gunnar, M. R., Frenn, K., Wewerka, S. S., "Moderate Versus Severe Early Life Stress: Associations with Stress Reactivity and Regulation in 10-12-year-old Children", *Psychoneuroendocrinology*, Vol. 34, No. 1, 2009, p. 62.

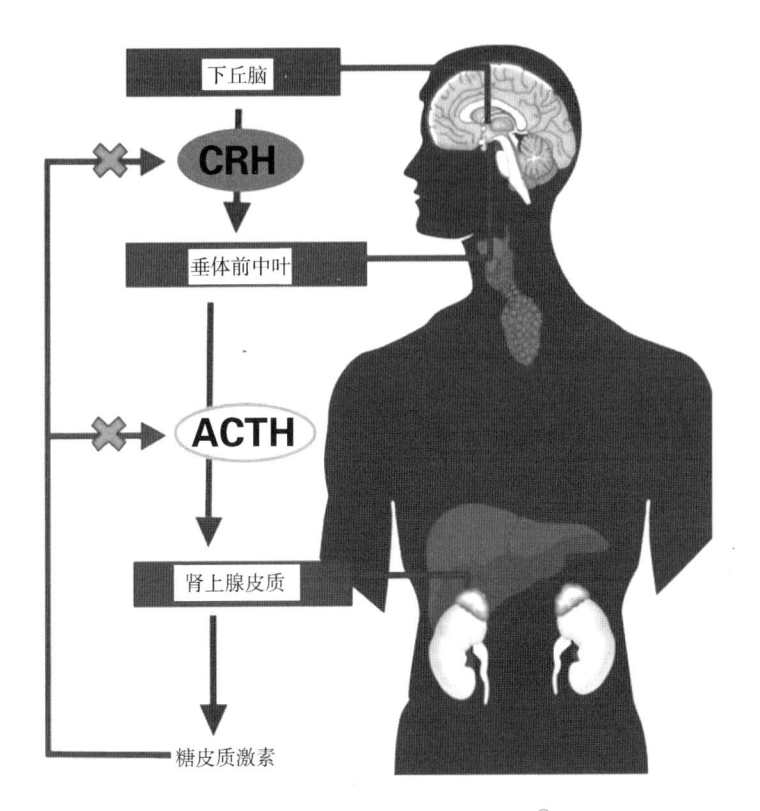

图 2-3-1 HPA 轴应激反应过程①

的皮质醇水平升高。② 另外一项研究发现，与受虐和没有受虐经历的非抑郁儿童相比，有虐待经历且抑郁的儿童在 CRH 药物治疗过程中 ACTH 反应加剧。③ 这些研究表明，受虐儿童在急性应激反应中 HPA 轴功能也呈现失调状态，而 HPA 轴功能失调又会导致儿童情绪问题行为。

---

① 图源：Amy Perrin Ross, et al., *Multiple Sclerosis, Relapses, and the Mechanism of Action of Adrenocorticotropic Hormone*, Frontiers in Neurology, No. 4, 2013, p. 4.
② Macmillan, H. L., Georgiades, K., Duku, E. K., Shea, A., Steiner, M., Niec, A., Vella, E., "Cortisol Response to Stress in Female Youths Exposed to Childhood Maltreatment: Results of the Youth Mood Project", *Biological Psychiatry*, Vol. 66, No. 1, 2009, p. 62.
③ Birmaher, B., Kaufman, J., Brent, D. A., Dahl, R. E., Perel, J. M., Al-Shabbout, M., Waterman, G. S., "Neuroendocrine Response to 5-hydroxy-L-tryptophan in Prepubertal Children at High Risk of Major Depressive Disorder", *Archives of General Psychiatry*, Vol. 54, No. 12, 1997, p. 1113.

以往研究发现,在压力环境中,通过唾液收集的日间皮质醇与青春期女孩的抑郁症正相关,较高浓度的皮质醇代谢物与青少年的焦虑、抑郁等问题行为显著正相关,且与男孩相比,较高浓度的皮质醇与女孩的抑郁等问题行为联系更紧密。[1] 所以,HPA 轴功能失调是虐待导致儿童情绪问题行为的重要生理机制之一。

研究人员在成人群体中进行了系列研究探讨儿童期虐待是否会导致儿童成年后的 HPA 轴功能失调,继而导致抑郁症。研究结果显示,与没有受虐经历的女性相比,童年遭受性虐待和躯体虐待的女性在 TSST 测验中有较高的 ACTH 水平,其中受虐抑郁女性患者比健康人群也呈现较高的 ACTH 水平。但是,另一项对 50 名排除 PTSD 和重度抑郁症的健康成年人的研究发现,其中有受虐史的成年人在 TSST 测验中检测出的 ACTH 和皮质醇浓度比没有受虐史的成年人低。[2] 研究还发现,与 20 名没有受虐史的女性相比,童年遭受性虐待和躯体虐待但没有抑郁的女性的皮质醇基准水平较低,且这些女性在静脉 CRH 和 ACTH 刺激试验后血液中的皮质醇浓度也较低。[3] 而另一项研究发现男性与女性的结果相反,即 14 名童年遭受性虐待和躯体虐待但当前没有抑郁的成年男性比另外 14 名没有受虐史的成年男性在 Dex/CRH 试验中检测出了更高的血液 ACTH 和皮质醇浓度。[4] 这表明,有受虐史的成年人虽然目前没有抑郁倾向,但他们的 HPA 轴功能也会减弱,而且会呈现性别差异,这可能是男性和女性在遭遇虐待后情绪问题行为表现不同的原因

---

[1] Natsuaki, M. N., Klimes-Dougan, B., Ge, X., Shirtcliff, E. A., Hastings, P. D., Zahn-Waxler, C., "Early Pubertal Maturation and Internalizing Problems in Adolescence: Sex Differences in the Role of Cortisol Reactivity to Interpersonal Stress", *Journal of Clinical Child & Adolescent Psychology*, Vol. 38, No. 4, 2009, p. 513.

[2] Tyrka, A. R., Price, L. H., Carmen, M., Walters, O. C., Carpenter, L. L., Monica, U., "Childhood Adversity and Epigenetic Modulation of the Leukocyte Glucocorticoid Receptor: Preliminary Findings in Healthy Adults", *PLoS ONE*, Vol. 72, No. 1, 2017, p. 148.

[3] Heim, C., Newport, D. J., Bonsall, R., Miller, A. H., Nemeroff, C. B., "Altered Pituitary-Adrenal Axis Responses to Provocative Challenge Tests in Adult Survivors of Childhood Abuse", *American Journal of Psychiatry*, Vol. 158, No. 4, 2001, p. 575.

[4] Heim, C., Mletzko, T., Purselle, D., Musselman, D. L., Nemeroff, C. B., "The Dexamethasone/corticotropin Releasing Factor Test in Men with Major Depression: Role of Childhood Trauma", *Biological Psychiatry*, Vol. 63, No. 4, 2008, p. 398.

之一。

不同的虐待亚类型导致个体不同的情绪问题行为结果是否因为它们对 HPA 轴功能产生的影响不一样呢？在对虐待亚类型分开探讨时发现，童年期情感虐待和性虐待能够显著正向预测成年人参加完 TSST 测验时皮质醇的水平，但躯体虐待、情感忽视和身体忽视不能显著预测皮质醇水平。该研究结果表明，虽然情感、躯体和性虐待与忽视常常一起发生，但不同的儿童虐待亚类型可能导致 HPA 轴功能出现不同的反应，但由于该研究的样本量较少（N = 50），限制了其结论的可靠性程度。因此，研究人员在 2009 年又以 230 名健康成年人（男性 100 名，女性 130 名，年龄在 18—61 岁之间）为被试进行验证，结果发现，有情感虐待而不是其他虐待亚类型史的成年人在参加完 Dex/CRH 试验后，血液中的皮质醇水平较低，抑郁焦虑水平较高，而且这一现象在年长组（36—61 岁）更明显，这一结果巩固了之前研究结论的可靠性。[①]

适应负荷理论指出，机体的稳态能够帮助个体通过一系列的调节活动在环境中保持体内稳定，当稳态系统面临的压力持续存在时，HPA 轴会处在一个较高的适应负荷之下，为了适应这种压力，系统会升高基础水平，改变之前的稳态，而压力系统长期超负荷工作会使 HPA 轴调节作用的灵活性降低。也就是说，在慢性应激反应初期，HPA 轴处于高应激反应状态，皮质醇水平升高（敏化反应），但长期的慢性应激会导致本已受损的海马进一步损害，最终导致 HPA 轴活性不足，引起皮质醇等水平降低（钝化反应）。早期的情感虐待对年老的人来说，时间隔得很长，已经成为一种长期的慢性应激状态，所以其皮质醇水平较低。皮质醇水平降低又会导致抑郁、焦虑等情绪性问题行为。

[①] Carpenter, L. L., Tyrka, A. R., Ross, N. S., Khoury, L., Anderson, G. M., Price, L. H., "Effect of Childhood Emotional Abuse and Age on Cortisol Responsivity in Adulthood", *Biological Psychiatry*, Vol. 66, No. 1, 2009, p. 69.

三 分子遗传机制

(一) 神经递质基因多态性

单胺神经递质假说认为,抑郁由大脑中单胺类递质 5-羟色胺(5-HT)和多巴胺(DA)等神经递质含量降低和功能缺陷所致。临床研究证实,单胺氧化酶 A(MAOA)、5-羟色胺受体(5-HTT)和多巴胺受体基因(如 DRD4)等神经递质基因通过释放不同的化学信息控制神经递质的合成和降解,并作用于与社会情绪行为有关的中枢神经系统。[①] 因此,儿童期虐待导致情绪问题行为的分子遗传学机制研究也十分关注神经递质基因多态性。

5-羟色胺也称血清素,与抑郁、焦虑等情绪问题行为关联最为密切,5-羟色胺转运体基因连锁多态区(5-HTTLPR)是情绪问题行为分子遗传学机制研究的重要候选基因之一,该区有长等位基因(*l*)和短等位基因(*s*)两种,形成三类基因型:短等位基因纯合子(*s/s*)、杂合子(*s/l*)和长等位基因纯合子(*l/l*)。短等位基因导致 5-羟色胺受体转录、蛋白质水平和 5-羟色胺再摄取能力降低,长等位基因反之。最早,以 26 岁青年人为被试的研究发现,受虐经历导致携带 *s/s* 型等位基因的青年人有更严重的抑郁症。[②] 携带两个短等位基因的受虐儿童(5—15 岁)患抑郁症的风险是携带 *s/s* 等位基因的未受虐儿童的两倍。[③] 与来自较高社会经济(SES)背景的未受虐儿童相比,来自社会经济背景较低的、携带至少一个短等位基因的受虐儿童(6—13 岁)有

[①] Meyer-Lindenberg A., Weinberger, D. R., "Intermediate Phenotypes and Genetic Mechanisms of Psychiatric Disorders", *Nature reviews Neuroscience*, Vol. 87, No. 10, 2006, p. 818.

[②] Caspi Asaf, Vishne Tali, Sasson Yehuda, "Relationship between Childhood Sexual Abuse and Obsessive – compulsive Disorder: Case Control Study", *The Israel journal of Psychiatry and Related Sciences*, Vol. 45, No. 3, 2008, p. 56.

[③] Birmaher, B., Kaufman, J., Brent, D. A., Dahl, R. E., Perel, J. M., Al-Shabbout, M., Waterman, G. S., "Neuroendocrine Response to 5-hydroxy-L-tryptophan in Prepubertal Children at High Risk of Major Depressive Disorder", *Archives of General Psychiatry*, Vol. 54, No. 12, 1997, p. 1113.

更强的自杀倾向，在青少年群体中，结果也与此一致。① 性虐待经历导致携带 s/s 等位基因的青少年（平均年龄为 16.7±1.31 岁）有更严重的抑郁症，但对携带长等位基因的青少年没有影响。还有研究发现，儿童期虐待与 s/s 和 s/l 型青少年的焦虑障碍显著正相关，但与 l/l 型青少年无关。② 最近两项分别对 54 和 81 项研究进行元分析的研究也发现，儿童期虐待会导致携带短等位基因的个体有较多的抑郁、焦虑等情绪问题行为。③ 也有少部分研究发现，儿童期虐待与 l/l 型个体的抑郁、焦虑有密切联系，但与 s/s 和 s/l 型个体无关。④ 与原始研究相比，测量儿童虐待和抑郁、焦虑的方法以及统计模型的差异都可能是导致上述研究结果不一致的因素。

单胺氧化酶 A（MAOA）基因位于 X 染色体短臂 11.23—11.4 处，该基因起始密码子上游 1.2kb 处有 1 个可变数目的 30bp 的重复序列多态性（variable number tandem repeat，VNTR），该重复序列分别有 2、3、3.5、4 和 5 次，2、3、5 次的重复序列的转录活性低于 3.5 和 4 次的转录活性。由 MAOA 基因编码的单胺氧化酶是单胺类神经递质的主要代谢酶，它的一个重要作用是负责降解人体脑内的 5-羟色胺和多巴胺等神经递质，通过调节脑内的神经递质水平来影响人类的心理疾病、人格特质和社会情绪行为等。儿童期虐待与 5-HTTLPR 短等位基因的交互作用对青少年抑郁的影响在携带 MAOA 低活性等位基因的青少年群

---

① Dante, C., Rogosch, F. A., Melissa, S. A., Toth, S. L., "Interaction of Child Maltreatment and 5-HTT Polymorphisms: Suicidal Ideation among Children from Low-SES Backgrounds", *Journal of Pediatric Psychology*, Vol. 35, No. 5, 2010, p. 536.

② Cicchetti, D., Rogosch, F. A., Sturge-Apple, M. L., "Interactions of Child Maltreatment and Serotonin Transporter and Monoamine Oxidase a Polymorphisms: Depressive Symptomatology among Adolescents from Low Socioeconomic Status Backgrounds", *Development Psychopathology*, Vol. 19, No. 4, 2007, p. 1164.

③ Sharpley, C. F., Palanisamy, S., Glyde, N. S., Dillingham, P. W., Agnew, L. L., "An Update on the Interaction between the Serotonin Transporter Promoter Variant (5-HTTLPR), Stress and Depression, plus An Exploration of Non-confirming Findings", *Behavioural Brain Research*, Vol. 273, No. 4, 2014, p. 89.

④ Ritchie, K., Jaussent, I., Stewart, R., Dupuy, A. M., Courtet, P., Ancelin, M. L., Malafosse, A., "Association of Adverse Childhood Environment and 5-HTTLPR Genotype with Late-life Depression", *Journal of Clinical Psychiatry*, Vol. 70, No. 9, 2009, p. 1281.

体中更明显，这是因为携带短等位基因的青少年大脑中的单胺氧化酶 A 的浓度较低，不能有效降解脑内 5 – 羟色胺等神经递质，导致受虐青少年的抑郁、焦虑等情绪较高。[1]

研究证实，儿童期虐待会导致携带 MAOA 低活性等位基因的个体出现更严重的抑郁症状，但对携带长等位基因的个体没有影响。另一项研究结果则显示，儿童期虐待导致携带 MAOA 高活性等位基因的个体出现更严重的抑郁症，而使携带 MAOA 低活性等位基因的个体有更多的攻击行为。[2] 后续又有研究进一步发现，MAOA 基因多态性对受虐儿童情绪问题行为的影响存在性别差异，即 MAOA 低活性等位基因缓解了遭受身体虐待和多重虐待妇女的恶劣心境症状。而且 MAOA 低活性等位基因缓解了遭受性虐待的女性白种人的恶劣心境和重度抑郁症，但是在遭受性虐待的非白人组中，低活性等位基因具有保护作用。[3] 因此，MAOA 基因多态性在受虐儿童情绪问题行为发展的生理机制中也起着非常重要的作用。

（二）脑源性神经营养因子（BDNF）多态性

脑源性神经营养因子（brain-derived neurotrophic factor，BDNF）是首先在猪脑中发现的一种具有神经营养作用的蛋白质，这些蛋白质以不同的方式作用于神经元，主要在海马、大脑皮层和基底前脑区活跃。神经营养理论指出：大脑中神经营养因子水平的降低会导致海马神经形成和神经元可塑性降低、海马体积发生萎缩以及胶质细胞丢失，所有这些反应又都能够通过慢性抗抑郁药治疗发生逆转；而且抑郁往往伴随着较高水平的脑源性神经营养因子前体（proBDNF）和低水平的成熟型脑源性神经营养因子

---

[1] Cicchetti, D., Rogosch, F. A., Sturge-Apple, M. L., "Interactions of Child Maltreatment and Serotonin Transporter and Monoamine Oxidase a Polymorphisms: Depressive Symptomatology among Adolescents from Low Socioeconomic Status Backgrounds", *Development Psychopathology*, Vol. 19, No. 4, 2007, p. 1161.

[2] Beach, S., Brody, G. H., Gunter, T. D., Packer, H., Wernett, P., Philibert, R. A., "Child Maltreatment Moderates the Association of MAOA with Symptoms of Depression and Antisocial Personality Disorder", *Journal of Family Psychology*, Vol. 24, No. 1, 2010, p. 12.

[3] Nikulina, V., Widom, C. S., Brzustowicz, L. M., "Child Abuse and Neglect, MAOA, and Mental Health Outcomes: A Prospective Examination", *Biological Psychiatry*, Vol. 71, No. 4, 2012, p. 350.

(mBDNF），反转低比率的 mBDNF/proBDNF 可以发挥抗抑郁作用，所以脑源性 BDNF 是应激诱发情绪障碍的神经营养素，具有功能多态性，即密码子 66 处的氨基酸替换将缬氨酸转变为蛋氨酸（val66met）。①

最早的一项关于 BDNF val66met 多态性对有受虐史的抑郁症儿童（平均年龄 9.3 岁）影响的研究报告，携带 BDNF-val/val 等位基因的受虐儿童比携带 met/met 等位基因的受虐待儿童有更高的抑郁得分，而且这一结果在携带 5-HTTLPR 短等位基因的受虐儿童群体中显著，但在携带 5-HTTLPR 长等位基因受虐人群中不显著。② 还有研究在样本量更大（N＞1000）的受虐儿童和青少年人群中对该研究结果进行了重复验证，采用单核苷酸多态性（SNP）分型疗法的研究也证明，受虐儿童的抑郁与 BDNF 有关，携带 val/val 等位基因和 5-HTTLPR-s/s、s/l 的受虐女孩有更高的抑郁评分。③

在成人临床样本中检验的结果也发现，儿童期虐待导致携带 BDNF-met/met 等位基因的成年人患抑郁症的风险增加；在普通人群中研究发现，儿童期虐待导致携带 met/met 等位基因的成年人的海马灰质和前额叶皮质减小、工作记忆受损、反应速度变慢，这些变化又导致抑郁情绪增加；而儿童期虐待导致携带 val/val 等位基因的成年人的杏仁核灰质和内侧前额叶皮质增加，进而导致焦虑情绪增加。④ 这项研究结果表明，即使在非临床样本中，焦虑与抑郁的基因—大脑认知途径也是部分

---

① Brunoni, A. R., Lopes, M., Fregni, F., "A systematic Review and Meta-analysis of Clinical Studies on Major Depression and BDNF Levels: Implications for the role of Neuroplasticity in Depression", *International ournal of Neuropsychopharmacology*, Vol. 86, No. 11, 2000, p. 1169.

② Kaufman, J., Yang, B. Z., Douglas-Palumberi, H., Grasso, D., Lipschitz, D., Houshyar, S., "Brain-derived Neurotrophic Factor-5-httlpr Gene Interactions and Environmental Modifiers of Depression in Children", *Biological Psychiatry*, Vol. 59, No. 8, 2006, p. 673.

③ Cicchetti, D., Rogosch, F. A., "Genetic Moderation of Child Maltreatment Effects on Depression and Internalizing Symptoms by Serotonin Transporter Linked Polymorphic Region（5-HTTLPR）, Brain-derived Neurotrophic Factor（BDNF）, Norepinephrine Transporter（NET）, and Corticotropin Releasing", *Development & Psychopathology*, Vol. 26, No. 2, 2014, p. 1219.

④ Wichers, M., Kenis, G., Jacobs, N., Mengelers, R., Derom, C., Vlietinck, R., Van, O. J., "The BDNF Val（66）Met x 5-HTTLPR x Child Adversity Interaction and Depressive Symptoms: An Attempt at Replication", *American Journal of Medical Genetics Part B Neuropsychiatric Genetics*, Vol. 147, No. 1, 2008, p. 120.

分化的，这些发现可能有助于为更具针对性的干预策略建立证据基础。

四 免疫机制

细胞因子理论（The cytokine theory）指出，抑郁症是由激活的巨噬细胞分泌的促炎细胞因子，如白细胞介素1（IL-1）、肿瘤坏死因子（TNF）和干扰素α（IFNα）增加引起的。相关实证研究也证实，压力和抑郁都与外周神经和大脑中促炎细胞因子水平升高相关。一项研究以12岁儿童为被试，探讨了儿童期虐待对炎症和抑郁状态的影响，通过对四组被试（健康对照组、抑郁非受虐组、受虐待非抑郁组和受虐且抑郁组）的比较发现，受虐且抑郁组儿童的急性期炎症蛋白CRP高于健康对照组。[①] 其他研究者也发现了类似的研究结果，即0—8岁间遭受虐待的儿童在青春期时也有较高的CRP和IL-6。[②] 在成年人群体中，有受虐经历的抑郁症患者外周细胞因子水平升高，在特里尔社会压力测试（TSST）中，有受虐史的抑郁症患者的IL-6和NF-KB DNA结合增加，而没有受虐经历的抑郁症患者则没有出现该变化。[③]

五 嵌套式的生物网络模型

综合来看，儿童期虐待会导致各种生理机制异常进而导致儿童产生抑郁和焦虑等情绪问题行为，并且对成年期的情绪问题行为有长期介导效应，这些机制并不独立发挥作用，而是通过大量的相互作用在受虐儿

[①] Danese, A., Caspi, A., Williams, B., Ambler, A., Sugden, K., Mika, J., Moffitt, T. E., "Biological Embedding of Stress Through Inflammation Processes in Childhood", *Molecular Psychiatry*, Vol. 16, No. 3, 2011, p. 244.

[②] Slopen, N., Kubzansky, L. D., Mclaughlin, K. A., Koenen, K. C., "Childhood Adversity and Inflammatory Processes in Youth: A Prospective Study", *Psychoneuroendocrinology*, Vol. 38, No. 2, 2013, p. 188.

[③] Lu, Y., Lei, F., Liang, F., Ma, S. N., Yap, K. B., Ng, T. P., "Systemic Inflammation, Depression and Obstructive Pulmonary Function: A Population-Based study", *Respiratory Research*, Vol. 14, No. 1, 2013, p. 53.

童情绪问题行为形成中发挥作用。

首先,HPA 轴功能和炎症因子联合作用机制。HPA 轴反应和炎症因子增加都是机体为在不同环境中生存的适应过程,这两个系统的过度反应会导致有受虐史个体的内分泌失调和炎症状态。HPA 轴激活释放的糖皮质激素(GC)通常具有免疫抑制作用,并且 GC 受体(GR)几乎存在于所有的免疫细胞上,遭受虐待后,GR 基因(NR3C1)的过度甲基化导致其表达减少,从而导致 HPA 轴在不同水平上的负反馈减少,包括外周免疫细胞减少。[①] 因此,儿童期虐待导致 GR 水平降低且伴随糖皮质激素抵抗会导致机体不能有效抑制免疫系统的过度反应,从而导致外周和中枢神经系统促炎细胞因子水平升高;反过来,促炎细胞因子(如 IL-1β、IL-6 和 TNFα)又可激活 HPA 轴功能和糖皮质激素的释放,从而使 HPA 轴更具高反应性。[②] HPA 轴和炎性细胞因子之间的相互作用被认为是介导儿童期虐待影响情绪问题行为的主要生理机制。

其次,HPA 轴功能和免疫系统可调控神经递质和脑源性神经因子。HPA 轴功能激活和炎症都会影响 5-羟色胺和脑源性神经营养因子(BDNF)的水平。GC 可以诱导 5-羟色胺转运体基因 SLC6A4 的转录,从而增加转运体并降低脑突触中的 5-羟色胺水平[③],还可以通过抑制海马神经元中丝裂原活化蛋白激酶(MAPK)的激活而抑制 BDNF 突触蛋白。[④] 此外,促炎细胞因子的增加通过影响 5-羟色胺的代谢而影响

[①] Romens, S. E., Casement, M. D., Mcaloon, R., Keenan, K., Hipwell, A. E., Guyer, A. E., et al., "Adolescent Girls' Neural Response to Reward Mediates the Relation between Childhood Financial Disadvantage and Depression", *Journal of Child Psychology & Psychiatry*, Vol. 56, No. 11, 2015, p. 1177.

[②] Pace, T., Fang, H., Miller, A. H., "Cytokine-Effects on Glucocorticoid Receptor Function: Relevance to Glucocorticoid Resistance and the Pathophysiology and Treatment of Major Depression", *Brain Behavior & Immunity*, Vol. 21, No. 1, 2007, p. 9.

[③] Tafet, G. E., Toister-Achituv, M., Shinitzky, M., "Enhancement of Serotonin Uptake by Cortisol: A Possible Link between Stress and Depression", *Cognitive Affective & Behavioral Neuroscience*, Vol. 1, No. 1, 2001, p. 96.

[④] Emi, K., Tadahiro, N., Naoki, A., Yuki, Y., Aiko, I., Madinyet, N., Hiroshi, K., "Glucocorticoid Prevents Brain-derived Neurotrophic Factor-mediated Maturation of Synaptic Function in Developing Hippocampal Neurons through Reduction in the Activity of Mitogen-activated Protein Kinase", *Molecular Endocrinology*, Vol. 63, No. 3, 2008, p. 546.

5-羟色胺的水平，还会抑制大鼠脑海马 BDNF mRNA 的表达。反过来，5-羟色胺转运体和 BDNF 基因多态性又可以增强这种 GC 和细胞因子介导的作用，从而建立引发情绪障碍的分子基础。鉴于 HPA 轴功能和促炎细胞因子与 5-羟色胺和 BDNF 之间能够发生联合作用，早期的虐待极有可能会激活它们之间的相互作用机制而导致情绪问题行为。

综上所述，儿童期虐待导致抑郁等情绪问题行为的生理机制是一个复杂的、嵌套式的生物网络模型。儿童期虐待会导致 HPA 轴功能和炎症因子同时被激活，随后抑制神经递质和神经营养因子，然后导致神经传递不良、神经发生降低、突触可塑性降低和神经退行性变加剧，从而导致关键脑区（如海马、前额叶皮层和杏仁核）萎缩，最终导致抑郁及焦虑等情绪问题行为（图 2-3-2）。

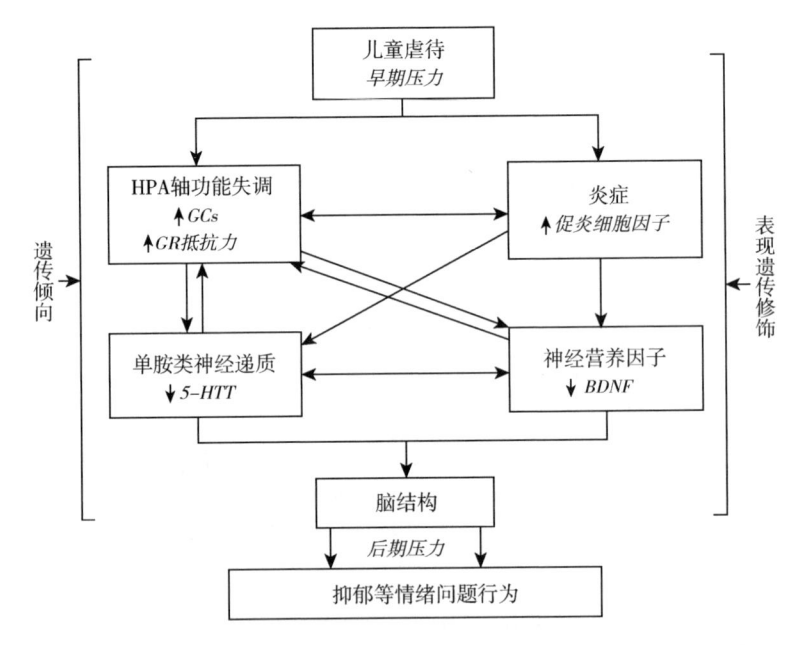

图 2-3-2 儿童期虐待导致抑郁等情绪问题行为产生的生理机制[1]

---

[1] 图源：Tafet, G. E., Toister-Achituv, M., Shinitzky, M., "Enhancement of Serotonin Uptake by Cortisol: A Possible Link between Stress and Depression", *Cognitive Affective & Behavioral Neuroscience*, Vol. 22, No. 1, 2001, p. 96.

第四节 受虐儿童情绪问题行为产生的心理机制

一 受虐儿童情绪问题行为产生的个体因素

(一) 情绪调节能力

情绪调节是指个体对情绪唤醒的管理，它能帮助个体监控、评价和修正情绪反应，并达到最终目标。[①] 许多研究者认为，情绪调节是一种非常重要的能力，较差的情绪调节能力会导致受虐儿童日后有较高的抑郁和焦虑等情绪问题行为，而儿童的受虐经历会影响他们情绪调节能力的发展。通过追踪研究发现，经历躯体虐待、情感忽视或者性虐待的学龄儿童有较差的情绪调节能力。[②] 儿童期虐待不仅会导致学龄儿童情绪调节能力差，还会导致青少年较低的情绪调节能力，如遭受情感虐待的青少年更多地采用过度评价等不适应性调节策略，而未受虐待的青少年则更多选用认知重评等适应性调节策略。[③] 还有研究者发现，不同的情绪调节策略在儿童期虐待导致低收入孕妇抑郁的过程起着不同的作用：情感忽视会导致孕妇回避行为较多，继而导致其较高的抑郁水平；而情感虐待不仅会直接导致孕妇抑郁，还会通过反思影响其抑郁程度。对于其中存在的机制，研究者认为儿童情绪调节能力来源于早期的亲子关系，心理虐待严重损害了良好亲子关系的建立，导致受虐待儿童经常体验较高的情绪唤醒和较差的情绪调节能力，因此容易出现较多的情绪问题行为。[④]

[①] Thompson, R. A., "Emotion Regulation: A Theme in Search of Definition", *Monographs of the Society for Research in Child Development*, Vol. 59, No. 2, 2010, p. 25.

[②] Kim, J., Cicchetti, D., "Longitudinal Pathways Linking Child Maltreatment, Emotion Regulation, Peer Relations, and Psychopathology", *Journal of Child Psychology Psychiatry*, Vol. 51, No. 6, 2010, p. 706.

[③] 刘文等：《心理虐待对儿童认知情绪调节策略的影响：人格特质的中介作用》，《心理科学》2018年第1期。

[④] Karl, A., Moberly, N., Fedock, G., "The Association between Childhood Maltreatment and Emotion Regulation: Two Different Mechanisms Contributing to Depression", *Journal of Affective Disorders*, Vol. 174, No. 6, 2015, p. 287

（二）情绪理解能力

情绪理解是指对所面临的情绪线索和情境信息进行解释的能力。通过对受虐儿童基本情绪、混合情绪的理解能力进行研究发现，儿童是否有过虐待经历以及受虐类型的不同会影响他们对情绪信号的解释，被忽视儿童往往比正常儿童表现出更差的对愤怒和悲伤等消极情绪的理解水平，他们还会把模棱两可的情绪认定为悲伤情绪。[1] 与非受虐儿童相比，被忽视儿童在评估面部表情的相似性时更难识别出恐惧、悲伤和愤怒等表情之间的不同，还经常无法区分高兴和悲伤，有童年受虐史的儿童即使在进入成年期后，情绪识别能力依然比普通人群差。[2] 这些研究说明，儿童期虐待会对个体情绪理解能力产生负面影响，并且可能长期存在。同时，受虐儿童也难以理解混合情绪，这可能因为受虐儿童对多重冲突信息细节的加工和记忆低于非受虐儿童，难以整合并解释复杂的情绪信息，也不会推断出个体过去经历会影响当下的情绪反应。

情绪理解能力较差的儿童，其抑郁和焦虑等情绪问题行为也较严重。有研究发现，7—10岁儿童的情绪理解能力越差，其抑郁和焦虑等情绪越严重。[3] 在临床样本中也发现了类似的研究结果，即情绪理解能力低的个体有较多的一般性焦虑障碍。[4] 焦虑水平一般的青少年能够很好地理解隐藏的情绪，而焦虑达到临床水平的青少年在理解隐藏情绪方面存在一定的缺陷。[5] 相反，情绪理解能力越强，尤其是对消极情绪的理解能

---

[1] Shipman, K., Edwards, A., Brown, A., Swisher, L., Jennings, E., "Managing Emotion in a Maltreating Context: A Pilot Study Examining Child Neglect", *Child Abuse & Neglect*, Vol. 29, No. 9, 2005, p. 1015.

[2] Young, J. C., Widom, C. S., "Long-term Effects of Child Abuse and Neglect on Emotion Processing in Adulthood", *Child Abuse & Neglect*, Vol. 38, No. 8, 2014, p. 1369.

[3] Ariane, G., Anne, H., "The Relationship between Emotion Comprehension and Internalizing and Externalizing Behavior in 7 to 10-year-old Children", *Frontiers in Psychology*, Vol. 51, No. 7, 2016, p. 1917.

[4] Mennin, D. S., "Emotion Regulation Therapy: An Integrative Approach to Treatment-resistant Anxiety Disorders", *Journal of Contemporary Psychotherapy*, Vol. 36, No. 2, 2006, p. 95.

[5] Southam-Gerow, M. A., Kendall, P. C., "A Preliminary Study of the Emotion Understanding of Youths Referred for Treatment of Anxiety Disorders", *Journal of clinical child psychology*, Vol. 29, No. 3, 2000, p. 319.

力越强，儿童越不容易出现抑郁和焦虑等情绪问题，所以受虐儿童很可能因为较差的情绪理解能力而出现较多的抑郁和焦虑等情绪问题行为。

（三）应对方式

应对方式是指在面临应激压力时，个体为减轻其不利影响而做出的认知和行为的努力过程。经常采取积极应对方式来面对压力事件的人会表现出更高的适应性，获得良好的人际关系和更多的社会支持，也更容易产生积极的情感；反之，较常采用消极应对方式的人则容易出现抑郁、焦虑、烦躁等负性情绪体验和身体症状，并伴随着人际关系困扰等。长期反复发生的压力源也会导致个体消极的应对方式，有损于个体心理健康的发展。

受虐经历是一种长期的、隐蔽的慢性压力源，早期的虐待经历会导致个体经常采用回避、情感抑制和消极情绪表达等消极应对，从而产生较多的情绪问题行为。[1] 对于童年期反复遭受虐待的青少年来说，应对方式越消极，其出现焦虑、抑郁和恐惧症的概率就越大，程度也越严重；但回避问题等应对方式对于长期受虐青少年来说是一种保护因子，能够缓解青少年在遭受忽视之后出现严重的焦虑、抑郁等问题。[2] 这些研究结果对健康教育和行为干预都有重要的指导意义，在童年受虐经历已成既定事实的情况下，减少消极应对方式，增加有效的应对策略，将有助于有童年受虐史的青少年和成年人情绪问题行为的改善。

（四）认知特点

习得性无助是指个人经历了挫折与失败后，面临问题时产生的无能为力的心理状态和行为，是有机体经历了某种无意识地学习后，在情感、认知和行为上表现出消极的特殊的心理状态。有研究者认为，长期遭受虐待的儿童会逐渐内化虐待者"无价值的""不可爱的"等批评指责的信

---

[1] Gruhn, M. A., Compas, B. E., "Effects of Maltreatment on Coping and Emotion Regulation in Childhood and Adolescence: A meta-analytic Review", *Child Abuse & Neglect*, Vol. 103, No. 6, 2020, p. 104.

[2] Huffhines, L., Jackson, Y., Stone, K. J., "Internalizing Externalizing Problems and Psychiatric Hospitalizations: Examination of Maltreatment Chronicity and Coping Style in Adolescents in Foster Care", *Journal of Child & Adolescent Trauma*, Vol. 13, No. 9, 2020, p. 429.

息，进而形成消极的推理认知，认为由于自身的缺点才导致的消极事件，其发生是不可避免，也是很难解决的，从而增加了抑郁等情绪问题行为的易感性。① 该理论模型已经得到相关研究验证，通过一系列研究发现，消极认知在儿童期虐待和抑郁情绪之间起到了中介作用，即反复发生的儿童虐待会导致儿童对自己形成消极的认知，进而导致抑郁情绪。②

此外，早期适应不良图式（Early Maladaptive Schemas，EMS）是指个体在儿童期和青春期逐步形成的非常稳定持久的观念，它贯穿人的一生，在很大程度上表现为不适应的应对方式，甚至可能导致个体严重的功能缺陷，这种由早期经验形成的认知图式决定着人们对事物的评价，制约着个体的情感、行为和思维模式。根据图式理论，个体早期虐待经历（如严重的剥夺、批评、拒绝、放纵）是异常图式的主要来源，进而导致其近期和远期不同程度的情绪障碍。③ 研究发现儿童心理虐待经历通过早期异常图式对个体的抑郁和社交焦虑产生影响，并强调气质在早期心理虐待经历对不良图式的产生中的调节作用；心理虐待和忽视经历形成了大学生自我无价值、易受伤害和自我牺牲等不良图式，而这些不良图式在大学生早期心理虐待和后期焦虑、抑郁等情绪障碍之间起到中介作用。④

二 受虐儿童情绪问题行为形成的环境因素

布朗芬布伦纳的生态系统理论认为，个体的发展是在家庭、社区和国家构成的多元背景中进行的，受到微系统、中系统、外系统和宏系统

---

① Rose, D. T., Abramson, L. Y., *Developmental Predictors of Depressive Cognitive Style: Research and Theory*, New York: University of Rochester Press, 1992, p. 323.

② Gibb, B., Alloy, L., "Childhood Maltreatment and Maltreatment-Specific Inferences: A Test of Rose and Abramson's Extension of the Hopelessness Theory", *Cognition and Emotion*, Vol. 17, No. 3, 2003, p. 917.

③ Young, J. E., Klosko, J. S., *Schemagerichte Therapie*, Houten: Bohn Stafleu van Loghum, 2005, p. 86.

④ Calvete, E., Gamez-Guadix, M., Garcia-Salvador, S., "Social Information Processing in Child-to-parent Aggression: Bidirectional Associations in a 1-year Prospective Study", *Journal of Child & Family Studies*, Vol. 43, No. 8, 2014, p. 1.

四个不同层次系统的影响,这四个系统涵盖了从家庭、学校到社会文化背景等诸多环境因素。在影响受虐儿童情绪问题行为发生与发展的环境因素中,社会支持和亲子依恋受到了广泛的关注。①

(一)社会支持

社会支持是以个体为中心的各种社会联系对个体所提供的稳定物质和精神支持,可以分为三个方面:一是客观的、实际的或可见的支持,包括物质上的直接援助,社会网络、团体关系的存在和参与;二是主观的、体验到的或情绪上的支持,主要指个体在社会中被尊重、被支持和被理解的情绪体验和满意程度;三是个体对社会支持的利用情况,有些人虽然可以获得支持,却拒绝别人的帮助。② 社会支持理论认为:人的一生中都会遭遇一些可预期和不可预期的事件,人们在遭遇一些事件时,需要自身以及外部资源的支持;作为一个重要的外部资源,当人们遭遇事件处于压力之下时,社会支持网络能缓解负面的压力,而且一个人所拥有的社会支持网络越强大,就能够越好地应对来自外部的挑战。同时,社会支持的缓冲效应模型也指出,社会支持可以在压力情况下和个体的身心健康发生联系,起到缓和压力事件对身心状态的消极影响,保持和提高个体身心健康水平的作用。③

以此为基础,研究者们进行了大量的实证研究,证实了社会支持能够缓解儿童期虐待对儿童日后情绪问题行为的消极影响,如:来自家人的支持可以有效缓解童年虐待经历对女性产后抑郁的影响,还能够缓解有受虐史的成年人的抑郁严重程度;来自朋友的情感支持能够缓解有受虐史的成年人的社交焦虑严重程度;来自家人的情感支持和来自配偶的社会支持能够降低有受虐史的成年人的抑郁和社交焦虑。④ 这说明,社

---

① Bronfenbrenner, "Ecological Systems Theery", In R. Vasta Ed., *Philadephia*: *Kingsley*, 1992, p. 162.
② 肖水源、杨德森:《社会支持对身心健康的影响》,《中国心理卫生杂志》1987年第4期。
③ 刘晓、黄希庭:《社会支持及其对心理健康的作用机制》,《心理研究》2010年第1期。
④ Fitzgerald Nanni, V., Uher, R., Danese, A., "Childhood Maltreatment Predicts Unfavorable Course of Illness and Treatment Outcome in Depression: A Meta-analysis", *American Journal of Psychiatry*, Vol. 169, No. 2, 2012, p. 141.

会支持是缓解受虐个体出现情绪问题行为的保护因子,受虐儿童得到的社会支持越多,其日后出现情绪问题行为的可能性就越小,这也是同样遭受虐待的儿童却有不同的情绪行为结果的一个原因。

虽然社会支持是受虐儿童社会适应的保护因子,但童年的受虐史也会阻碍儿童社会支持的获得,从而导致较多的情绪问题行为。通过对此进行验证的结果确实发现:童年的受虐经历与青少年的主观社会支持呈负相关;青少年的主观社会支持越高,其情绪问题行为越少,主观社会支持在童年受虐经历与情绪问题行为之间起到中介作用。[①] 因此,对于有受虐经历的个体,尤其是主观社会支持分数特别低的受虐个体,要注重提升其主观社会支持能力,以此为基础为其提供较多的客观社会支持来缓解受虐经历对其情绪问题行为的消极影响。

(二)亲子依恋

精神病学家和心理分析家约翰·鲍比提出了依恋理论,该理论认为依恋是指个人与依恋者(通常是照料者)之间的情感纽带或联系,这种纽带在儿童和照料者之间是基于儿童对安全、保障和保护的要求,在婴儿期和儿童期至关重要。[②] 幼儿需要与至少一个主要的照料者发展一种依恋关系,这种依恋关系会影响个体安全内部工作模型的发展,并决定后期是否能正常发生社交和情感发展,如果孩子在早期的关系中体验到爱和信任,他就会觉得自己是可爱的、值得信赖的;如果孩子的依恋需要没得到满足,他就会对自己形成一个不好的印象,这种行为模式一旦形成,就具有了很强的保持自我稳定的倾向,并且会在行为主体(婴儿)的潜意识中起作用。儿童早期形成的"内部工作模式"在建立亲密关系的行为中起主导作用,不安全的内部工作模型常常会导致个体陷入担心被父母抛弃的焦虑中,从而难以形成安全型依恋关系。从李女士的案例报告可以看到儿童早期形成的内部工作模式对于个体成长的深刻影响。

---

① Pepin, E. N., Banyard, V. L., "Social Support: A Mediator between Child Maltreatment and Developmental Outcomes", *Journal of Youth and Adolescence*, Vol. 35, No. 4, 2006, p. 612.

② John Bewlby, Attachment (Vol. 1 of Attachment and Loss), London: Hogarth Press, 1971, p. 96.

第二章　受虐儿童的情绪问题行为

[**案例报告**]（李女士，天景山社区中心，2017.9.2，10：40）
我从记事开始，就没有见过我的妈妈！从小听到的最多的话就是："你妈不要你了。"家里只有爷爷、爸爸和我，一家三口相依为命！小时候我的头上长满了虱子，不知道你见过没有，就是小小的虫子，在头发上生长，以吸血为生！别的小孩子都嫌弃我脏，嫌弃我没妈妈，所以我总是独来独往，特别讨厌到人多的地方！因为知道自己永远是别人嘲笑的焦点，曾经天真地以为自己有了妈妈，就会幸福！

8岁那年爸爸娶了继母。她比父亲小两岁，带着三个女儿，一个儿子，嫁给了我的父亲，成了我的"妈妈"。我错误地认为自己的幸福要来了，不会再被别人嘲笑了！直到，有一天！我后妈带来的妹妹，和我说让我去她妈妈的褥子底下拿5块钱，两个人一起花。我不敢去偷，她拿了。最后当然被发现了！没想到的是，她说是我拿的，最可悲的是继母不信我，于是我就挨打了，不光如此，还叫了我家亲戚，几乎弄得人尽皆知！我变成了世上最坏的孩子。一次比一次狠的毒打，让我变得更加唯唯诺诺，不敢说自己想要的，不敢说自己最真心的话！每次回家我都是怕得要死，还不得不回！童年的阴影真的会如影随形地跟随一生，在某一个阶段就会激发出来！哪怕如今长大成人，我还是改不了骨子里深深的自卑和懦弱！

儿童期虐待会导致不安全型依恋，不安全的依恋关系又会导致成年期的情绪问题行为，受虐儿童比非受虐儿童有更多的不安全依恋类型，多属于回避型、焦虑矛盾型或紊乱型。[①] 在难以预料的、混乱无序的和充满威胁性的家庭关系中，受虐儿童常常体验到照料者的愤怒和沮丧等消极情绪，过度的情绪唤醒会阻碍他们调节和控制消极

[①] Crow, T., Cross, D., Powers, A., Bradley, B., "Emotion Dysregulation as A Mediator between Childhood Emotional Abuse and Current Depression in a Low-Income African-american Sample", *Child Abuse & Neglect*, Vol. 38, No. 3, 2014, p.159.

情绪的能力,在这种环境中成长起来的儿童,往往难以准确加工情绪信息以及预测他人行为。[1] 受虐儿童的不安全依恋不仅使他们在发展健康的情绪能力时无法获得父母的有效支持,而且所形成的消极内部工作模型还会进一步加大调节情绪的难度,从而导致不良情绪问题行为的产生。[2]

(三) 师幼关系

在幼儿园的日常生活中,当幼儿不听教师的话、犯错误或没有达到教师的期望时,教师便借助恐吓方式使幼儿产生心理上的恐惧,以改变或阻止幼儿的某种行为,达到教师的意愿。然而教师却忽略了恐吓性言行会在幼儿的心里埋下深深隐患,无论是从尊重幼儿的角度还是从保证幼儿身心健康发展的角度来看,教师的恐吓行为都是一种负面的消极行为。在幼儿园中,教师经常使用这种行为来达成自己的目的,"谁要是不听话就给我滚出教室""谁再乱动就站到阳台上去晒太阳,别睡了""谁再讲话,晚上放学就给我留下来一个人讲个够",诸如此类"谁要是再干什么,就会怎么样"的恐吓性话语随时随地都能听到。

教师恐吓方式可以分为剥夺式恐吓和惩罚式恐吓。剥夺式恐吓即教师剥夺幼儿的正常需要,主要包括爱(对幼儿的喜爱、关怀、亲近等)的剥夺,权利(学习、游戏、睡觉等)的剥夺,归属(送"小班")的剥夺,玩具的剥夺,安全感的剥夺。惩罚式恐吓主要涉及换座位、关厕所、罚站、打幼儿、插黄牌、扣分、重读等惩罚,本书根据收集的案例分为罚写、罚站和罚睡三种。以下是从案例中抽取的代表性的语句,通过具体语句来呈现教师恐吓行为的不同(表2-4-1)。

---

[1] Muller, R. T., Thornback, K., Bedi, R., "Attachment as A Mediator between Childhood Maltreatment and Adult Symptomatology", *Journal of Family Violence*, Vol. 27, No. 3, 2012, p. 243.

[2] Mccarthy, G., Taylor, A., "Avoidant/Ambivalent Attachment Style as A Mediator between Abusive Childhood Experiences and Adult Relationship Difficulties", *Journal Child Psychology Psychiatry*, Vol. 40, No. 3, 2010, p. 465.

第二章 受虐儿童的情绪问题行为

表 2-4-1　　　　　　　教师恐吓幼儿的代表性语句

幼儿教师恐吓内容分类	具体语句
爱的剥夺：(3)(4)	(1) 再不听话，就让警察叔叔来抓你
权利的剥夺：(6)(13)	(2) 走，去小班，我们中班不要你了
归属的剥夺：(9)(2)	(3) 再霸道，我就让其他小朋友不跟你玩了
安全感的剥夺：(1)(7)(11)	(4) 再闹，我就不喜欢你了
物质材料的剥夺：(5)	(5) 再抢玩具，一个也不要玩了
罚写：(8)	(6) 上课不认真听，今天的游戏取消
罚站：(12)	(7) 让医生把你带走吧，扎几针你就安静了
罚睡：(10)	(8) 再写错了，你就再多些儿遍，写到放学为止
	(9) 再不安静地吃饭，直接送小班去
	(10) 再不睡觉，下午就不要起床了
	(11) 再哭，打电话让你妈妈别来接你了
	(12) 上课就知道玩，再这样上课直接站着学本领
	(13) 再这样，中午直接不要吃饭了

1. 爱的剥夺（故意疏远、冷落、忽视孩子）

[观察记录] 教学活动，小红叶幼儿园，2019.3.4，9：20

教学活动马上要开始了，孩子们陆续回到了座位，李老师开始今天的语言教学活动。小虎小朋友坐在座位上东张西望，随后他用手拉旁边小雯的衣服。小雯皱了皱眉，将自己的凳子往旁边挪了挪，小虎见小雯挪过去了一点，于是伸长自己的右手继续拉。两个小朋友开始拉拉扯扯起来，发出一些吵闹声。李老师有点不高兴地瞪了他们一眼，这时小雯突然叫了起来："老师，小虎一直拉我的衣服。"李老师终于大声地说："小虎，你给我坐好了，如果不能坐好，给我站到门外去！"小虎听到老师的话，停止了拉扯的动作，他怯怯地坐正了身体，两眼目不转睛地盯着老师，脸上露出了害怕的表情。小雯接着又说："老师，我袖子上的亮片片被小虎拉下来了……"

"好了好了，我听到了，其他小朋友给我听好了，从今天开始你们谁也不要去惹小虎，谁惹了他，我就找谁，听见了吗？"教师一边严肃地说着，一边用眼睛迅速地扫视全班同学。孩子们马上大声地答道："听到了。"小虎无辜地看着老师，很难过，但过了几分钟，老师转移了话题继续讲课，他又恢复了原貌，眼睛四处乱瞟，一副满不在乎的样子，不知道在想些什么。

在幼儿园中,教师经常对幼儿进行恐吓,主要是因为这种方式能在最短的时间内达到教师期望的效果,让幼儿立即停止或改变自己的行为,听从教师的指令。在幼儿园的保教过程中,教师经常会瞪大眼、提高音量、装凶相来恐吓幼儿。由于幼儿年龄尚小,不知道如何反抗,只能屈服于教师的恐吓,听从教师的指令,达到教师的预期目的,然而教师在对幼儿进行恐吓时,也将恐惧深深地植入幼儿的心灵,使幼儿产生心理上的恐惧,暂时服从教师的指令,强化了幼儿对一些未知事物的恐惧,形成错误的概念,同时也会影响幼儿与同伴之间的交往。

2. 权利(学习、游戏或睡觉)的剥夺

有些教师对一些顽皮、不听话以及犯错误的幼儿,不是进行正面的教育而是施以恐吓,剥夺他们学习、游戏或睡觉等权利,结果导致幼儿惶恐不安。

[观察记录] 区域游戏,小红叶幼儿园,2019.3.19,10:00

早上自由区域游戏的时候,配班徐老师照料孩子,主班李老师忙着写计划材料和做一些区域长廊的环境布置。男孩子波波跑到主班老师面前说:"乐乐又抢我玩具。"老师喊乐乐到身边,了解情况后嘱咐他要和其他小朋友分享着玩。过了不久,又有个女孩子告乐乐的状说他不好好玩玩具,还摔玩具,玩具被洒得满地都是。"乐乐,给我过来,我刚才跟你说了什么?你是觉得我在忙管不了你吗?老师这么忙你还给我添麻烦,你是存心和我过不去?给我站在这好好想想应该怎么玩玩具,想不好就不要玩玩具了。"

音乐活动,小红叶幼儿园,2019.3.28,9:00

音乐活动,李老师请杨森宇小朋友把昨天新教的儿童歌曲《我和星星打电话》唱一遍,杨森宇站着好一会儿才唱出几个字,李老师不耐烦地说道:"好了好了,站好了,听听你唱的什么啊,昨天教了那么久还不会吗?胡羽萱你来唱给他听!"

午睡活动,小红叶幼儿园,2019.4.2,13:00

"安静,莉莉快点脱衣服!我现在从1数到20,我数到20还没有躺好的小朋友就不用睡了,我请他坐到门口,看其他小朋友睡觉！"说完李老师从活动室拿了把小椅子，重重地放在卧室门口。"1、2、3、4……"孩子们立刻安静下来，迅速地脱了衣服躺在床上。

幼儿教师恐吓行为的原因大致可以分为：维护日常规则秩序，方便教学活动的顺利实施，确保幼儿的安全，发泄情绪。幼儿在日常生活中遇到与安全感冲突的情景必定是努力回避的，当幼儿遭受恐吓时会感到恐惧，哭是最本能的反应，幼儿反抗不了教师的恐吓行为，又感到委屈和害怕，便以"哭"来发泄对教师的不满情绪。

3. 归属的剥夺（送"小班"）

在幼儿园中经常能听到教师用"你再不听话，叫公安局的叔叔来把你抓走！""你又打人了，把你送去小班！"这样的话来恐吓幼儿，剥夺幼儿与所在群体相处的机会，使得他们在心理上产生恐惧感。

[观察记录] 午睡活动，小红叶幼儿园，2019.4.10，14：30

班主任李老师站在卧室门口给小女孩们梳头，配班徐老师负责给睡在上铺的幼儿叠被子。几个调皮的幼儿趁老师在忙，便在并不宽敞的房间里随便走动、吵闹，其他幼儿也跟着起哄，卧室里一下子变成了菜市场。徐老师一边忙着整理床铺，一边大声地催促幼儿："动作快一点，别磨蹭！"站在门口的班主任也停下手中的活儿，指挥着整理好衣服上完厕所的幼儿去教室："坐到位子上休息一会儿。"孩子们按照老师的要求陆续地坐到位子上休息，李老师接着给小朋友陈诗琪扎辫子。梳好后陈诗琪高兴地坐在位子上休息，坐在右侧的小朋友张宇航看到她头上的发卡很漂亮，说："陈诗琪你头上的是什么东西呀，拿下来给我看看呢。""不行，拿下来头发会弄乱的。"彼此商量了好久，陈诗琪仍然不给，张宇航趁她扭头不注意时硬拉了下来。陈诗琪生气了，大声喊着："老师，张宇航抢我的发卡，头发都乱了！"班主任李老师迅速地来到张宇航的身边："张宇航，手又发痒了，我刚帮她梳好的头你又把它弄乱了，你来帮她梳吗？一天到晚只会给老师添麻烦，我也不跟你多说废话了。走！去小班！我们大班不要你了！"李老师一边说着，一边死命地拖着张宇航往教室外走。"徐老师，你来帮我一起拖！"张宇航一边扭动身体，一边哇哇大哭起来。

　　教师对幼儿归属感剥夺的恐吓是借助幼儿依恋的心理，即个体寻求并企图保持与另一个人的身体与情感联系的一种倾向。随着个体的发展，这种依恋对象可以推广至他人或熟悉的环境，依恋倾向一旦建立起来，依恋对象的存在与否就成了幼儿判定自己是否安全的重要指标，依恋对象不存在时幼儿就会产生明显的焦虑和苦恼。教师把几个打闹的幼儿拖出来并把他们带去小班，其实是在向全班小朋友做了一个定位："我的班里只需要听话的小朋友！"然后对少数违背教师要求的幼儿做了一个否定："谁站不好就不配做我班里的小朋友！"最后给出了教师对违背要求的幼儿采取的处理方式："统统给我去小班重上，我的班里不需要你们这些不听话的人！"从逻辑上说，教师的三句话构成了一个规范的三段论推理方式，严密地推导出了那些不能安安静静地站好并排好队的小朋友的后果：去小班重念！对于那些破坏纪律和违背教师要求的幼儿来说，这种结果不仅将他们列为全班幼儿甚至全校幼儿中的另类，给他们带来羞辱，更为关键的是剥夺了他们与同伴以及所在群体共处的机会。群体环境的改变会使幼儿缺乏安全感，便会在心里产生极大的恐惧。

　　4. 安全感的剥夺

　　[观察记录] 午睡活动，小红叶幼儿园，2019.4.15，14：30
　　班里新来了一个小女孩插班生芳芳，比其他幼儿小一岁，很内向，来了两天从没主动和别的小朋友讲话，动不动就哭。一次午睡起床后，芳芳尿床了，一个人坐在床上默默地哭泣，李老师发现后立刻通知家长送衣服过来，并安慰芳芳："别哭了，妈妈马上带裤子过来给你换。"芳芳不安地问着："老师，我妈妈什么时候到啊？""你安静点，妈妈马上就到了。"五分钟后，芳芳见妈妈还没来，又哭了起来，教师不耐烦地训斥芳芳："再哭！再哭！我叫你妈妈别来了，晚上放学也叫她不要来接你，让你一个人哭个够!"芳芳傻傻地愣住了,低着头心神不安地坐在床上等妈妈。

离园活动,小红叶幼儿园,2019.4.26,16:00

班里有个叫赵磊的小朋友,在幼儿园一直很乖,老师都夸他是好孩子,可自从上周末爷爷在接赵磊时与教师发生了口角后,情况就发生了很大的变化。老师把所有的怨气都发泄到了赵磊的身上,对他实行了一系列"教育"措施:老师说赵磊上课捣乱,把他的座位安排到最后一排的角落里,有时还要被罚站。这天放学了,赵磊怯怯地跟老师说"再见",教师却对他吼道:"快滚吧,明天不要来了,我再也不想见到你!"

教师借助某种外在情境,让幼儿对所处环境产生不安。案例中教师对赵磊恐吓的动机是发泄对幼儿家长的不满,因为赵磊的爷爷和老师发生过口角,教师把对幼儿家长的不满发泄到了幼儿身上,粗暴地呵斥他。赵磊很委屈,泪水在眼眶里打转,当幼儿走出教室时忍不住流眼泪,哭了。从此以后,听其家长说,赵磊晚上经常做噩梦,再也不愿意上幼儿园了,一提起幼儿园就吓得身体发抖,此时他已经将"幼儿园""教师"当作可怕的东西了。为了探究教师恐吓行为对幼儿产生的影响,笔者对具体情境中幼儿的反馈以及后期表现进行整理,结果如下(表2-4-2)。

表2-4-2　　　　　幼儿教师的恐吓行为事件取样

场景	事件	教师干预	幼儿当时反馈	幼儿后期表现
早操后,上楼梯	欢欢带头打闹,教师将其拉到一旁仍然嬉皮笑脸	威胁送小班,打电话给他妈妈	害怕,请求原谅,在小班哭了,回班后上课仍然随便讲话	遇到类似情形教师恐吓时仍会害怕,但是过不久依旧原样
区域游戏时间	丁丁告状说乐乐打了他	不听乐乐解释,不耐烦地批评("你真讨厌,总是欺负小朋友,不要玩游戏了!")	红着脸急着解释	面对教师恐吓不辩解,更喜欢打人,问原因说:"我就打,反正老师也不喜欢我!"

续表

场景	事件	教师干预	幼儿当时反馈	幼儿后期表现
集体教学时间	毛毛不听课玩耍，弄坏女孩的衣服	"真该让医生把你带走，在你身上扎几针，你才能安静下来"	露出害怕的表情	角色游戏时不扮演医生说："医生是个坏人，会随便给人扎针，我不要当坏人"

  以上事件都是以约束幼儿行为主题的、教师向幼儿开启的互动，教师使用的语言具有一定的恐吓性，明确表达了对不听话幼儿的反感情绪，因此教师的行为是负向的；从幼儿反馈行为来看，教师的恐吓行为虽然具有很强的约束力，但是并不能使幼儿真正认识到自身行为的错误，送小班的恐吓是通过改变幼儿熟悉的环境剥夺孩子与其他幼儿相处的机会，同时给幼儿带来心理上的羞辱，幼儿对教师的恐吓无法还击，便将怒气转向同伴，以此来发泄不满，使得原本攻击性强的孩子变本加厉，反而增加了不良行为的发生频率，影响同伴之间的交往。

  恐吓行为是在教师情绪失控的情况下造成的。幼儿教师工作烦琐，每天都要接触和处理许多带有情绪色彩的事件，如幼儿的哭闹和捣乱，以及来自幼儿家长的无理要求，这些都会使教师产生紧张和厌烦的情绪，教师经常无法控制情绪，便把不满发泄到幼儿身上，教师与教师之间、教师与家长之间的关系紧张也会使幼儿成为教师的"出气筒"。教师对幼儿进行呵斥，表明其已经被负面情绪所左右，这时候的言行是不理智的，只会起到负面作用。当教师觉察到自己内心有压力、发现自己被不良情绪所控制时，应该冷静下来，比如做一个深呼吸等，这样教师的感受可能会改变，处理问题时会更理性和更妥当。然后要正视它，反思发生了什么问题，同时寻找问题的来源：是由于工作上的琐事太多了，还是幼儿的哭闹、捣乱。最后采取积极的应对措施，比如合理地宣泄、转移注意力以及改变目标等。

第三章　受虐儿童的自我发展

受虐是一种极端恶性的创伤经历,童年期受虐者是心理问题的易感人群。大量研究证实,童年期的虐待经历与成年后的情绪障碍和精神疾病的发病率显著相关,有童年虐待经历的儿童成年后患上重度抑郁症和双向情感障碍的比例显著高于没有虐待经历的儿童,46%的抑郁症患者和57%双向情感障碍患者报告自己有童年受虐经历。[1] 在经历童年虐待的重度抑郁症患者中,自杀倾向和共病风险增加,包括焦虑症和创伤后应激障碍,有童年虐待经历的个体经过药物或心理治疗的预后效果明显差于没有虐待经历的个体。[2] 还有研究显示,焦虑症妇女报告童年期受虐经历的比例为45.1%,而惊恐性障碍的妇女报告童年受虐经历的比例高达60%,这两者都高于健康女性报告童年期受虐的比例。[3] 这些研究结果表明,童年期受虐是个体心理健康问题的风险因素。

---

[1] Post, R. M., Altshuler, L., Leverich, G., et al., "More Stressors Prior to and during the Course of Bipolar Illness in Patients from the United States Compared with the Netherlands and Germany", *Psychiatry Research*, Vol. 210, No. 6, 2013, p. 880.

[2] Nanni V., Uher R., Danese A., "Childhood Maltreatment Predicts Unfavorable Course of Illness and Treatment Outcome in Depression: A Meta-analysis", *The American journal of psychiatry*, Vol. 169, No. 4, 2012, p. 141.

[3] Stein, M. B., Walker, J. R., Anderson, G., Hazen, A. L., Forde, D. R., "Childhood Physical and Sexual Abuse in Patients with Anxiety Disorders and in A Community Sample", *The American journal of psychiatry*, Vol. 153, No. 2, 1996, p. 275.

自我发展受挫可能是童年期受虐经历和成年后精神疾病之间的内在中介机制。根据依恋理论，童年期的一个关键经验是与其他家庭成员（主要是父亲和母亲）建立情感纽带，这样的纽带是儿童建立自身价值图式的基础，如果儿童与其他家庭成员建立了安全的情感纽带，将形成积极的自我认知，并有助于在未来处理生活事件或人际关系；相反，如果儿童受到虐待，则将无法建立与家庭成员的良性关系，在这样的纽带基础上，儿童会建立起负面的自我认知，从而影响他们成长过程中的人际关系和心理健康。[1]

个体的幼年时期有被关爱和照顾的需求，儿童需要成人满足自己的需求。成人对儿童的反应会影响儿童的感受，包括其安全感、归属感和自身的价值感等，如果没有得到成人适当的关爱和照顾，儿童就会形成自卑的心理。有研究认为消极的自我图式及其导致的消极的认知三联征是介导童年重大生活事件和抑郁的重要因素，其中消极的自我图式指对自我相关信息的加工功能失调，认知三联征指个体对自我、过去经验和未来的消极观念，认为自己无能力、无意义、无法获得快乐，认为现实生活有着不可克服的障碍且无法逃避，以及认为未来无望，这些特征可能演化成抑郁等精神疾病。[2] 童年期受虐儿童的自我发展相较于没有受虐经历的儿童更容易表现出问题，比如自尊水平低和自我效能低等，这些自我发展问题会延续至成年，影响成年后的情绪状态和社会交往，造成有童年期受虐经历的个体的精神问题。[3] 可见自我发展问题可能是童年期受虐经历和成年后精神健康问题的中间因素，因此童年期受虐个体的自我发展需要受到研究者和心理治疗工作者的重视。

---

[1] Bowlby, J., *Attachment and loss*, New York: Basic Books, 1969, p. 78.

[2] Beck, A. T., *Depression: Causes and treatment*, Philadelphia: University of Pennsylvania Press, 1967, p. 128.

[3] Lim, Y., Lee, O., "Relationships between Parental Maltreatment and Adolescent School Adjustment: Mediating Roles of Self-esteem and Peer Attachment", *Journal of Child & Family Studies*, Vol. 26, No. 2, 2017, p. 393.

第三章 受虐儿童的自我发展

第一节 自我发展概述

一 自我与精神健康

(一) 自我的概念与功能

自我是什么？这是一个困扰了人类千百年的谜题。在学术界，"自我"也没有统一的定义。目前受到学者普遍认可的是美国实用主义心理学创始人威廉·詹姆斯提出的自我概念，他把自我分为两部分：一部分是纯粹自我（pure self），也称主我（I）；另一部分是经验自我（empirical self），也称客我（me）。主我是自我中的主动部分，是作为主动观察者和行动者存在的我，主我是个体对自己正在进行的感知与思考过程的意识，而非这些过程本身；客我是作为被观察对象存在的我，客我是个体对自己是一个什么样的人的心理表征的总和，包括物质自我、社会自我和精神自我三部分，物质自我包括个体的身体、财产和亲属，社会自我包括个体在群体中建立的关系和获得的地位，精神自我包括个体内心或主观的存在。① 也有学者倾向于将客我分成三部分，包括自我认知、自我体验和自我控制，自我认知是指个体对自己的认识，包括自我评价和自我概念等；自我体验是指个体对自我认知做出的情绪反应，包括自尊和自卑等；自我控制是指个体对自己心理和行为的监控，包括自我监督和自我控制等。②

1. 物质自我（the material self）

身体、亲属和家是人们本能的偏爱对象，与生活中最重要的实际利益相联系，因此它们都是物质自我的组成部分。值得强调的一点是，物质自我中最亲密地属于人们的部分，是那些饱含着辛苦劳作的部分，当这些部分丧失时，人们会不可避免地产生一种自己部分地转化为虚无的

---

① [美] 威廉·詹姆斯：《心理学原理》，田平译，中国城市出版社2012年版，第189页。
② George Herbert Mead, *Mind, Self and Society*, Chicago: University of Chicago Press, 1934, p. 28.

感觉。由此可见，物质自我并不单指表象的躯体及其之外与他人关联的人和物，而更注重心理层面，可以说物质自我离不开个人情绪情感的投注。

2. 社会自我（the social self）

人是社会的人，作为群居动物，人们先天具有一种想要引起其他社会成员赞许的注意倾向，有多少人认可一个人，并且将这个人的形象装在心里，这个人就有多少个社会自我，伤害他的这些形象中的任意一个，就是伤害他。[①] 每一个处于社会环境中的人都根据场景的变换扮演不同的社会角色并呈现出不同的社会自我。在生命的最初，人们的种种行为大多是无意识且伴随他人期待发生的，直到社会自我困境的出现。当面对两种及以上不同的人时，人们开始困惑于应按照哪种期待行为，应表现出哪个"我"才合适，于是"主我"便不得不出来协调，随着身心和理解力的不断发展，个体会逐渐觉察到他所倾向于拥有的最独特的那个社会自我，存在于他所爱之人的心中，而这个人从客观意义来说就是个人生存和发展所不可或缺的重要他人，因此社会自我仍需要情绪情感的投注，在这样的光照之下，人们才得以看清自己。

3. 精神自我（the spiritual self）

在经验的"客我"中，精神自我无疑是最为重要的一个环节，它是指具体的一个人的内部或主观存在，是一种精神能力和倾向。"在精神的或伦理的态度上可以看清一个人的性格，在这种态度中，他有时会最深刻地、最强烈地感到活力和充满生机，在这个时刻，仿佛有一个声音在内心呼唤：'这就是真正的我！'"[②] 人们可以通过抽象的方式来对待意识本身：将精神自我分隔为各种不同的能力，再试着将自己同一于其中一个（诸如良心、意志、感受性等），这样人们内部的精神自我便成了个人意识之流的全部或者当下的某个"片段"。但是无论采取何种方法来看待思想自身（广义或狭义，抽象或具体），人们对精神自我的

[①] George Herbert Mead, *Mind, Self and Society*, Chicago: University of Chicago Press, 1934, p. 56.

[②] [美] 埃里克森：《同一性：青少年与危机》，孙名之译，浙江教育出版社1998年版，第5页。

思考都是:"我们能够思考这样的主体性,将我们自己思想为思想者的结果。"

对于精神自我,仍然存在一个令人疑惑不解的问题:"在人的众多精神自我之中,哪一个才是'我'真正关心的呢?我的灵魂实体吗?我的'超验自我,或者思想'吗?我的代名词'我'?我的主体性自身吗?或者是我的比较显著和不持久的力量,我的爱与恨,意愿和感受性等等?自然是后者。"[1] 自我的这一中心部分就是被感受,它所唤起的感受和情绪是自我感受,它所促成的行动是自利和自保,纯粹自我使得自我获得了同一性和连续性。

虽然人们还不能准确地定义自我,但必须承认,自我在人的一生中扮演着重要的角色,在个体生活中发挥着重要的整合作用。[2] 第一,自我可以让人们感觉自己是一个独立于环境的个体,自我将个体与环境分隔开来,使环境成为自己活动的背景,建立拥有感和主动感。第二,自我可以成为人生经验的载体,使人们感觉拥有完整的人生,自我将个体过去的记忆、当下的感受与思考以及对未来的想象联系起来,形成一个贯穿时间的连续体,构建出具有同一性的人生。第三,自我可以发挥元表征的功能,进行自我反思。自我的这些功能在个体正常生活中发挥着重要作用,个体获得自我益处的同时,也承受了它带来的痛苦,个体可能因为他人或自己对自己产生自我相关的负面情绪,如自卑等;个体也可能因为自我相关的过去经验和未来幻想而怨恨和焦虑,这些负面情绪可能导致个体的焦虑和抑郁情绪,影响个体的精神健康。[3]

(二)自我的发展

在个体成长过程中,自我也在发展,在人生的不同阶段,自我表现出不同的特征。自我的发展受到遗传和环境的共同影响,这两种因素使其发展既表现出个体间一致的规律性,也表现出个体间不一致的特殊

---

[1] [美]威廉·詹姆斯:《心理学原理》,田平译,中国城市出版社2012年版,第191页。

[2] John J. Skowronski Constantine Sedikides, "On the Evolution of the Human Self: A Data-Driven Review and Reconsideration", *Self and Identity*, Vol. 18, No. 1, 2019, p. 4.

[3] Nolen-Hoeksema, Susan, "The Role of Rumination in Depressive Disorders and Mixed Anxiety Depressive Symptoms", *Journal of Abnormal Psychology*, Vol. 109, No. 3, 2000, p. 504.

性。弗洛伊德认为，婴儿在早期还未形成主体与客体以及自身与外部世界的界限。这种缺乏任何确定的自身中心的生存状态，拉康称之为"想象态"。儿童认知活动的发生及其世界观的形成均源于主体与客体之间的相互建构和双向创生，但"在心理进化的起初，自我和外在世界还没有明确地分化开来，这就是说婴儿所体验和感知到的印象还没有涉及一个所谓自我的个人意识，也没有涉及一些被认为自我之外的客体，这种印象只是一个未经分化的整块或一些散布在同一平面的事物，它是介于内在和外在这两端之间的一种中间状态，相反的这两端只是后来逐渐分化出来的，于是由于原始这种浑然一体的情况，一切被感知的事物都成为主体本身的活动。"① 儿童只有在具备自我概念之后，方能由"自在的主体"转化为"自觉的主体"，此前，在他们的精神世界中是不存在主体和客体世界之分的概念的，即"主客一体化"。

儿童很早就出现了自我意识。阿姆斯特丹等人使用点红实验发现，婴儿在1岁半左右时就可以分辨出镜子中的自己，表现为试图对照自己的镜像抹去鼻子上的红点，这意味着1岁半左右的儿童就可以把自己当作一个客体看了，也就是说他的客我已经出现。② 在此之后，个体在自我在遗传和环境因素的推动下不断成长，许多心理学家论述了自我的发展过程，其中最有代表性的是符号互动（symbolic interaction）理论和心理社会发展（psycho-social development）理论，这两种理论都强调自我在个体与环境互动的过程中发展，只是两种理论强调的侧面不同。

符号互动理论借鉴镜像自我概念，强调个体通过他人对自己的反应来认识自我，当他人对个体做出积极评价，个体会觉得自己是一个很好的人；当他人对个体做出消极评价时，个体会感觉自己很糟糕。在此基础上又形成了观点采择的概念，为了在社会上生存，个体需要理解他人对自己的看法，并需要学会猜测自己在他人心目中的形象。当个体开始

---

① 刘晓东：《主客体关系的演进与儿童世界观的发生》，《南京师范大学学报》（社会科学版）1997年第3期。

② Beulah, Amsterdam, "Mirror Self-Image Reactions before Age Two", *Developmental Psychobiology*, Vol. 5, No. 4, 1972, p. 297.

第三章 受虐儿童的自我发展

猜测自己在他人心中的形象并试图按照他人的预期调整自己的言行时，他的自我就得到了发展。随着儿童的成长，儿童可以猜测自己在更多他人心中的形象，不局限于一个或两个重要他人，这就意味着儿童可以从社会规则和文化的角度看待自己，并调整自己的行为，在此过程中儿童完成了社会化的过程，形成了适应社会的自我。①

心理社会发展理论认为，每个个体都有其心理发展"时间表"，这个时间表由遗传决定，具有跨文化的一致性，个体按照这个时间表在每个年龄段完成特定的心理任务，这个任务能否完成受社会环境决定，如果个体可以完成任务，就可以开启下一个阶段的任务；如果个体无法完成特定时期的任务，他将陷入成长"危机"。具体来讲，在1周岁之前个体需要建立安全感，如果家庭成员，特别是母亲，不能恰当地照料孩子，如不能满足婴儿的需求，婴儿很难建立起安全感，会产生害怕与怀疑的心理，这种心理的影响可能延续至成年。1—3周岁婴儿需要建立自主感，也就是说婴儿在这一阶段有自己完成吃饭、走路和穿衣等基本活动的需求，如果在此阶段家长溺爱包办，婴儿很难体会到自主感，反而会形成对自己能力的羞愧和怀疑，当家长给婴儿充分的自主空间，鼓励婴儿探索自我和环境，他的自主感就可以顺利建立。②

到了3—6周岁，幼儿开始产生探索世界的兴趣，对周围环境充满好奇，此时幼儿产生通过主动活动探索世界的需求，比如通过操作了解事物运动的原理或者通过模仿体验成人世界的规则。成人对幼儿的过度干预会挫伤其好奇心，打击其主动性，如成人的嘲笑或过度批评会让幼儿觉得自己的活动是错误的，产生内疚感；相反，如果成人支持幼儿的探索，孩子就可以顺利建立自主感。进入学龄期，也就是6—12周岁，儿童需要建立勤奋感，这一阶段的儿童会在学校中与其他儿童竞争，通过自己的勤奋获得成就感，如果竞争失败，或者受到家长和教师的错误引导或评价，儿童可能感觉挫败，产生自卑感。以上阶段出现的正面和

---

① George Herbert Mead, *Mind, Self and Society*, Chicago: University of Chicago Press, 1934, p. 56.

② Erikson, E. H., "The Problem of Ego Identity", *Journal of the American Psychoanalytic Association*, Vol. 4, No. 4, 1956, p. 65.

负面的心理影响都会影响个体的一生。① 可见环境对儿童自我的发展起着至关重要的作用，儿童成长环境中的重要他人可以成为儿童建立自我过程中的参照，也会给儿童的自我成长带来挑战，恶劣的环境可能给儿童带来负面的影响。②

（三）自我与精神疾病

自我可以帮助个体适应环境，帮助个体积累经验，形成对未来的预期以及形成自己的反应风格等。如果自我功能失调，个体在应对环境时可能出现阻碍，进而形成心理问题。精神分析理论认为，自我有协调本我、超我和环境需要的作用，当自我无法发挥应有的作用，会导致其他各因素之间的失衡，影响个体的精神健康。

精神分析自我心理学学派认为，和生物有机体可以适应物理环境一样，自我发挥着适应环境的功能，自我心理学学派的学者称这种功能为"心理适应"。除了协调本我的欲望和超我的道德准则，自我更重要的功能是协调有机体与环境的关系。③ 自我需要完成环境提出的成长任务，这是一种心理适应的表现，当自我无法完成环境任务时，自我的发展就陷入危机，影响心理健康。自我心理学学派认为，个体在幼年时会发展出一些"防御机制"来应对本我的欲望和环境的挑战，这些防御机制包括压抑、隔离、退行、抵消、投射、内投、转向自身、反向形成、反转、升华、认同、利他主义、否认、自我约束和禁欲等，过强的防御机制可能反过来加剧超我、本我以及环境的冲突，进而引发神经症。④

当代自我理论更强调自我图式（self-schema）对心理健康的作用。自我图式指个体根据过去经验形成的对自我的概括性认知结构，这种认知结构决定个体处理自我相关信息的方式和结果。在自我图式的理论

---

① Erikson, E. H., "The Problem of Ego Identity", *Journal of the American Psychoanalytic Association*, Vol. 4, No. 4, 1956, p. 65.

② George Herbert Mead, *Mind, Self and Society*, Chicago: University of Chicago Press, 1934, p. 116.

③ Hartmann, H., *Essays on Ego Psychology*, New York: International Universities Press, 1964, p. 167.

④ Freud, A., *The Ego and Mechanisms of Defense*, New York: International Universities Press, 1936, p. 122.

中，最具代表性的是认知抑郁理论，该理论认为个体成年之后的抑郁症和焦虑症与童年的经历有关，个体的童年经历可能造成其一系列的功能失调观念，如"得不到爱，我就无法幸福""一个优秀的人才有资格开心""只有被别人称赞才能得到幸福""无法驾驭自己的生活是一件沮丧的事""寻求帮助是软弱的表现"和"遇到挫折一定会感觉烦恼"等。[1] 这些观念形成之后，个体会利用这些观念解读当下的生活，并在此基础上形成应对的情绪和行为。

在成长过程中，个体可能遇到许多重大的生活事件，如家人亡故、学业受挫、婚姻失败和自身重大疾病等，在面对这样的生活事件时，具有功能失调观念的个体更容易受到负面影响，形成负面的自我图式，包括对自我或对环境的消极或歪曲认知，例如"非黑即白""多疑""以偏概全""过度引申""过分夸大或缩小""情绪推理"或"贴标签"，这些消极自我图式可能进一步引发躯体化症状、动机障碍和情感失调等。[2] 在认知抑郁理论中，负面的自我图式是精神疾病的易感因素。在此基础上，有学者提出了抑郁的整合模型。该模型是上述模型的拓展。在该模型中，负面自我图式被看作认知加工的重要一环，有负面自我图式的个体更倾向以敏感和消极的方式去选择和组织外在信息，当接触到负面事件时，这样的负面加工方式更容易使个体陷入抑郁。[3]

总之，自我是个体适应环境的重要心理机制，其形成过程受到环境的影响，负面环境会挫伤自我，形成消极的认知加工或应对方式，在成长中遇到重大生活事件时，这样的消极认知加工或应对方式又会使个体倾向使用负面的加工方式去认知和应对生活事件，由此形成一个恶性循环，久之使个体表现出各种心理问题。

（四）虐待经验与自我——依恋理论的视角

虐待是亲子关系的一种极端负面的表现形式，家庭本来应当成为童

---

[1] Beck, A. T., "An Inventory for Measuring Depression", *Archives of general psychiatry*, Vol. 6, No. 4, 1961, p. 561.

[2] ［加］马克思·范梅南、［荷］巴斯·莱维林：《儿童的秘密——秘密、隐私和自我的重新认识》，陈慧黠、曹赛译，教育科学出版社2014年版，第131页。

[3] Barry, E. S., Naus, M. J., Rehm, L. P., "Depression, Implicit Memory, and Self: A Revised Memory Model of Emotion", *Clinical Psychology Review*, Vol. 26, No. 6, 2006, p. 719.

年早期建立安全感的场所，但虐待使儿童无法在家庭中建立安全感，形成不安全的依恋，进而影响个体心理健康。已有研究大多从依恋理论的视角解释虐待对个体健康的影响，在这个影响路径中，自我是一个重要的环节。安娜·弗洛伊德针对儿童的自我在进行指导工作和分析工作时的区别，总结出体现在儿童身上的三种不同的冲突形式：最早的冲突形式是"外在的"，儿童的自我还不成熟，控制还是来自儿童的客体，需要和愿望能否获得满足是儿童与其客体产生冲突的根源；但是当冲突被内化，冲突就产生于自我、超我和本我之间，儿童所害怕的是自己的超我，如产生羞愧感；冲突的第三种形式是独立于外在压力的内在冲突，冲突处于对立的驱力之间，如爱与恨、主动与被动、男人气质与女人气质，这些内在冲突引起儿童更大的焦虑。①

依恋是婴儿与照顾者之间形成的一种特殊紧密的情感关系，是维系婴儿与其照顾者情感的纽带，也是婴儿生存的保障。当代的依恋研究认为，早期的依恋关系可能决定个体成长过程中自己与他人的关系，影响其社会适应性，关系到其终生的幸福。英国心理学家研究发现，人类天生具有的心理生物系统促使他们在童年弱小时寻求成人（通常是父母）的保护，这种心理生物系统就是人类依恋现象发生的基础，他们通过与成人互动获得依恋安全感，基于这样的安全感，个体可以形成积极的工作模式（working models），即对自己和他人的积极表征，他们更容易将他人的行为理解为亲密、共情或支持，并感觉舒适，也可以自如地自我调节，对自己充满信心，积极对待他人的忽视、严厉批评、拒绝或虐待，在他们的成长过程中，这些积极的工作模式可以帮助他们应对可能遇到的各种正面或负面的事件；反之，个体就会形成负面的工作模式，倾向于焦虑和过度自我保护，会给他们的发展带来负面的影响。②

大量研究显示，依恋类型与自尊和自我效能感紧密联系。在一项元

---

① Beck, A. T., Steer, R. A., Brown, G. K., *Beck Depression Inventory*, Springer New York, 2011, p. 46.

② Bowlby, J., "The Making and Breaking of Affectional Bonds Aetiology and Psychopathology in the Light of Attachment Theory", *British Journal of Psychiatry the Journal of Mental Science*, Vol. 130, No. 3, 1977, p. 201.

分析研究中，安全型依恋与更高的自尊和自我效能感相关，安全型依恋个体拥有更加积极的自我形象，不安全依恋都与较低的自尊心和较低的自我效能感相关。[1] 无论是面对中性还是消极的情境，安全型依恋的个体通常不会扭曲或夸大自我形象，他们会在记忆中调取更多积极的自我形象来帮助自己形成对当前状况的判断，而这些积极的自我形象来源于这些个体在童年期与父母之间积极、平衡和安全的互动模式。[2]

回避型依恋形成的心理机制有其特殊之处，在临床上回避型依恋个体会防御性地保持一种虚假的高自尊，甚至显得自恋，以维持人际活动中的平衡。根据依恋理论，当个体在没有安全依恋的情况下，其自我价值感受损，会在心理上防御性地提升自我形象，试图让自己感觉积极，这种想象被称为自我提升；相比之下，安全依恋的个体通常不需要依赖防御性自我的提升，因为他们本身具有被接纳和被爱的信念，并相信自己可以有效处理生活事件，这使得他们本身具有积极的自我认知。

一系列心理测量研究发现，回避型依恋个体的自我提升指数（index of self-enhancement）显著高于安全型依恋的个体，而自我洞察力指数（index of self-insight）显著低于安全型依恋的个体。这些研究揭示回避型依恋个体的自我认知较弱，对自己有不切实际的看法，对自己的认识模糊和不连贯。相对安全型依恋的个体，回避型依恋个体的内隐自尊和外显自尊的差异更大，这说明回避型依恋个体的外显自我认知与内隐自我认知差距较大，侧面暗示回避型依恋个体可能在心中制造了一个虚假的自我。[3]

安全型依恋个体的积极自我和消极自我表现出高度整合，而回避型依恋个体的自我整合度较差，具体表现为排斥消极的自我属性，而对积极的自我属性相对接纳，这可能意味着回避型依恋个体可能通过拒绝消

---

[1] Mikulincer, M., Shaver, P. R., *Attachment in adulthood: Structure, dynamics, and change*, New York, NY: Guilford Press, 2016, p.112.

[2] MiKulincer, "Adult Attachment Style and Affect Regulation: Strategic Variations in Self-Appraisals", *Journal of Personality and Social Psychology*, Vol.75, No.6, 1998, p.420.

[3] Dentale, F., Vecchione, M., De Coro, A., Barbaranelli, C., "On the Relationship between Implicit and Explicit Self-Esteem: The Moderating Role of Dismissing Attachment", *Personality and Individual Differences*, Vol.52, No.3, 2012, p.173.

极的自我形象来进行自我防御。后继研究也印证了这一推断，研究显示，回避型依恋与自我真实的得分正相关，而与自我异化的得分负相关。[①] 回避型依恋个体与安全型依恋个体对威胁事件的反应不同。这些实验研究让被试完成一系列自我认知任务，并在任务之后给被试中性或负面的反馈。研究发现，回避型依恋个体在受到负面反馈后，对自己的评价反而比得到中性反馈后对自己的评价更高，而安全型依恋个体在得到负面反馈和中性反馈后，对自己的评价没有显著差异，这个结果提示，安全型依恋面对负面评价时更有可能做出公正的自我评价；相反，回避型依恋个体更有可能采取自我提升的方式来给自己积极的感受体验。[②]

焦虑型依恋个体表现出自我贬损（self-derogating）现象，个体更倾向于给自我负面评价，即隐性自恋。隐性自恋的特征是对自我过度关注、对他人评价的高度敏感以及对他人反应的不切实际期望。焦虑型依恋个体更倾向注意有消极自我属性的词，而对积极和消极自我属性的整合度较低。[③] 通过让大学生连续30天报告自己的梦后发现，焦虑型依恋大学生报告的梦中自己的形象是焦虑、软弱、无助和不被爱的，而回避型依恋的大学生报告的梦中的自己更多地表现出不被接受（不合群、不能表达感情或愤怒）。[④] 另外也有研究显示，焦虑型依恋个体倾向于在受到外在压力时对自我做出消极评价，进一步研究发现，当让焦虑型依恋个体意识到降低自我评价不会得到别人的同情、认可和支持后，焦虑型依恋个体对自我做出消极评价的倾向会减弱，研究者推测焦虑型依恋

[①] Lopez, F. G., Ramos, K., Nisenbaum, M., Thind, N., Ortiz-Rodriguez, T., "Predicting the Presence and Search for Life Meaning: Test of an Attachment Theory-drivenmodel", *Journal of Happiness Studies*, Vol. 16, No. 1, 2015, p. 103.

[②] Hart, J. J., Shaver, P. R., Goldenberg, J. L., "Attachment, Self-esteem, Worldviews, and Terror Management: Evidence for a Tripartite Security System", *Journal of Personality and Social Psychology*, Vol. 88, No. 3, 2005, p. 999.

[③] Mikulincer, M., "Attachment Style and the Mental Representation of the Self", *Journal of Personality and Social Psychology*, Vol. 69, No. 2, 1995, p. 1203.

[④] Mikulincer, M., Gillath, O., Halevy, V., Avihou, N., Avidan, S., Eshkoli, N., "Attachment Theory and Reactions to Others' needs: Evidence that Activation of the Sense of Attachment Security Promotes Empathic Responses", *Journal of Personality and Social Psychology*, Vol. 81, No. 3, 2001, p. 1205.

个体可能通过降低自我评价的方式寻求他人的支持和帮助。[1]

总之,虐待是亲子关系的极端负面表现,非常容易造成儿童的不安全依恋。不安全依恋类型的个体在遇到生活事件时倾向于采取消极防御策略,表现出自我提升和自我贬损效应,这可能使得生活事件被扭曲加工,形成长时间的自我指涉思维,这样的思维可能影响个体的心理健康。

第二节 受虐儿童的自我发展及其对健康的影响

儿童的受虐经验发生于童年,但这种经验可以影响儿童的一生,那么这种影响是如何从童年延续到成年的呢?研究者猜测,"自我"可能是这种影响的载体,受虐的经历会塑造个体的自我,作为一种稳定的人格因素,自我在人的一生中较为稳定,个体通过自我应对环境,不健全的自我会对环境做出消极应对,形成负面情绪和不良的人际关系。本书拟通过验证自我特征在受虐经历和负性情绪、人际关系之间的中介作用,验证童年受虐经历的载体,为帮助有受虐经历个体走出童年的心理阴影提供科学依据。

为此,招募在校大学生800名,筛选其中经历过虐待的大学生作为研究对象,采用心理量表法,在现象层面考察童年期受虐经历对成年个体自我特征(自尊和自我效能等)的预测作用,并进一步考察这种自我焦虑、抑郁和人际关系等心理健康指标的预测作用,据此探讨童年期受虐的大学生的自我特征,以及这种自我特征又是如何影响童年期受虐的大学生的心理健康。

一 研究设计

(一)研究对象

向在校大学生发放问卷,回收800份。去除漏填过多和连续选择相

---

[1] Schmitt, D. P., Allik, J., "Simultaneous Administration of the Rosenberg Self Esteem Scale in 53 Nations: Exploring the Universal and Culture-specific Features of Global Self-esteem", *Journal of Personality and Social Psychology*, Vol. 89, No. 4, 2005, p. 623.

同选项的问卷,得到有效样本共计 750 份,有效率为 93.75%。性别分布中,男生占 15.8%,女生占 84.2%。在年级分布中,大一年级占 26.6%,大二占 36.7%,大三占 32.1%,大四占 4.6%。在生源地分布中,农村占 37.9%,县镇占 28.3%,城市占 33.8%。具体分布情况如表 3-2-1 所示。

表 3-2-1　　　　　　　　被试分布情况

属性	分类	频率	百分比（%）
性别	男	119	15.8
	女	630	84.2
年级	大一	200	26.6
	大二	272	36.7
	大三	241	32.1
	大四	35	4.6
生源地	农村	283	37.9
	县城	209	28.3
	城市	254	33.8

(二) 心理测量工具

采用罗森伯格（Rosenberg）编制的自尊量表（self-esteem scale, SES）对数据进行测量。量表由 10 个条目组成,采用四点计分法,对于正向记分题,"很不符合"记 1 分、"不符合"记 2 分、"符合"记 3 分、"非常符合"记 4 分;对于反向记分题,"很不符合"记 4 分、"不符合"记 3 分、"符合"记 2 分、"非常符合"记 1 分。总分范围为 10—40 分,分值越高,自尊程度越高。自尊量表 Cronbach's α 系数为 0.857。[1]

自我效能感由积极心理资本问卷测得。该问卷由张阔等人编制,用于评估大学生积极心理资本水平,共 26 个题目,包括希望、自我效能、乐观、坚韧等衡量积极心理资本水平的 4 个维度。其中自我效能量表包

---

[1] Rosenberg, M., *Society and the Addescent Self-image*, Princeton, NJ: Princeton University Press, 1965, p.6.

含7个题目。采用1—7点计分法，问卷总分为各题目评分之和。总分越高，表明个体积极心理资本水平越高。自我效能分问卷Cronbach's α系数为0.870。[①]

人际关系由人际关系综合诊断量表测得。该量表由郑日昌等编制，用来评估大学生的人际关系能力，包括28个条目、4个因子，即交际困扰、交谈困扰、异性困扰、待人接物困扰，每个条目的评分为0或1，总分越高表明人际困扰越严重。量表的Cronbach's α系数为0.79。[②]

负性情绪由抑郁—焦虑—压力量表测得。该量表包括焦虑、抑郁和压力三个分量表，共21个题目，每个分量表包括7个题目。采用0—3分4级评分方式，0代表"不符合"，1代表"较符合或偶尔符合"，2代表"很符合或经常符合"，3代表"最符合或总是符合"。该量表用来评估个体的负性情绪症状，得分越高，代表负性情绪症状越严重。该量表压力维度Cronbach's α系数为0.788，焦虑维度Cronbach's α系数为0.754，抑郁维度Cronbach's α系数为0.795，内部一致性系数良好。[③]

（三）数据分析

首先，采用SPSS26.0软件中的均值替代法对社会支持问卷中的个别缺失数据进行插值代替，对于基本信息情况缺失数据则不作处理。之后，采用SPSS26.0统计软件对数据进行描述统计、相关分析、中介效应分析。

二 研究结果

（一）描述统计

经过初步的统计分析，对大学生的各心理维度的描述性统计结果显

[①] 张阔、张赛、董颖红:《积极心理资本：测量其与心理健康的关系》，《心理与行为研究》2010年第1期。
[②] 郑日昌:《大学生心理诊断》，山东教育出版社1999年版，第35页。
[③] 龚栩等:《抑郁—焦虑—压力量表简体中文版（DASS-21）在中国大学生中的测试报告》，《中国临床心理学杂志》2010年第4期。

示，虐待经验平均值为22.02，自尊平均值为11.59，自我同一性平均值为49.72，负性情绪平均值为11.05，人际关系平均值为8.53。

表3-2-2　　　　　　各变量的相关的描述性分析

	总体			性别			
	M+SD	Min	Max	男	女	t	p
虐待	43.95±13.40	28	133	46.86±17.61	42.37±10.21	1.81	0.073
性虐待	5.66±2.40	5	25	6.23±3.79	5.35±0.98	1.98	0.05
情感忽视	9.76±4.03	5	25	10.27±4.56	9.48±3.71	1.05	0.296
躯体忽视	7.87±3.30	5	25	8.43±3.77	7.57±2.99	1.4	0.162
情感虐待	7.09±2.89	5	22	7.48±3.53	6.88±2.48	1.11	0.269
躯体虐待	5.93±2.17	5	21	6.50±2.98	5.62±1.50	2.21	0.029

（二）各变量的相关分析

经过初步的统计分析，对各心理量表得分的相关分析结果如表3-2-3所示。

表3-2-3　　　　　　各变量的相关分析

虐待经验	自尊	自我同一性	负性情绪	人际关系	
虐待	1				
自尊	0.31**	1			
自我同一性	-0.21**	-0.46**	1		
负性情绪	0.34**	0.37**	-0.24**	1	
人际关系	0.27**	0.40**	-0.25**	0.53**	1

（三）自我特征在受虐经验和个体心理健康之间的中介作用

1. 自尊在虐待经验与负性情绪和人际关系之间的中介作用

如表3-2-4所示，自尊（$\beta=-0.09$，$p<0.01$）在虐待经验与负性情绪之间的中介效应显著。虐待经验对负性情绪的总效应为0.21，其中直接效应为0.16，间接效应为0.05，中介效应的占比为25%。因此，自尊在虐待经验和负性情绪之间起部分中介作用。

表3-2-4　自尊在虐待经验和负性情绪之间的中介效应

		β（标准化回归系数）	SE	T	95%置信区间 LLCI	95%置信区间 ULCI	R^2	F
自尊	虐待经验	-0.09	0.01	-8.54***	-0.11	-0.07	0.09	72.86***
负性情绪	自尊	-0.59	0.07	-7.90***	-0.73	-0.44	0.19	83.87***
	虐待经验	0.16	0.02	7.36***	0.12	0.21		
		Effect	SE		LLCI	ULCI	效应占比	
总效应		0.21	0.02		0.17	0.26		
直接效应		0.16	0.02		0.11	0.20	75%	
间接效应		0.05	0.01		0.03	0.07	25%	

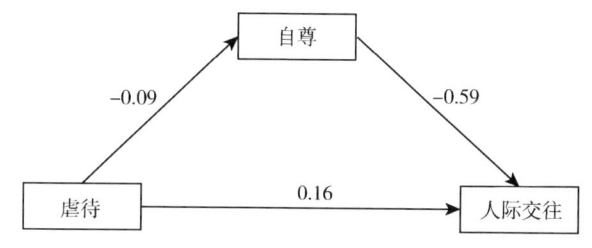

图3-2-1　自尊在虐待经验和负性情绪之间的部分中介模型

如表3-2-5所示，自尊（β=-0.09，p<0.01）在虐待与人际交往之间的中介效应显著。虐待对人际交往的总效应为0.09，其中直接效应为0.06，间接效应为0.03，中介效应的占比为38%。自尊在虐待—人际交往之间起部分中介作用。

表3-2-5　自尊在虐待经验和人际交往之间的中介效应

		β（标准化回归系数）	SE	T	95%置信区间 LLCI	95%置信区间 ULCI	R^2	F
自尊	虐待经验	-0.09	0.01	-8.51***	-0.11	-0.07	0.09	72.38***
人际交往	自尊	-0.41	0.04	-9.48***	-0.50	-0.33	0.18	76.41***
	虐待经验	0.06	0.01	4.67***	0.04	0.09		
		Effect	SE		LLCI	ULCI	效应占比	
总效应		0.09	0.01		0.07	0.12		
直接效应		0.06	0.01		0.03	0.08	62%	
间接效应		0.03	0.01		0.02	0.05	38%	

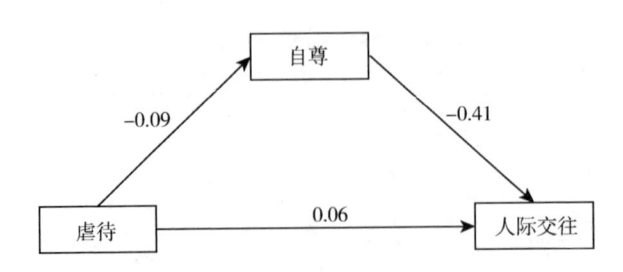

图 3-2-2 自尊在虐待经验和人际交往之间的部分中介模型

2. 自我效能感在虐待经验与负性情绪和人际关系之间的中介作用

通过分析表 3-2-6 可知，自我效能感（$\beta = -0.41$，$p < 0.05$）在虐待经验与负性情绪间的中介效应显著。虐待经验对负性情绪的总效应为 0.220，其中直接效应为 0.140，间接效应为 0.080，中介效应占比为 37%。因此，自我效能感在虐待经验与负性情绪之间起部分中介作用。

表 3-2-6　自我效能感在虐待经验和负性情绪之间的中介效应

		β（标准化回归系数）	SE	T	95%置信区间 LLCI	95%置信区间 ULCI	R^2	F
自我效能	虐待经验	-0.41	0.04	-9.46***	-0.49	-0.32	0.11	89.41***
负性情绪	自我效能	-0.20	0.02	-11.1***	-0.23	-0.16	0.25	118.73***
	虐待经验	0.14	0.02	6.43***	0.10	0.18		
		Effect	SE		LLCI	ULCI	效应占比	
总效应		0.220	0.022		0.177	0.264		
直接效应		0.140	0.022		0.097	0.182	63%	
间接效应		0.080	0.012		0.060	0.105	37%	

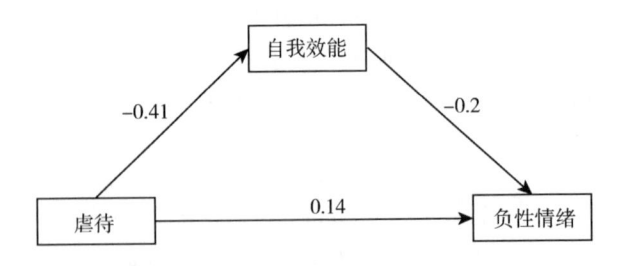

图 3-2-3　自我效能在虐待经验和负性情绪之间的部分中介模型

如表3-2-7所示，自我效能感（$\beta = -0.41$，$p < 0.001$）在虐待经验与人际关系间的中介效应显著。虐待经验对人际关系的总效应为0.10，其中直接效应为0.06，间接效应为0.04，中介效应占比为45%。因此，自我效能感在虐待经验与人际关系之间起部分中介作用。

表3-2-7 自我效能感在虐待经验和人际交往之间的中介效应

		β（标准化回归系数）	SE	T	95%置信区间 LLCI	95%置信区间 ULCI	R^2	F
自我效能	虐待经验	-0.41	0.04	-9.55***	-0.50	-0.33	0.12	91.16***
人际交往	自我效能	-0.11	0.01	-10.29***	-0.13	-0.09	0.20	86.58***
	虐待经验	0.06	0.01	4.21***	0.03	0.08		

	Effect	SE	LLCI	ULCI	效应占比
总效应	0.10	0.01	0.07	0.12	
直接效应	0.06	0.01	0.02	0.08	55%
间接效应	0.04	0.01	0.03	0.05	45%

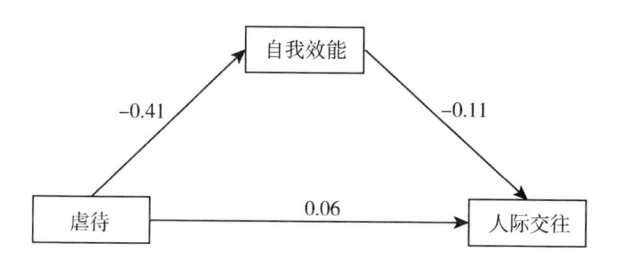

图3-2-4 自我效能在虐待经验和人际交往之间的部分中介模型

（四）结果讨论

心理虐待与忽视对个体的自尊水平有显著的负向预测作用，儿童遭受的心理虐待越多，自尊得分越低。由于在虐待和忽视环境中长大，个体得不到足够的关怀与照顾，难以形成安全的依恋关系，更易形成低自尊，而低自尊又会增加个体的负性情绪。童年期个体维持着较高自尊的倾向，照料者的虐待，如躯体虐待、情感虐待、性虐待、忽视和经济剥削等，会导致自尊下降，从而使个体产生保护和捍卫自我意识的动机，倾向于做出破坏性行为，从而影响他人对个体的态度与看法，导致不良的人际关系。

虐待与自我同一性呈显著负相关，相关系数达 -0.1，说明遭受心理虐待程度影响着自我同一性水平：心理虐待程度越高，自我同一性水平越低。自我同一性是一种从个体所信赖的人们中获得所期待的认可的内在自信，虐待对儿童的自我同一有着负性影响。如果父母对孩子进行心理虐待，孩子内在自信遭受打击，产生自我怀疑以及焦虑等负性情绪，同时在人际交往的过程中，个体面对自身未能形成统一的客观认识，易缺乏主见，在人际交往中受他人思想和言行左右，产生消极的人际交往体验。[①] 虐待经验与自尊呈负相关，相关系数达 -0.09，说明个体遭受心理虐待的程度影响自尊水平，心理虐待程度越高，个体自尊水平越低。

[①] 李文君：《自我同一性对高中生人际交往的影响探析》，《青少年日记（教育教学研究）》2019 年第 9 期。

第四章　受虐儿童的家庭教养方式与依恋

第一节　家庭教养方式概述

所谓教养，顾名思义是指"教育"与"养育"，但主要是以"教"为主，"养"为辅。从教育的角度来讲，是指父母对儿童进行教育时所包含的理念、呈现的态度以及采取的方式，任何一个因素的不同都会导致教养结果的不同；而从养育的角度来讲，是指为儿童的成长过程所提供的物质性供给。如今大多数家庭都可以承担起儿童成长过程中的物质需求，甚至大多数父母还会主动提升儿童物质水平。但是，父母对于孩子精神世界的培养、生活能力的锻炼不够，也会使得孩子适应生活的能力出现倒退。[①]

既然"教"在前，说明在幼儿成长的过程中，教育起着更为重要的作用，但是随着时代的发展和社会的变迁，中国家庭应该如何教养子女已然成为困扰父母的关键问题。对待孩子是应该温柔呵护，还是应该严厉苛责，这让年轻的父母不知所措。回顾这些年来，儿童遭遇虐待的事件屡见不鲜，最终导致儿童遭受心理创伤，出现自伤行为或反社会行为，应该反思：家庭教养方式到底出现了什么问题？

一　家庭教养方式的概念

家庭教养方式一直是学术界关注的热点，最早关注和研究该问题的

[①] 王亚亚：《家庭教养方式对幼儿成长的影响研究》，《新智慧》2021年第11期。

是卢梭和洛克等理论大师。随着现代心理学的发展，美国西蒙兹和鲍德温等心理学家又进一步划分了家庭教养方式的四个基本维度，即情感温暖、敌意、依恋和干涉。[①] 家庭教养方式是教育学、心理学与社会学的交叉课题，各个学科有不同的研究重点，心理学主要研究家庭教养对儿童人格发展和社会化过程的影响，社会学主要研究家庭教养的社会阶层差异，而教育学主要研究家庭教养的方式及其实施。[②]

二 家庭教养方式的类型

家庭教养方式通常可以分为权威型、放任型、专制型和忽视型。

权威型教养方式亦称"民主型教养方式"。这种方式中父母和子女之间的关系是平等的，父母给予子女充分的尊重，很少会以父母的身份对子女进行命令，并愿意和子女在意见不同时进行交流和商讨。权威型的父母会换位考虑孩子的想法，充分尊重孩子的喜好与兴趣。在这种教养方式下成长起来的孩子更懂得倾听，性格也更加乐观，更容易交到朋友，从而能较好地融入集体生活，也能较好地适应社会。

放任型的父母对孩子几乎百依百顺。在不愁吃穿和想要什么就有什么的物质环境下长大的孩子，会呈现出极度自私和以自我为中心的状态，他们只能接受表扬，不能接受批评。在幼儿园中，经常会看到一些孩子以自我为中心，不愿意和其他小朋友分享，认为自己的东西就是自己的，别人的东西只要自己喜欢那也是自己的。当老师向家长反映这种情况时，家长常常满不在乎地认为自己的孩子没有问题。[③] 在父母看来，将自己全部的爱付出给孩子是一件天经地义的事，但是他们没有意识到这对孩子而言无异于一种"加害"。从大连市10岁女童淇淇被杀案件可知，年仅13岁的犯罪嫌疑人在案发当天杀害

[①] 蔡玲：《育儿差距：家庭教养方式的实践与分化》，《青年探索》2021年第3期。
[②] 李骏、张陈陈：《中国城市家庭教养方式的阶层差异：基于不同数据和测量的交叉验证》，《学术月刊》2021年第2期。
[③] 满佳奇：《父母教养方式对小学生学业情绪的影响研究》，《科教文汇》（中旬刊）2020年第3期。

女孩并抛尸回家后,其父母不但没有劝其自首,反而试图帮他掩盖罪行和销毁痕迹,甚至至今仍未向受害者的父母道歉,这种没有原则的骄纵已然成为毒害儿童的罪魁祸首。

专制型的父母缺乏民主意识,总是单方面地向儿童输出自己的想法和命令,从不考虑儿童的实际兴趣和个体差异,按照自己的喜好为孩子制定要求和标准。当儿童面对自己不感兴趣或难以达到的目标时,他们虽然知道无法达到父母的期待,但是又不敢与父母沟通或反抗,导致他们容易产生自我怀疑和消极的自卑情绪,最终造成难以愈合的心理创伤。在这种教育方式中成长的儿童,无论是学习还是爱好都会被父母牵着鼻子走,长大后自律和自控能力较差,容易产生更多的消极情绪和行为,如自卑、焦虑和社交退缩等,这类孩子一旦脱离父母的管控,很容易"放飞自我",在完全自由的空间中做出过激的行为。①

被忽视型儿童在现代社会中有一定的比例。与专制型父母的"控制型"教育不同,忽视型父母几乎在"散养"自己的子女,他们的做法是尽可能地减少在孩子身上的时间和精力投入。这类父母有的在努力拼搏,一门心思追求事业发展;有的每天无所事事,沉迷于低级趣味;有的夫妻离异,无法保持与孩子的沟通和联系,无法尽到父母的责任……这些孩子在性格发展的过程中受到了很大影响,或表现得沉默寡言,或表现得呆滞迟缓……由于儿童在早期发展阶段没有得到亲密关系的满足,自身的诉求又没有得到父母的及时响应,儿童常常会封闭自己,不愿与他人建立亲密关系。②

来自父母的关心、理解和爱护往往会成为孩子面对外界风风雨雨最坚强的盾牌,在关爱中长大的孩子通常有着开朗乐观的性格和独立健全的人格,在与他人的交往中,也常常受到来自他人的欢迎和赞扬。一些家庭暴力事件的发生,追溯其本源都会发现一个高敏感度、冷漠

---

① 吴雅楠:《论家庭教育在儿童成长过程中的影响》,《西北成人教育学院学报》2021年第2期。
② 刘明珠:《"忽视型教养方式"对幼儿性格发展的影响》,《当代学前教育》2017年第3期。

以及难以与人共情的孩子,这一点让人很难不归结为父母家庭教养的问题。①

三 家庭教养的意义和价值

根据布朗芬布伦纳所提出的生态系统理论可知,儿童的发展受到微观系统、中间系统、外层系统和宏观系统等一系列相互作用的环境因素的共同影响。最内层的微观系统,是儿童活动和交往的直接环境,对于绝大多数的儿童来说就是指家庭。在接触到外界的其他系统之前,儿童首先受到微观系统的影响,也就是常说的"家庭是人生的第一个课堂,父母是孩子的第一任老师"。父母的言行和教育会影响到孩子的一生,自孩子呱呱坠地那天起,父母就承担着重要的养育责任,成为父母的意义并不是让孩子承受自己的不良情绪,或是替自己实现梦想和弥补遗憾,父母应当成为一支画笔,为孩子的生活增色添彩,让孩子快乐成长,只有这样才能帮助孩子扣好人生的第一粒扣子,引领他们迈向成功的阶梯。

维果斯基认为,社会因素会影响儿童各种能力的发展,尤其是认知能力的发展,其中最重要的影响因素是孩子的成长环境以及来自父母的引导,这种环境中的引导能充分展现父母的教养方式,只有通过这些引导,儿童的认知能力才能超越现有水平且得到一定的发展。因此父母要促进儿童的发展,就必须改善自己在生活中对待孩子的态度并及时给予指导。父母可以将生活中的场景作为教养孩子的情景,通过支持、鼓励和及时的回应来促进儿童认知的健康发展。②

父母的教养方式对儿童的社会情绪发展同样具有重要的影响。受父母教育方式的影响,儿童的价值观往往映射了父母的价值观,这就如同一种"学习强化",如果父母常常礼貌待人,为人亲和,孩子也容易养

---

① 蒋奖、许燕:《儿童期虐待、父母教养方式与反社会人格的关系》,《中国临床心理学杂志》2008年第6期。

② 王丽、傅金芝:《国内父母教养方式与儿童发展研究》,《心理科学进展》2005年第3期。

成良好的社交行为；相反，如果父母在家横眉冷对，对外古怪和充满戾气，孩子也会在潜移默化中养成这种不友好的社交方式。对于学龄前儿童来说，与父母的相处时间更长，父母的一言一行都会对他们的社会化发展产生影响。在个体成长的过程中，接触到的第一个"小社会"就是家庭，在家庭中能够接受到良好的教育，与家庭成员保持良好交往可促进儿童未来的健康发展。[1]

在现代社会"内卷""教育焦虑"等压力的刺激下，父母对孩子学业成就的关注度越来越高，除了孩子身体健康等显而易见的影响因素之外，研究者也日益重视儿童的心理健康和人格特质与学业成就之间的关系。近些年社会上流行着一种"不写作业，父慈子孝；一写作业，鸡飞狗跳"的有趣现象，在谈到孩子的学业成绩时，即便是平日里温柔的父母也会耐不住性子对孩子大吼大叫，甚至怀疑孩子的智商。对于初入小学的儿童，在遇到环境和学习方法的变化时势必会产生不适应感，可惜的是有相当一部分儿童缺乏父母的耐心指导，反而经常被父母责骂，导致成绩越来越差，越来越不自信，也越来越不想与他人进行社交互动。[2] 研究发现，儿童的人格、认知、动机、自我概念等个人特质都可以在父母参与教养的过程中间接作用于儿童的学业成就，而这些学业成就则以智力、认知、动机、自我概念、自信心等因素为基石。[3]

四 家庭教养方式的测量

家庭教养方式可通过父母教养方式问卷（Parental Bonding Instrument, PBI）进行测量。该问卷是自评问卷，共50题，其中父亲与母亲问卷各25题，且题目相同，要求被试评价16岁之前父母的养育方式，分为关

---

[1] 关颖、刘春芬：《父母教育方式与儿童社会性发展》，《心理发展与教育》1994年第4期。
[2] 方平、熊端琴、郭春彦：《父母教养方式对子女学业成就影响的研究》，《心理科学》2003年第1期。
[3] 郭明春、吴庆麟：《父母教养与学业成就：心理因素的中介作用》，《心理科学》2011年第2期。

爱、鼓励自主和控制三个维度。① 另一份针对父母教养方式的评价量表对 15 种父母教养行为进行了分类，并归结出四种教养类型：归罪行为、管束，两极分别对应于温暖、鼓励以及剥夺爱、拒绝，过分偏爱，过度保护。岳冬梅等学者完成了该量表的修订工作，其中父亲教养方式包括情感温暖、理解，惩罚、严厉，过分干涉，偏爱被试，拒绝、否认，过度保护；母亲教养方式包括情感温暖、理解，过分干涉、过度保护，拒绝、否认，惩罚、严厉，偏爱被试。② 针对幼儿园阶段的父母教养方式的测评，大多采用杨丽姝和杨春卿修编的父母教养方式调查问卷，共40 题，包含五个维度，分为溺爱性、民主性、放任性、专制性、不一致性，所有的题目按照其行为出现的频率采用 5 点计分，1 代表频率最低，5 代表频率最高。

五　当代家庭教养方式的演变与现状

现代社会的高度竞争让父母不自觉地将自己的希望寄托在孩子身上，"望子成龙""望女成凤"不再是单纯的期盼，已然成为家长不断付出时间和金钱来追逐的"课辅效应"的行动。今天的英语口语交际班，明天的国际轮滑培训，喂饱了培训机构，也增加了年轻父母的经济负担，这种"圈养式育儿"和"过度养育"等现象更进一步滋生了"内卷"和"教育焦虑"。在当今社会，更多的女性进入职场，但不幸的是，在一些女性面临着来自工作和孩子教养双重压力时，父亲对孩子关爱和教育缺失，以及丈夫对妻子的关心和理解缺失，使得父子之间、夫妻之间、母子之间的关系在畸形的"丧偶式"养育环境中面临着风险。③ 一旦这种与父母形成的亲密或疏远的平衡关系遭到破坏，父母和孩

---

① Heidera, D., Matschingera, H., Bernerta, S., et al., "Empirical Evidence for an Invariant Three-factor Structure of the Parental Bonding Instrument in Six European Countries", *Psychiatry Research*, Vol. 135, No. 4, 2005, p. 237.
② 岳冬梅等：《父母教养方式：EMBU 的初步修订及其在神经症患者的应用》，《中国心理卫生杂志》1993 年第 3 期。
③ 李珊珊、文军：《"密集型育儿"：当代家庭教养方式的转型实践及其反思》，《国家教育行政学院学报》2021 年第 3 期。

子其中一方就会受到伤害。日本厚生劳动省发布的调查数据显示，2020年度全日本儿童咨询机构统计的未满18岁儿童遭虐待事件数量为205029起，比上一年度增加6%，首次超过20万，这可能与新冠疫情导致的父母居家时长增加有关，外在表现是家庭内部冲突的增多和虐童情况的增加，这是因为平日里冷漠疏远的亲子关系难以适应疫情带来的家庭成员之间的"被迫亲密"，结果导致虐待等家庭暴力事件持续升高。[1]

随着社会的发展和工作压力的激增，年轻父母需要花费更多的时间投入工作，照顾孩子的任务由爷爷、奶奶等祖辈承担，这样就形成了一种代际合作育儿的现象，即隔代教养。在这种教养方式中，"隔辈亲""隔代疼"的情况日益凸显，父母成了孩子成长过程中的"大管家"，扮演孩子犯错时站出来厉声指责以及严格引导其做出行为改正的"黑脸"角色，祖辈则成为对孩子一味包容的"保护伞"以及时刻满足孩子要求的"缄默工具人"。现实生活中不乏看到离园时接送队伍中一个个弓着脊背的祖父母和外祖父母，这种教养方式虽然不是"孤儿式教育"，但是其中的教育和亲子关系的亲密度都是远远不够的。[2] 另外，祖辈和父辈之间教养观念的冲突、生活方式的冲突等也会加剧家庭矛盾，造成父母在教养孩子的过程中不断否定自己，或因与祖辈意见不一致而争吵，最终对孩子的发展产生负面影响。

留守儿童是指长时间与父母双方或其中一方分离的儿童。留守儿童因为与父母的相处时间较少会产生对父母的陌生感，亲子关系日益淡薄，这种消极、否定的教养方式会对孩子的发展产生不良影响，不利于儿童未来的发展和成长。[3] 关于湖南农村留守儿童行为的研究发现，留守儿童受到的家庭教养方式与其学习行为、社会交往行为和日常生活行为显著相关，比如在民主型的家庭教养方式中成长的幼儿，通常比在其

---

[1] 佚名：《日本虐童事件首次超过20万》，《光明网》，2021年8月27日，http://m.gmw.cn/baijia/2021-08/27/1302515977.html，2022年10月8日。
[2] 肖索未：《"严母慈祖"：儿童抚育中的代际合作与权力关系》，《社会学研究》2014年第6期。
[3] 梁沁苗、袁书、李宏翰：《农村留守儿童的家庭因素与心理健康研究综述》，《教育观察》2019年第8期。

他教养方式中成长的幼儿拥有更加自律的学习行为,并且对正常的社交行为不会怯懦,也拥有更加健康的日常生活行为。①

当今社会中还存在一种"丧偶式育儿"的现象,即夫妻其中一方在教养儿童的过程中长时间缺席,尤其明显的是父职缺位的现象。前几年拍摄的《爸爸去哪儿》等一系列亲子娱乐节目备受观众的喜爱,当人们在感叹一幅幅父慈子孝的画面时,有没有想过为什么父亲带孩子有更多的话题和卖点?那是因为他们的手足无措和零经验让人啼笑皆非。而节目的名字"爸爸去哪儿"不正是对这一现象的一种质疑吗?在孩子的教育中,爸爸去哪儿了?② 追溯过往的研究不难发现,如今的家庭教养方式有着这样的演变:第一,方式的转变,从以往的"孩子活着就行"的"散养式育儿"转变为"不能输在起跑线上"的"精养式"育儿;第二,理念的变化,过去注重培养孩子的身体素质,孩子参加最多的是篮球课、舞蹈课和跆拳道课等,现如今转变为注重对学业和艺考能力的培养,比如现在孩子参加更多的是奥数课、钢琴课和舞蹈课,父母常常将自己小时候未完成的"艺术梦"强加在孩子肩膀上,希望孩子能帮助自己圆梦;第三,对母亲要求的变化,从"母爱是天性"转变为希望母亲是"有知识的妈妈"。这一切的变化都对父母提出更高的要求,尤其对女性提出了更高的要求。育儿成本的提高需要女性付出更多的工作时间,加之父亲角色的缺失,构建出一个病态的家庭教养环境。③

第二节　受虐儿童的家庭教养方式

一　受虐儿童的家庭诱因

家庭教养方式是儿童虐待的重要预测因素。一般社会经济地位低的

---

① 李翠英、刘志红:《论家庭教养方式对农村留守儿童行为的影响分析》,《南华大学学报》(社会科学版) 2008 年第 4 期。
② 徐依婷:《"丧偶式育儿":城市新生代母亲的母职困境及形成机制》,《宁夏社会科学》2020 年第 6 期。
③ 郑杨:《社会变迁中的育儿模式变化与母职重构——对微信育儿群的观察》,《贵州社会科学》2019 年第 7 期。

家庭往往面临着育儿上的经济困难,进而给家庭生活带来较大的经济压力和负担,生活压力的上升又会导致夫妻关系冲突以及亲子关系紧张,从而增加儿童虐待的可能性。家庭经济贫困首先会直接地影响父母的心理健康状态,其次会间接地影响父母对待子女的教养方式,进而可能造成对儿童的虐待。研究发现,儿童期虐待的发生率与父母工作的稳定程度、文化程度、居所固定程度和社会经济地位的高低明显相关,失业父母子女受虐待的发生率是有稳定工作父母的子女的2—3倍。[1]

忽视性虐待则更多发生在父母受教育程度较低的家庭,一方面可能是因为父母缺乏相应的家庭教养观念,另一方面是低学历的父母因忙于生计而无暇照顾孩子。更有意思的是,父亲较高的雄性激素水平在一定程度上能够预测儿童受虐待的风险,这类父亲表现出积极育儿的行为较少、消极育儿的行为较多以及抗挫折能力较弱,但是如果父亲具有较高水平的经济地位则能够缓冲其激素水平对消极教养行为的影响。父母有吸烟、饮酒或赌博等成瘾行为也会导致儿童面临更高的受虐风险,现实生活中经常会看到沉溺于赌博吸毒的父母卖掉自己的孩子,从而获得更多的赌本和毒品,或是因为酗酒失去理智而暴打自己的孩子。

[观察记录] 2018.03.06 11:12 公交车上

小雅:我看见挖土机了!

妈妈:嗯。

小雅:挖土机要上班了。

母亲低着头没有回答

小雅:那些人是不是下车了?

妈妈:嗯,他们到家了。

小雅:那是什么?

妈妈:学校。

---

[1] Almuneef, M., Alghamdi, L., Saleheen, H., "Family Profile of Victims of Child Abuse and Neglect in the Kingdom of Saudi Arabia", *Saudi Medical Journal*, Vol. 37, No. 12, 2016, p. 882.

小雅：学校是什么？

妈妈：没什么。

小雅出门后通常会变得格外兴奋，小眼睛眨巴眨巴朝周围看，公交车上的她化身为"十万个为什么"，面对如此多稀奇古怪的问题，小雅妈妈在这一场景中扮演了一回沉默者。小雅问妈妈"学校是什么？"妈妈竟然回答"没什么"。小雅提出的问题似乎不难解释，并非涉及天文地理和宇宙万物类的深奥问题，但妈妈以冷淡的"没什么"敷衍过去。研究者后期对研究对象的妈妈进行了访谈，访谈内容如下。

[访谈记录] 2018.03.10　15：50　大桥边上的公园

研究者：小雅挺聪明的呀，会问很多为什么。你一般会怎么回答她呀？

小雅妈妈：我们肯定懂的就尽力讲给她听，用简单的话说，她也能听得懂。

研究者：会不会碰到回答不出来的时候？你会怎么办？

小雅妈妈：嗯，肯定会有的，还蛮多的。她总是喜欢问一些稀奇古怪的问题，有的时候她问的问题都听不懂。不过，她有时候也不是真的想知道答案。

研究者：不是真的想知道？

小雅妈妈：嗯，可能你还不太清楚，她就觉得缠着你问好玩呐。

研究者：那这个时候你会怎么回答她呢？

小雅妈妈：就给她看其他东西，不让她一直缠着一个问题不放。她实在太烦的话，就说不知道或者装作没听见。

从访谈内容可以看出，小雅妈妈能够站在孩子的角度为其着想，尝试尽自己最大的努力应答孩子提出的问题，只有当小雅提问过于频繁时才会采取不予理睬的应对方式，并将这样的方式归为下策。但是小雅妈妈明明知道不理睬的应对方式是不利于孩子成长的，仍旧因为不耐烦而不予理睬。父母应该多一点耐心，学会倾听和回应，因为父母的沉默或

第四章　受虐儿童的家庭教养方式与依恋

者冷冰冰的回答可能会在亲子沟通中筑起一道高墙。

城市流动儿童在日常生活中缺少父母或者同龄人的陪伴，对于他们来说陪伴是弥足珍贵的，他们习惯一个人玩耍却也渴望陪伴。小雅将她所有的好玩的玩具分享给志愿者，又何尝不是一种小心翼翼地讨好与挽留。"姐姐逃走了"，小雅将志愿者离开的原因归结于志愿者讨厌跟她在一起，她将所有的错误归咎于自己，她不愿意说再见，因为她害怕这样的"再见"是"再也不见"。因此当第二天志愿者如约到来时，她至少能抬头与志愿者的目光相接，离开时告别的模样依旧腼腆，却没有了漫长到令人窒息的等待时间。

城市流动儿童渴望得到关注，正如访谈个案的母亲所言，孩子的提问并不是想要知道真正的答案，母亲将其理解为"闹着玩"，用专业的术语则可以解释为希望寻求关注。小雅的奶奶一直陪伴在小雅的身边，但这样的陪伴是低质量的，奶奶经常因为自身工作而急于摆脱孩子的打扰，因为家务琐事而无法与孩子进行有质量的交流，这样陪伴的效益是微弱的。小雅的父亲在家带孩子，就是让小雅看动画片，自己却坐在旁边玩手机，这样的陪伴只是两个人处在同一空间而已。对儿童而言，互动交流是陪伴中不可缺少的一部分，没有沟通就如同失去了催化剂的实验无法产生化学反应。城市流动儿童缺少长情的陪伴，他们在城市的生活中学会了一个人自娱自乐，他们独自玩耍的背后所渴望的是家人的陪伴，所期待的是同伴之间的交流。

夫妻之间的关系越差就越有可能出现虐待儿童的行为，这可能与父母把相互间的不愉快迁怒到孩子身上有关。[①] 夫妻关系濒于破裂是导致儿童受虐待的"高危因素"，这主要是由于父亲的社会压力多于母亲，又常常找不到适当的排解方式，此时如果因家庭琐事受到挫折，孩子往往就会成为"牺牲品"，成为父母情绪的"出气筒"。还有一点值得考虑的是，父母在童年期受虐的经历是影响他们打骂孩子的频率和虐待孩子程度的主要因素，有童年受虐史的父母，如果能够得到没有童年受虐

[①] 李彪：《新余市城市儿童虐待现状及影响因素分析》，《中华全科医师杂志》2005年第8期。

史的配偶的情感支持和社会支持，很大概率可以避免对孩子的虐待，否则对孩子的虐待可能会变本加厉。① 有研究结果表明，母亲儿童期情感受虐经历会通过影响母亲过度投入/未解决依恋表征来影响消极共同养育行为，从而增加儿童的外化问题行为。②

儿童在成长的过程中会将经历过的负面事情不断内化，从而形成消极的自我图式，并表现出较低的自尊水平。比如父母常常对孩子说："你什么都做不好！"孩子久而久之就会真的以为自己很差，什么都做不好。儿童的受虐经历还会导致个体自我怀疑："为什么他总欺负我？""是不是因为我真的太笨了，妈妈才打我？""我聪明一点是不是就不会被揍了？"从而更喜欢用消极的词语描述自己，更容易产生自卑情绪，而较低的自尊和消极的自我会进一步导致个体在成年后出现抑郁、焦虑甚至严重的精神疾病。所谓"幸运的童年治愈一生，不幸的童年需要一生去治愈"，即未遭受心理虐待的个体，自我整合功能更加稳定，拥有更强的情绪调节能力和更稳定的情绪。③

受到传统性别角色观念的影响，一般父母亲会倾向于采取严厉管教和惩罚的方式对待男孩，因为他们认为男孩子应该具有"男子汉"气概和进取精神，这样才能更好地适应社会生活和在未来工作中取得更高成就；相反，父母对女孩的期望值相对较低，倾向于采取溺爱以及呵护的方式，对其错误的包容度更高。父母对不同性别子女期望的差异，造成男性儿童期虐待发生率偏高。④ 父母的童年期虐待经历增加了子女遭受暴力的风险，童年期虐待经历有助于个体习得和强化被虐待的角色，并在人际互动和亲密关系维系中习惯于做一个受害者的角色。

父母以虐待的方式作为惩罚子女的手段，会强化其"犯错误就应该

---

① 王健、刘兴柱、孟庆跃、许加龙、陈龙宝：《儿童虐待频度及影响因素分析》，《中国社会医学》1994年第1期。
② 李微微、张青、刘斯漫、王争艳：《父母儿童期情感虐待对学步儿问题行为影响机制的比较》，《心理科学》2020年第3期。
③ 白卫明、刘爱书、刘明慧：《儿童期遭受心理虐待个体的自我加工特点》，《心理科学》2021年第2期。
④ 范志光、门瑞雪、刘莎：《大学生约会暴力与儿童期虐待经历的关系》，《中国心理卫生杂志》2021年第7期。

得到惩罚"的错误观念,使得个体对来自亲密关系者的攻击和侵犯行为的忍受度和接受度较高,并且还会将自己受到的不公平对待合理化,从而接受并习惯,但这样的结果就是强化和放纵了另一方的暴力倾向,从而造成其受暴风险的增加。童年期遭受虐待的儿童往往也很少得到来自母亲的疼爱,这更增加了其未来形成反社会人格的风险。[①]

二 受虐儿童的家庭教养方式特点

一项来自芬兰的研究报告表明,有虐待行为的家庭对于自己的虐待行为有一定的了解,并且在向研究人员报告时会相应地虚报自己虐待儿童的程度,报告中说明大约6%的父母曾经犯下严重的暴力行为(例如踢或打),但是身体虐待的概念被认为还包括所谓的较温和的暴力形式(例如用手指弹打孩子或拉扯孩子的头发)。在研究中,根据家长的报告,仅有少量(0.3%)四岁儿童经历过严重的身体虐待。对有遭受虐待经历的儿童与未曾遭受过虐待的儿童的父母养育方式进行比较发现,有受虐经历儿童的父母的情感温暖和理解分值低于没有受虐经历儿童的父母,且前者在惩罚、严厉、拒绝、否认及过度干涉与保护维度上的得分均高于后者,受虐儿童家庭的教养方式多为不利于儿童成长的专制型和忽视型。[②]

传统观念中的"棍棒底下出孝子"以及"慈母严父"都是以"为了你好"作为借口,将体罚和训导作为矫正孩子不良行为的方式。从表面上看,这种教育方式和"权威型"教养方式类似,然而实际上这类父母的"爱"和"体罚"有时会过度。他们的教育方式十分极端,将"不打不成才"发挥到极致,这样"权威型"就变成了"专制型",并且他们认为"子不教,父之过",似乎父母打骂子女是天经地义的事,他人无权干涉。专制型父母大都倾向于实施不同类型的虐待儿童行为,

---

[①] 张建人、孟凡斐、凌辉、龚文婷、李家鑫:《童年期虐待、父母教养方式、不安全依恋与大学生反社会人格障碍的关系》,《中国临床心理学杂志》2021年第1期。

[②] 杨世昌、张亚林、郭果毅、黄国平:《受虐儿童的父母养育方式探讨》,《实用儿科临床杂志》2003年第1期。

用打骂、罚站、不给吃饭等方式管教孩子的情况比较普遍。① 通常情况下，专制型父母的教养观念落后，认为自己在家庭中有着至高无上且不容置疑的地位，并要求子女对自己无条件服从，对于子女与自己不同的观念进行过度干预，如果儿童违背了父母的意愿，就会受到惩罚。诸多研究表明，这种教养方式潜在的结果可能是以牺牲孩子的童年幸福为代价的。当然很多支持专制型教养方式的父母会要求孩子严格服从，他们声称这是社会规范的约束，而不是以伤害为目的，常常打着"为你好"的旗号进行儿童虐待，殊不知这就是一种道德绑架。②

忽视也是一种虐待。忽视型的父母往往以自我为中心，追求自身的满足，这类父母大多分为两类极端：一种是过分追求自己的职业成就，无暇照顾和关爱子女，时常给人一种"工作繁忙"的印象；另一类则是心智尚未成熟，只知道贪玩和自我满足，时常表达出自己"不会带孩子"的意愿。这两类都显示出父母责任感较差，对子女的情感需求漠不关心，对子女的生活照料疏忽，逃避承担与孩子沟通交流的责任。绝大多数家长不承认忽视也是对孩子的虐待，事实上早期严重的情感忽视对孩子的伤害远远大于身体虐待，它可能会导致孩子智力发育迟缓，以及计划和控制能力受损。

有的儿童被虐待与父母的放任和溺爱有关。父母对儿童的放任或溺爱多发生在儿童早期，这种教养方式使儿童养成了一些不良的习惯，在儿童早期阶段，父母对孩子不良习惯的容忍程度较高，但随着孩子年龄的增长，父母的期望变高，对不良习惯的容忍度也变低。因此，父母在儿童长大后纠正其不良习惯时，往往不知道如何教育孩子而最终采取打骂这一"偷懒"的形式，进而导致了儿童虐待。在生活中经常会看到家长在宠爱孩子时将其当作心肝宝贝，但当孩子犯错或违背父母时又对他们严厉苛责。看到自己"惹祸"的孩子，家长后悔自己以往的骄纵、

---

① 朱婷婷：《从儿童躯体虐待角度：看中国传统教养方式对儿童心理发展的影响》，《内蒙古师范大学学报》（教育科学版）2005 年第 4 期。
② Lo, C., Ho, F., Wong, R., Tung, K., Tso, W., Ho, M., et al., "Prevalence of Child Maltreatment and Its Association with Parenting Style: A Population Study in HongKong", *International Journal of Environmental Research and Public Health*, Vol. 16, No. 7, 2019, p. 182.

忽视或专制,但是他们无法静下心来学习科学的教养方式,加之懊恼和焦虑情绪的产生,最终出现了更多的拳脚惩罚,这种情况反复出现,最终酿成无法挽回的悲剧。[①] 暴力产生的根源在于人们忽视彼此的感受与需要,而长辈在沟通中处于掌控者地位,更加容易忽视儿童的感受,这种情况在搜集的案例中随处可见。

(一)带有暴力含义的词汇

[观察记录] 2018.07.30　18:00　画满蜡笔的腿

小雅:妈妈,我腿上怎么了?

妈妈:都是你用蜡笔画的,洗都洗不掉。

爸爸:宝贝站好了,把你腿上的洗掉,下次不可以再这样了!

小雅:好的。(拖长了声音回答)

妈妈:<u>再弄,打死你。</u>(嗔怪地)

小雅嘻嘻地笑了起来。

2019.03.22　17:10　迎风奔跑的女孩

小雅从屋子门前的小斜坡上跑进屋里,她张开手臂,感受着风的力量。她不厌其烦地跑了一遍两遍三遍,脸颊红扑扑的,咯咯的笑声中带着喘息。奶奶正在织毛衣,嗔怪道:"<u>死丫头,好了,不要皮了。</u>"小雅仰着头,下巴搁在奶奶手臂上,大口喘着气。

奶奶:哎呀!我都不能做羊毛衫了。去玩吧,小心点啊。

2019.03.25　17:15　和奶奶一起等公交

公交迟迟没有来,小雅跑到人行道边的绿化带旁蹲下来看蚂蚁。

奶奶:你快点到这边来,车子马上来了。

小雅抬头看了看远处,又继续低头看泥土。

奶奶:要不要吃饼干啊?

小雅仍然低头,仿佛在探索着什么。

[①] 石媛:《儿童虐待问题研究》,硕士学位论文,中国青年政治学院,2013年,第46页。

奶奶：<u>耳朵是不是聋了，再不快点，我要打了！</u>（大声喊道）

小雅立刻站起来，挥着手臂咧嘴笑着跑到奶奶跟前，过了一会儿，公交车来了，奶奶牵着小雅上了车。

上述观察案例画线部分中涉及"弄死你""死丫头""打"带有暴力含义的字词，其中前两个案例中长辈都是以嗔怪的语气说的，小雅显然已经熟悉了这样的表达方式，会"嘻嘻笑起来"，也许这是她的家庭中表达爱意的一种独特方式；在第三个案例中奶奶使用喊叫的方式呵斥小雅，但小雅丝毫没有产生害怕或是不满的情绪，仍旧"挥着手臂笑着跑到奶奶跟前"，含有暴力性词汇的语言已经无法对小雅产生影响。这一现象值得思考：当长辈的言语无效时是否会直接使用暴力手段？

（二）威胁性的话语

[观察记录] 2019.03.06　12：47　公交车上

小雅：那是什么？

妈妈：那儿有警察，可以把坏人抓起来。你在幼儿园要听话，<u>不听话的话他们就把你抓起来了</u>。

2019.03.29　17：20　剪头发的风波

奶奶：小雅，奶奶等下给你把头发剪掉点吧。

小雅扭着头发出了长长的不情愿的哼唧声。

奶奶：你的头发太乱了，天天跟个鸡窝一样。

小雅：不要！

她跺着脚，踩在地上发出咚咚的声响。

奶奶：头发短多好啊，又好打理又清爽。

奶奶：你剪好头发，奶奶就带你去小店买你最喜欢的棒棒糖。

小雅：不要呀！

小雅把头摇得像拨浪鼓一样，然后用头顶着奶奶的后背。

奶奶：你不肯剪，到时候<u>让理发师帮你剃成光头</u>。

小雅突然哇地哭了，断断续续地说：不要，不要，我不想变成男生。

奶奶：那现在要不要奶奶帮你稍微修一点点啦？

小雅抽泣着点了点头。

案例中长辈使用假象性的处境使孩子产生心理上的恐惧，以达到改变或阻止幼儿原有行为的目的，他们认为这样的"威胁"能产生令人满意的效果，因为儿童一般会对警察、医生和老师等诸如此类特定行业的人产生恐惧心理。不论是从尊重孩子的角度还是从促进孩子身心健康的角度看，使用威胁性的话语都是一种负面和消极的沟通手段。从孩子的心理看，"我"歇斯底里呼喊着，听了"你"说的话，"我"感到无比委屈，也许"你"只是随口一说，也许那是对"我"开的一个玩笑，但"我"会当真，这真的是"你"想表达的意思吗？"我"听不懂话里有话，所以请认真直白地告诉"我"。

奶奶说"我"什么都不会，"我"好像真的如她所说的那样一无是处；当有人问"我"，"我"自己也这样认为吗？"我"点头默认了。可是每次听到这样的评价，"我"还是很难过很气愤，"我"尖叫起来，"我"已经很努力了，还要"我"怎样？奶奶说不肯把头发剪短的话就要被剃成光头，可是"我"不愿意。剃成光头，"我"就不能再变成女孩子，不能再穿小裙子了，幼儿园的小伙伴们肯定会笑话"我"的。

当长辈提出要求的时候，是否考虑过"我"的感受，即使拒绝最后也会被迫接受，于是"我"变得顺从起来，正如他们所期望的那样。"我"通常很乖，他们要"我"怎么做"我"就怎么做。但偶尔"我"也会爆发，因为那些话如一根刺扎在"我"的心中，"我"又无法用言语表达自己的心声，"我"只能歇斯底里地呼喊，请求他们通过"我"的尖叫听到"我"内心真实的声音，"我"希望得到他们的赞同，希望得到他们真实诚恳的评价，希望在家里有价值感和自豪感。

情绪虐待与父母教养方式之间的关系主要集中在父母对纪律问题、行为控制和儿童情绪需求的态度上，如果父母在对待孩子时不具备科学认识,就无法充分满足孩子的心理需求。来自巴西的一项研究表明,专制和溺爱的教养方式下的儿童有较高的情感虐待记忆。[①] 儿童期遭受虐待的个体在长大后出现反社会人格的概率较高,遭受虐待的频率越高、程度越深,其今后出现的反社会人格的破坏性就越大。在电视剧《隐秘的角落》中,处在青春期的朱朝阳因生活在离异家庭以及母亲高控的环境中,内心充满恐惧和压抑,一旦受到刺激,这种情绪就会以极度叛逆的形式爆发出来,做出反社会行为。

第三节 受虐儿童的依恋发展及其对健康的影响

一 依恋的形成及意义

依恋是儿童在早期成长过程中与主要抚养者之间通过互动形成的亲密的、强烈的和特殊的情感联结。依恋并不是生下就有的,也不是一蹴而就的。通常情况下与婴幼儿沟通交流最多的人是母亲,所以依恋最早一般产生于母亲与婴儿之间,在与母亲互动中,婴儿会逐渐建立对母亲的特定依赖,这种依赖让婴幼儿感觉到安全,并能放心大胆地探索周围的环境。

虽然婴儿最初的依恋对象主要是母亲,但是并不局限于一个人,比如当婴儿与父亲的互动增加,并且超过与母亲互动的频率时,婴儿对父亲同样也会形成一定的依恋。婴幼儿通过和父母间的依恋,得到更多接触外界的不同情绪的机会,这对婴幼儿今后提高对于不同情绪的理解能力有着十分重要的作用。儿童在与母亲的互动中不断提升自己的情绪理解能力,这不仅能够帮助幼儿识别和理解他人情绪,还能够帮助幼儿对于不同的刺激产生自己的认知,以及有助于对他人的情绪反应进行推测,最重要的是情绪理解的发展有助于个体情绪调节能力的发展,个体

---

① Yee, E., Rabbani, M., Cong, C. W., "Adolescents' emotional Abuse in Kuala Lumpur, Malaysia: The Role of Parenting Style", *Asia-Pacific Social Science Review*, Vol. 19, No. 4, 2019, p. 133.

的情绪调节能力不仅影响自己本身的生活质量,而且对周围与他接触的人往往也有一定的影响。①

良好的亲子依恋关系是幼儿形成良好的同伴交往关系的重要基石。在与成人长期交往的过程中,幼儿会观察成人的行为并进行模仿学习,而最早的依恋关系就是婴幼儿模仿家人对待他人的方式,如果母亲和幼儿拥有良好健康的依恋关系,则幼儿会学习到母亲温暖地对待自己和帮助自己的方式,通过模仿学习幼儿一般会表现出帮助同伴和较低攻击性行为。幼儿积极的社会性行为会进一步强化其社会情绪表现,如当幼儿帮助同伴而受到老师和父母的夸奖后,其预期行为得到强化,那么这种积极的社会行为就会以更高的频率出现,更重要的是受到强化的行为及其结果会形成一个良性的循环,即拥有健康依恋关系的幼儿会有更高的助人频率,能够拥有更积极的同伴关系,从而依恋关系更加亲密,因此父母与幼儿之间良好的依恋关系会直接影响到幼儿的同伴交往甚至今后的人际交往能力的发展。②

在探索依恋对儿童人格发展影响的研究中,研究者发现不同依恋类型的儿童未来人格发展表现出较大差异:在人格特征测验中,安全依恋的儿童比不安全依恋的儿童表现出更多的亲社会行为和更少的问题行为,这是因为具有不同依恋类型的儿童看待和应对外界环境的方式不同;与安全型依恋的儿童相比,不安全依恋的儿童常常感觉到一种不安全感和患得患失,害怕探索外界环境,也害怕探索后获得失败的结果,因此在与他人交往的过程中,不能有效地表达自己的想法,即使想赞美他人也不敢说出口,这一系列行为最终会导致不安全依恋的幼儿封闭自己,害怕与他人交流沟通,也就阻碍他们社会性的发展和探索世界的欲望,形成与安全型依恋儿童截然不同的恶性循环。

儿童的情绪调节能力最早源于早期的亲子依恋关系,如果家长对儿童实施虐待,就会导致受虐儿童经常体验较高的负性情绪唤醒,孩子得

---

① 杨丽珠、董光恒:《依恋对婴幼儿情绪调节能力发展的影响及其教育启示》,《学前教育研究》2006年第4期。
② 吴放、邹泓:《幼儿与成人依恋关系的特质和同伴交往能力的联系》,《心理学报》1995年第4期。

不到父母的情感支持，结果就会出现更强的不适应。在某初中女生自杀事件中，孩子在遗书中写道："你们爱的不是我，爱的是那个为你们拿第一名，是让你们有面子的我。"因自己写作业慢或考试成绩不理想而遭受父母的暴力对待和语言侮辱，这个不堪重负的孩子最终纵身一跃结束了自己的豆蔻年华。日本文部科学省数据显示，2020年日本累计自杀儿童总数为499人，主要为中小学生和高中生，比前一年增加了100人，是自1978年日本开始统计该数据以来人数最多的一年。① 一个个触目惊心的数字，一条条鲜活的生命，都应该让父母和研究人员深刻反思。②

二 依恋与童年虐待的关系

从依恋角度来说，童年遭遇的创伤越多，其成年后依恋量表总分越低。遭受过情感虐待、躯体忽视和性虐待的儿童会显著减少与他人的依恋和亲近，更难与他人建立亲密关系，其中遭受过躯体忽视和性虐待的儿童在成长过程中，尤其是在与他人建立亲密关系时会感觉到明显的焦虑和不安。在对亲密关系的研究中发现，与未经历童年创伤的个体相比，童年经历过虐待的被试亲密恐惧水平显著偏高，对遗弃的恐惧最为显著，童年创伤经历通常会破坏个体的自我感、信任他人的能力和建立亲密关系的能力，这些人即使获得社会性成功，也仍难以建立信任和形成依恋，无法建立健康的亲密关系。③

受虐儿童比非受虐儿童更容易产生不安全的依恋，这类依恋往往属于回避型、焦虑型或紊乱型。不安全依恋型的儿童更难亲近社会，受虐的经历不仅使儿童难以获得和父母间的亲密关系，也难以在成长过程中

---

① 中国青年网微博：《日本2020年499名儿童自杀 为有统计数据以来年度最多》，2021年6月26日，https://baijiahao.baidu.com/s?id=1703595941061289626&wfr=spider&for=pc，2022年8月26日。
② 刘文、刘方、陈亮：《心理虐待对儿童认知情绪调节策略的影响：人格特质的中介作用》，《心理科学》2018年第1期。
③ Cohen, E., Dekel, R., Solomon, Z., et al., "Posttraumatic Stress Symptoms and Fear of Intimacy Among Treated and Non-treated Survivors Who were Children during the Holocaust", *Social psychiatry and psychiatric epidemiology*, Vol. 38, No. 11, 2003, p. 611.

发展良好的人际关系。① 每一个刚出生的婴儿都会对外界充满恐惧和焦虑，为了消除焦虑，他们会去寻找能够给自己安全感的人，即依恋对象。如果依恋对象给他们带来恐惧的体验，个体就会陷入无限的焦虑之中，一边渴望接近依恋对象获得安全感和温暖，一边又害怕来自依恋对象的恐惧，因此只能逃避与依恋对象接触。久而久之，孩子就会逐渐发展自己的独立性，逃避来自父母的恐惧和伤害，然而此时父母会认为孩子已经不再需要自己了，不再对孩子提供温暖的呵护，导致父母与孩子之间的关系越来越冷漠，更难形成安全型的依恋关系，结果虐童事件在所难免。②

基于以上分析，本书以403名大学生为研究对象，调查童年期受虐经历与依恋的关系。调查数据显示，在403名大学生当中，共有40名学生的依恋关系为安全型、237名学生的依恋类型为恐惧型、126名学生的依恋类型为专注型。单因素方差分析结果表明，除了性虐待在三种依恋类型的大学生身上得分边缘差异（$0.05 < p < 0.1$）以外，其他童年虐待和忽视上的得分在三种依恋类型的大学生身上差异均显著（$p < 0.05$），具体结果见表4-3-1。

表4-3-1 童年期受虐待各维度得分在成年期不同依恋类型上的差异分析

虐待类型	依恋类型	均值	标准差	标准误	F	p	事后比较
性虐待	1 安全型	5.55	1.47	0.23	2.58	0.077	—
	2 恐惧型	6.36	3.19	0.21			
	3 专注型	5.79	2.26	0.20			
躯体虐待	1 安全型	5.60	1.22	0.19	3.69	0.026	2>1, 2>3
	2 恐惧型	6.68	3.47	0.23			
	3 专注型	5.98	2.31	0.21			
情感虐待	1 安全型	6.35	1.70	0.27	7.42	0.001	2>1, 2>3
	2 恐惧型	8.41	3.83	0.25			
	3 专注型	7.52	3.100	0.28			

① 陆芳：《受虐儿童社会情绪能力发展的研究述评》，《中国特殊教育》2016年第5期。
② 张智辉：《家暴受虐儿童的社会工作介入》，《社会福利》（理论版）2015年第9期。

续表

虐待类型	依恋类型	均值	标准差	标准误	F	p	事后比较
躯体忽视	1 安全型	8.50	3.31	0.52			
	2 恐惧型	11.00	4.06	0.26	13.83	0.000	2>1, 2>3
	3 专注型	9.15	3.53	0.31			
情感忽视	1 安全型	6.70	2.22	0.35			
	2 恐惧型	8.63	3.48	0.23	8.21	0.000	2>1, 2>3
	3 专注型	7.60	3.16	0.28			

为了更直观地了解童年期心理虐待和成年期依恋质量的关系，本书又对两者之间进行了相关分析，结果见表4-3-2。从表4-3-2可知，童年期性虐待、躯体虐待、情感虐待、躯体忽视和情感忽视得分越高，成年期的回避—亲近维度得分、焦虑—安全维度得分也越高，表明童年期受虐待水平越高，成年期的依恋质量越差。

表4-3-2　　　童年期受虐待各维度与成年期依恋质量
各维度之间的相关

	性虐待	躯体虐待	情感虐待	躯体忽视	情感忽视
回避—亲近	0.172***	0.181***	0.260***	0.250***	0.335***
焦虑—安全	0.201***	0.174***	0.332***	0.157**	0.115*

为探讨童年期不同受虐经历对依恋质量的重要性，通过多元回归分析不同受虐维度得分对依恋回避—亲近维度得分、焦虑—安全维度得分的预测作用的大小，结果如表4-3-3所示。由表4-3-3可知，当童年期不同受虐经历同时预测回避—亲近维度得分时，仅有情感忽视具有显著的预测作用（$\beta=0.28$，$p<0.001$），当童年期不同受虐经历同时预测焦虑—安全维度得分时，仅有情感虐待具有显著的预测作用（$\beta=0.43$，$p<0.001$）。多元分析的结果表明，童年期情感虐待和情感忽视对成年期依恋质量的预测作用较大，所以在童年期应当尤其重视教养行为中对儿童的温暖关爱和积极响应，避免对儿童情感的忽视和虐待。

表4-3-3 童年期受虐待各维度得分对成年期依恋质量的多元回归分析

预测变量	自变量	B	标准误	β	t	p
回避—亲近	常量	2.70	0.12	—	22.33	0.000
	性虐待	0.02	0.02	0.07	1.03	0.305
	躯体虐待	-0.00	0.02	-0.02	-0.23	0.816
	情感虐待	0.02	0.02	0.08	1.12	0.263
	躯体忽视	0.00	0.02	0.00	0.02	0.986
	情感忽视	0.06	0.01	0.28	4.34	0.000
焦虑—安全	常量	3.57	0.13	—	26.51	0.000
	性虐待	0.01	0.02	0.02	0.34	0.733
	躯体虐待	-0.04	0.02	-0.13	-1.69	0.091
	情感虐待	0.11	0.02	0.43	5.76	0.000
	躯体忽视	0.01	0.02	0.03	0.43	0.668
	情感忽视	-0.02	0.01	-0.08	-1.27	0.205

三 依恋的中介作用

童年期虐待会导致不安全型依恋，不安全的依恋关系又会进一步导致成年期的情绪问题行为。[①] 因此，本书拟检验依恋在童年期受虐待和大学生抑郁水平之间是否存在中介作用，在控制被试的性别、籍贯、年级、家庭类型、父母关系、父亲学历情况以及母亲学历情况后，用层级回归分析方法进行检验，结果如表4-3-4所示。

表4-3-4 回避—依恋得分在儿童期虐待和抑郁之间的中介作用检验

	模型一	模型二	模型三
控制变量			
性别	0.04	0.11	0.01
籍贯	0.01	0.03	-0.00

---

① Crow, T., Cross, D., Powers, A., Bradley, B., "Emotion Dysregulation as a Mediator between Childhood Emotional Abuse and Current Depression in a Low-income African-American Sample", *Child Abuse & Neglect*, Vol. 38, No. 10, 2014, p. 1590.

续表

	模型一	模型二	模型三
年级	0.11	0.00	0.10
家庭类型	0.01	-0.02	0.02
父母关系	-0.01	0.00	-0.01
父亲文化程度	0.09	0.10	0.06
母亲文化程度	-0.08	-0.08	-0.06
自变量			
童年期虐待	0.45***	0.33***	0.35***
中介变量			
回避—依恋			0.32***
R^2	0.22	0.12	0.31
调整后的 R^2	0.20	0.10	0.29
F	13.51***	6.69***	19.15***

由表4-3-4可知，模型一显示，控制个人背景信息后，将儿童期虐待作为自变量，抑郁作为因变量，儿童期虐待显著影响抑郁（$\beta = 0.45$，$p < 0.001$），调整后的 R^2 值为0.20，即模型中可解释方差占总方差的20%，表明童年期虐待可显著预测成年期的抑郁水平。模型二在控制个人背景信息后，将童年期虐待作为自变量，回避—依恋得分作为因变量，童年期虐待可显著预测回避—依恋维度得分（$\beta = 0.33$，$p < 0.001$），调整后的 R^2 值为0.10，即模型中可解释方差占总方差的10%，说明童年期虐待与回避—依恋显著相关。模型三在控制个人背景信息后，发现童年期虐待正向影响抑郁（$\beta = 0.35$，$p < 0.001$），回避—依恋得分正向影响抑郁（$\beta = 0.32$，$p < 0.001$），调整后的 R^2 值为0.29，表明回避—依恋得分在童年期虐待总分预测抑郁得分过程中发挥了部分中介作用。

同样，为检验焦虑—安全得分在童期虐待预测抑郁水平过程中是否存在中介作用，研究控制了性别、籍贯、年级、家庭类型、父母关系、父亲学历情况以及母亲学历情况变量，以童年期虐待得分作为自变量，焦虑—安全得分作为中介变量，抑郁作为因变量，用层级回归分析的方法对假设进行检验，结果如表4-3-5所示。

表4-3-5 焦虑—安全得分在童年期虐待预测抑郁过程中的中介作用检验

	模型一	模型二	模型三
控制变量			
性别	0.04	-0.06	0.05
籍贯	0.01	-0.01	0.01
年级	0.11	0.01	-0.10
家庭类型	0.01	-0.06	0.02
父母关系	-0.01	0.07	-0.02
父亲文化程度	0.09	-0.02	0.09
母亲文化程度	-0.08	-0.05	-0.07
自变量			
儿童期虐待	0.45***	0.21***	0.42***
中介变量			
焦虑—安全			0.18***
R^2	0.22	0.08	0.25
调整后的R^2	0.20	0.06	0.23
F	13.51***	4.18***	14.26***

由表4-3-5可知，模型一显示，控制个人背景信息后，将儿童期虐待作为自变量，抑郁作为因变量，儿童期虐待显著影响抑郁（$\beta=0.45$，$p<0.001$），调整后的R^2值为0.20，即模型中可解释方差占总方差的20%，表明童年期虐待可显著预测成年期的抑郁水平。模型二在控制个人背景信息后，将童年期虐待作为自变量，焦虑—安全得分作为因变量，童年期虐待可显著影响焦虑—安全维度得分（$\beta=0.21$，$p<0.001$），调整后的R^2值为0.06，即模型中可解释方差占总方差的6%，说明童年期虐待与焦虑—安全得分显著相关。模型三在控制个人背景信息后，发现童年期虐待正向影响抑郁（$\beta=0.42$，$p<0.001$），焦虑—安全得分正向预测抑郁（$\beta=0.18$，$p<0.001$），调整后的R^2值为0.23，即模型中可解释方差占总方差的23%，表明焦虑—安全得分在童年期虐待总分预测抑郁得分过程中发挥了部分中介作用。

第五章 受虐儿童的自尊发展

第一节 自尊发展概述

一 自尊概念

美国心理学家詹姆斯在《心理学原理》中首次提出自尊的概念,他认为自尊是个人感知自己雄心壮志的程度,并提出著名的自尊公式,即自尊=成功/抱负,其中抱负是指个人的内在模式,是个体希望实现的目标,强调个人对自己的看法。[1] 自尊体现了主体自我对"我"的尊重态度,通过对"现在或过去的我"的存在价值或基本生存能力的认识,或"未来我"将具有这种特征的信念来实现,主要成分是自我喜欢。然而也有学者认为,自尊不仅仅局限于个体对自身的评价,还包括了许多外界因素,自尊是个体形成对自我认可的评价,并且要求外部范围能够认同自己的评价。[2] 阿德勒在撰写《自卑与超越》时提出的新观点认为,自卑往往是在这种追求补偿和优越过程中与他人产生比较后所出现的情绪。在他们自己看来,自尊的成分分析不仅是一个自我管理评价,还包括社会交往中所产生的种种问题比较与评价,尽管自

---

[1] James, W., *The principles of psychology*, Cambridge, MA: Harvard University Press, 1983, p. 296.
[2] Greger, H. K., Myhre, A. K., Lydersen, S., "Child Maltreatment and Quality of Life: a Study of Adolescents in Residential Care", *Health Quality of Life Outcomes*, Vol. 14, No. 4, 2016, p. 74.

尊大多数时候是社会比较的结果,但是也不能肯定自尊具有社会比较意义。

自尊的概念主要是个人自我价值和自我认知情感成就的意义。在自我系统中具有某种情感成就的意义,这个概念可以理解为以下几个方面:首先,自尊作为个体经验中的个人评价,是个体的自我评价而不是通过他人对自己进行评价,以及自尊所指向的对象是个体自身而不是他人;其次,自尊具有能力和价值维度,即真正的自尊应该是个体既具有能力感,又具有价值感,二者缺一不可,在这里,自尊也是自我内容的情感组成部分,这主要是自我评价形成的情感体验。然而从现实角度看,人是具有七情六欲的生物,是群居动物,离不开社会交往,但凡与人交往,总会受到各种各样的评价,个体会因为好的评价而感到愉悦,也会因为不好的评价而心情烦闷,甚至产生自卑的情绪,影响个人的自尊程度,所以在研究中,自尊是由自我管理评价与他人进行评价共同影响而产生的一种对自我实现总体满意程度的体现。

二 自尊的结构

人人都是一面镜子,彼此映照着对方。美国学者查尔斯·霍顿·库利认为通过增加"镜像过程"能够形成孩子的自豪感,并且能够通过他人的态度来测量和评估个体的自豪感。[1] 米德认为,孩子在想象和概括他人看待自己的方式的基础上培养自尊。[2] 父母的爱以及适当的认可和鼓励可以促进儿童早期自尊培养,因为自尊在某种程度上可以缓解所谓的"基本焦虑"。个体自尊的发展受外部因素的影响,他人的态度、评价、看法、行为都影响个体的自尊;然而个体自身的态度与调节能力对自尊也有很大的影响,每个人都会被他人评价,评价中有好有坏,但是自尊程度却各有不同。本书意在找出一些已有研究中较少涉及的影响

---

[1] [美]查尔斯·霍顿·库利:《人类本性与社会秩序》,包凡一、王源译,华夏出版社1989年版,第94页。
[2] [美]乔治·H.米德:《心灵、自我与社会》,赵月瑟译,上海译文出版社2005年版,第64页。

个体自尊发展的内部因素。

对于自尊的结构研究，不同的学者关注角度不同。张静对一维结构模型、二维结构模型、三维结构模型、四维结构模型以及多维结构模型进行分析比较后认为：自尊的主要成分是自我效能（胜任）和自我悦纳（自爱）。① 魏运华在对自尊结构的专家系统模型和儿童学习模型分析的基础上，整合出一个自尊结构模型，即自尊是由外表、体育运动、能力、成就感、纪律、公德与助人等六个因素共同影响的。② 张向葵在信息处理方面构建了一个包括潜在自尊、社会自尊和元自尊的金字塔模型。③ 黄希庭将学生自我价值感分为总体发展自我实现价值感、一般自我价值感以及其他一些特殊自我价值感。④ 综上所述，自尊包含了许多不同的元素，本书研究中更倾向于学者张静关于"自我效能或自我胜任和自我悦纳或自爱"的说法，即自尊是由个人达到目标的行为和能力程度与他人和社会对个体的赞同、接受程度共同构成。

第二节 受虐儿童的自尊发展及其对健康的影响

一 研究方法

（一）研究对象

为揭示童年期受虐待、大学生自尊与攻击性的联系，以高校大学生为调查对象进行研究，通过网络途径发放问卷总计420份，去除无效问卷17份，共得403份，有效率为95.95%。

（二）研究程序

对与主题相关的文献整理进行综述，确定合适的施测问卷，选取南

---

① 张静：《自尊问题研究综述》，《南京航空航天大学学报》（社会科学版）2002年第2期。
② 魏运华：《自尊的结构模型及儿童自尊量表的编制》，《心理发展与教育》1997年第3期。
③ 张向葵：《关于自尊结构模型的理论结构》，《心理科学》2004年第4期。
④ 黄希庭：《青年学生自我价值感量表的编制》，《心理科学》1998年第4期。

京市的几所大学，发放问卷，回收数据，按一定原则筛选后得出有效问卷，编码后在SPSS上对数据进行整理和初步分析。讨论和分析童年期受虐待、大学生攻击性与自尊的基本现状，研究三个变量以及三个变量各维度之间是否存在相关，运用中介效应检验程序检验自尊是否为童年期受虐与大学生攻击性之间的中介变量。

（三）研究工具

自尊量表总共有10道题。为了更符合中国大学生的情况，根据田录梅学者的建议，删去一题。每个条目有四级，分别是完全不同意、不同意、同意、完全同意，分数为1—4。分数高，自尊程度就高。

攻击性量表最早由国外学者编制，后经刘俊升等人修订，得到20道题的中文版，更加适合对中国青少年进行测量。该量表中有四个因子，分别是身体攻击、替代攻击、敌意和愤怒。每个条目有五级，分别是非常不符合、比较不符合、不确定、比较符合、非常符合，分数为1—5，分数越低证明攻击性越低。

二 研究结果

（一）大学生童年期受虐待、攻击性与自尊的现状分析

1. 童年期受虐待状况及其各维度在性别上的差异分析

对大学生童年期受虐待的总体状况进行描述统计，并对虐待及其各维度的得分在性别上是否存在差异进行检验，结果如表5-2-1所示。大学生在童年期虐待问卷量表上分数均值为43.95，标准差为13.40，其中最小值为28，最大值为133，性虐待、情感忽视、躯体忽视、情感虐待、躯体虐待五个因子的分数均值分别为5.66、9.76、7.87、7.09、5.93。

大学生在躯体虐待这一个维度上存在显著的性别差异，具体表现为男生在16岁之前受到的躯体虐待显著高于女生（$t=2.21$，$p=0.029<0.05$）；而在其他维度上，大学生在性别不同上的分数不是很明显。

表 5-2-1　大学生童年期受虐的总体情况与各个维度在性别上分数差异

	总体			性别			
	M+SD	Min	Max	男	女	t	p
虐待	43.95±13.40	28	133	46.86±17.61	42.37±10.21	1.81	0.073
性虐待	5.66±2.40	5	25	6.23±3.79	5.35±0.98	1.98	0.05
情感忽视	9.76±4.03	5	25	10.27±4.56	9.48±3.71	1.05	0.296
躯体忽视	7.87±3.30	5	25	8.43±3.77	7.57±2.99	1.4	0.162
情感虐待	7.09±2.89	5	22	7.48±3.53	6.88±2.48	1.11	0.269
躯体虐待	5.93±2.17	5	21	6.50±2.98	5.62±1.50	2.21	0.029

2. 童年期虐待状况在地域方面的差异分析

对户籍地不同的大学生得分进行方差分析研究发现江苏省各地区的虐待总分存在显著差异（$F=2.32$，$p<0.05$）；在江苏省 14 个市的比较中发现，常州的虐待分值最高，降序排列分别为常州、徐州、扬州、宿迁、连云港、南通、镇江、无锡、苏州、盐城、淮安、泰州以及南京，苏北地区的虐待程度较苏中和苏南地区高，江苏省内各地区虐待程度较省外高（表 5-2-2）。

表 5-2-2　　大学生童年期受虐状况的地区差异

虐待	人数	均值	标准差	极小值	极大值
南京	52	1.423	0.30	1	2.16
苏州	52	1.489	0.54	1	3.44
无锡	19	1.573	0.65	1	3.08
扬州	17	1.678	0.52	1.04	2.84
徐州	13	1.769	0.70	1.08	3.32
常州	18	1.962	0.82	1.24	3.76
南通	20	1.632	0.61	1	3.52
连云港	38	1.634	0.61	1	3.36
盐城	18	1.473	0.44	1	2.68
淮安	39	1.438	0.37	1	2.4
镇江	29	1.590	0.49	1	3.12
泰州	25	1.424	0.32	1	2.24
宿迁	32	1.678	0.60	1	3.12

续表

虐待	人数	均值	标准差	极小值	极大值
其他省外地区	31	1.377	0.35	1	2.44
总数	403	1.547	0.52	1	3.76

3. 大学生攻击性总体状况及其各维度在性别上的差异分析

通过归纳分析大学生攻击性的整体情况与各个维度在性别上的分数差异得到表5－2－3。攻击性总分数的平均数为47.93，标准差为15.79，最低值为20，最高值为100，敌意、愤怒、身体攻击、替代攻击各维度的均值分别为15.46、11.14、14.56、6.77。

表5－2－3 童年期受虐大学生在攻击性上整体情况与各个维度在性别上的分数差异

	总体			性别			
	M±SD	Min	Max	男	女	t	p
攻击性	47.93±15.79	20	100	50.73±16.01	46.41±15.56	1.47	0.145
敌意	15.46±5.40	6	30	15.55±5.73	15.41±5.24	0.14	0.892
愤怒	11.14±5.03	5	25	10.86±4.68	11.30±5.23	−0.46	0.648
身体攻击	14.56±5.29	6	30	16.98±5.43	13.25±4.74	3.99	0.000
替代攻击	6.77±2.64	3	15	7.34±2.76	6.46±2.53	1.81	0.073

大学生群体在身体攻击上存在明显的性别的差异，女生明显比男生低（$t=3.99$，$p<0.01$），并且这个差异拥有统计学的意义。大学生的性别差异在其他维度的表现上，分数的差异不是很明显。

4. 大学生的自尊水平总体状况及其在性别上的差异分析

对大学生自尊水平总体状况及其在性别上是否存在差异进行统计分析后的结果如表5－2－4所示。大学生的自尊总分均值为27.11，标准差为4.04，最低分为18，最高分为36。

表5－2－4 童年期受虐大学生自尊水平总体状况及其在性别上的得分差异

	总体			性别			
	M±SD	Min	Max	男	女	t	p
自尊	27.11±4.04	18	36	26.86±4.31	27.25±3.91	−0.51	0.615

男生自尊的均分为 26.86，女生自尊的均分为 27.25。$t = -0.51$，$p = 0.615 < 0.05$，由此可见，不同性别大学生的自尊得分并不存在显著差异。

(二) 大学生童年期受虐、攻击性与自尊的相关分析

1. 大学生童年期受虐待与攻击性的相关分析

对大学生童年期虐待和攻击性及其各维度之间进行相关分析，结果如表5-2-5所示。大学生童年期虐待与攻击性之间存在极其显著的正相关。并且，童年期虐待中性虐待、情感忽视、躯体忽视、情感虐待、躯体虐待五个维度与攻击性中敌意、愤怒、身体攻击、替代攻击四个维度都显著正相关。

表5-2-5　大学生童年期受虐与攻击性及其各维度之间的相关分析

	攻击性	敌意	愤怒	替代攻击	身体攻击
虐待	0.502**	0.509**	0.397**	0.434**	0.387**
性虐待	0.329**	0.294**	0.229*	0.363**	0.283**
情感忽视	0.289**	0.312**	0.238**	0.243**	0.197*
躯体忽视	0.268**	0.285**	0.202*	0.225*	0.206*
情感虐待	0.550**	0.548**	0.447**	0.415**	0.415**
躯体虐待	0.479**	0.413**	0.360**	0.396**	0.468**

2. 大学生童年期受虐待与自尊的相关分析

对大学生童年期虐待及其各维度与自尊进行相关分析，结果如表5-2-6所示，大学生童年期受虐待与自尊水平呈显著负相关，童年期虐待中情感忽视、躯体忽视、情感虐待与自尊存在极其显著的负相关，躯体虐待与自尊存在显著负相关，而童年期虐待中的性虐待与自尊相关不显著。

表5-2-6　大学生童年期受虐待及其各维度与自尊的相关分析

	虐待	性虐待	情感忽视	躯体忽视	情感虐待	躯体虐待
自尊	-0.356**	-0.034	-0.361**	-0.265**	-0.329**	-0.203*

3. 大学生攻击性与自尊的相关分析

对大学生攻击性及其各维度与自尊进行相关分析，结果如表5-2-7

所示，大学生攻击性与自尊水平呈极其显著负相关（p<0.01），大学生攻击性中敌意、愤怒、替代攻击均与自尊呈极其显著负相关，身体攻击与自尊呈显著负相关。

表5-2-7　　　　大学生攻击性及其各维度与自尊的相关分析

	攻击性	敌意	愤怒	身体攻击	替代攻击
自尊	-0.345**	-0.381**	-0.312**	-0.206*	-0.277**

（三）大学生童年期受虐待、攻击性、自尊的回归分析

1. 攻击性对童年期虐待的回归分析

将大学生童年期受虐待的总分作为自变量，大学生攻击性的总分作为因变量，进行一元线性回归分析（Enter法），结果如表5-2-8所示。

表5-2-8　　　　攻击性对大学生童年期虐待的回归分析

自变量	因变量	R	R^2	F	B	SE	β	t	p
童年期虐待总分	攻击性总分	0.502	0.252	41.482**	0.592	0.092	0.502	6.441	0.000

通过一元线性回归分析得出以下结果：童年期虐待水平能够显著正向预测大学生攻击性的状况（$\beta=0.592$，$p=0.000<0.01$），决定系数 $R^2=0.252$ 表示童年期虐待能够解释大学生攻击性变量变异的25.2%（$F=41.482$，$p=0.000$）。

2. 自尊对童年期虐待的回归分析

将大学生童年期虐待的得分作为自变量，大学生自尊的总分作为因变量，进行一元线性回归分析（Enter法），结果如表5-2-9所示。

表5-2-9　　　　自尊对大学生童年期虐待的回归分析

自变量	因变量	R	R^2	F	B	SE	β	t	p
童年期虐待总分	自尊总分	0.356	0.127	17.902**	-0.108	0.025	-0.356	-4.231	0.000

通过一元线性回归分析得出以下结果：童年期虐待水平能够显著预测大学生自尊的状况（$\beta=-0.108$，$p=0.000<0.01$），决定系数 $R^2=0.127$ 表示童年期虐待能够解释大学生自尊变量变异的12.7%（$F=17.902$，$p=0.000$）。

3. 大学生攻击性对自尊的回归分析

将大学生自尊的得分作为自变量，大学生攻击性的总分作为因变量，进行一元线性回归分析（Enter 法），结果如表 5-2-10 所示。

表 5-2-10　　　　　攻击性对自尊的回归分析

自变量	因变量	R	R^2	F	B	SE	β	t	p
自尊总分	攻击性总分	0.345	0.119	16.578**	-1.346	0.0331	-0.345	-4.072	0.000

通过一元线性回归分析得出以下结果：大学生自尊能够显著预测大学生攻击性的状况（$\beta = -1.346$，$p = 0.000 < 0.01$），决定系数 $R^2 = 0.119$ 表示大学生自尊水平能够解释大学生攻击性变量变异的 11.9%（$F = 16.578$，$p = 0.000$）。

4. 大学生童年期虐待、攻击性与自尊的回归分析

将大学生自尊得分、童年期虐待得分作为自变量，大学生攻击性的总分作为因变量，进行多元线性回归分析（Enter 法），结果如表 5-2-11 所示。

表 5-2-11　　大学生童年期虐待、攻击性与自尊的回归分析

自变量	因变量	R	R^2	F	B	SE	β	t	p
自尊总分	攻击性总分	0.533	0.284	24.151**	-0.741	0.320	-0.190	-2.313	0.022
虐待总分					0.512	0.097	0.435	5.299	0.000

通过多元线性回归分析得出以下结果：回归模型的整体性统计检验达到显著水平（$F = 24.151$，$p = 0.000$），童年期虐待、自尊这两个自变量与大学生攻击性的多元相关系数为 0.533，决定系数 $R^2 = 0.284$，表示童年期受虐待与自尊能够共同解释大学生攻击性变量变异的 28.4%。

（四）自尊在大学生童年期受虐待与攻击性关系中的中介作用

温忠麟、张雷、侯杰泰等人提出的中介效应检验程序具体步骤为：首先对自变量（X）和因变量（Y）进行回归分析，回归系数 c 应显著，否则停止中介效应分析；然后对自变量（X）和中介变量（M）进行回归分析，得到回归系数 a，并对中介变量和因变量进行回归分析，得到回归系数 b，如果 a，b 都显著，则直接进入第三步，否则需做 Sobel 检验；最后，自变量和中介变量同时与因变量进行回归分析，若自变量与因变量之间的回归系数 c′显著，中介变量具有部分中介效应，否则中介变量具有完全中介效应。[1]

根据这个中介效应检验程序，依次进行童年期受虐待（X）与大学生攻击性（Y）的回归分析，童年期受虐待（X）和大学生自尊（M）的回归分析，童年期受虐待（X）、大学生攻击性（Y）和大学生自尊（M）的回归分析。自尊的中介效应检验结果如表 5 - 2 - 12 所示。

表 5 - 2 - 12　　　　　　　　自尊中介效应的检验

标准化回归方程			回归系数检验
第一步	y = 0.502x	SE = 0.092	t = 6.441**
第二步	m = -0.356x	SE = 0.025	t = -4.231**
第三步	y = -0.190m	SE = 0.320	t = -2.313*
	+ 0.435x	SE = 0.097	t = 5.299**

表中前三次对回归系数的检验都显著，所以自尊的中介效应显著，由于第 4 个 t 检验也有统计学意义，所以自尊起到部分中介作用。当自尊进入回归方程后，童年期虐待对大学生攻击性的影响系数从 0.502 下降到 0.435，自尊在童年期虐待、大学生攻击性之间的中介效应占总效应的比例为 -0.356 × -0.190/0.502 = 13.47%。路径图见图 5 - 2 - 1。

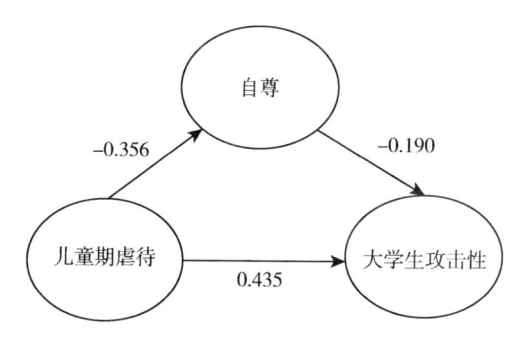

图 5 - 2 - 1　自尊在儿童期受虐待与大学生攻击性间的部分中介模型

---

[1] 温忠麟、张雷、候杰泰：《有中介的调节变量和有调节的中介变量》，《心理学报》2016 年第 3 期。

三　结论与分析

（一）童年期受虐现状分析

调查显示，童年期有过受虐待经历的大学生不是少数，在本次研究对象中，甚至出现了一位大学生虐待分数高达133分，这表明大学生群体中存在着受虐待程度较高的人群，儿童虐待仍然是一个严重的社会问题。在以往学者的研究中，躯体虐待是发生率较高的一种虐待，但在本次的研究中均分最高的是情感忽视，而躯体虐待的均分最低。导致这种现象的原因有以下两点：第一，研究的对象不同，本次研究主要面向的是南京市"95后"大学生，随着社会的进步，家长受教育的水平也在不断提高，家长认识到躯体虐待是一种错误的管教方式，也认识到这种行为对儿童造成的严重伤害，所以对儿童躯体上的虐待概率也在降低；第二，儿童本身更加渴望情感和心理上的照顾，家长的陪伴与情感的沟通对儿童发展来说更为重要，家长是孩子人生最初的老师，许多家长对于儿童的教养，依旧停留在只要吃饱穿暖的阶段，忽视儿童在情感方面的需求，儿童其实更需要精神和情感上的交流，家长只在身体上照顾是远远不够的。

研究结果发现，在不同性别中，躯体虐待存在显著差异，且男生的虐待总分均分比女生略高，这或许是因为男生天性调皮好动，在教养过程中家长为了约束男生的某些行为，采取了一些较为严厉的身体惩罚措施，家长自身并没有意识到这样的惩罚会给孩子带来心理上的伤害；女生则更多地偏向于文静、害羞和乖巧，并且在中国传统的家庭教养观念中，女性是弱势群体，女孩子是需要呵护和保护的，家长对女孩的教养方式会比较温柔，也会较多地考虑女孩的心理感受。

本次研究中，大学生攻击性总分的均值为47.93分，处于一个中等水平。最高分100分，最低分20分，这个结果说明不同个体之间攻击性水平存在很大差异。将男生与女生相比较，女生的攻击性总分、身体攻击的均分略低于男生，男生的愤怒均分略低于女生，并且男生与女生之间在身体攻击上存在显著差异。男生在身体发育、力量上都比女生强得多，且男生的性格比较容易冲动，在躯体上经常会与别人出现一些冲突；女生则会比较感性一些，对很多事情的态度会通过情绪表现，而不会通过力量展示出来，相比较之下，女生遇到事情会更加容易愤怒，一般会情绪化地处理冲突事件。

大学生的自尊得分均分为 27.11 分，最高分 36 分，最低分 18 分。在本次调查中，大学生自尊水平普遍较高，这可能是调查地区和对象不同的缘故。高自尊的大学生较多，甚至存在五个满分，这可能与大学生所受的素质教育有关，在素质教育的大背景下，大学生从儿童时期就受到良好的教育，各方面全面发展，良好的教育能够帮助个体认清自己，树立较好的自尊。男生与女生在自尊上没有显著差异，所以在自尊的发展过程中，更多是与个体本身的所处环境、个性、同伴等因素相关，与性别关系不大。

（二）童年期受虐待、攻击性与自尊的关系

本书首先分析了大学生童年期受虐待与攻击性的关系，这两个变量之间存在显著的正相关，这说明童年期受虐程度高，大学生攻击性就可能越高，童年期受虐待的经历会影响成年以后的攻击性水平。家长在日常生活中自认为很平常的行为都可能会给儿童带来伤害和不良影响，儿童在家庭中有过受虐待的经历，会渐渐对家庭产生悲伤、冷漠、憎恨等负面情绪，从而影响儿童的社会性发展，儿童也会对周围环境中的人或事物产生消极心理，从而形成高攻击性。

接下来分析大学生童年期受虐待与自尊的关系。童年期虐待的情况越严重，大学生的自尊水平就越低，自尊水平还会受到身体虐待、情感虐待、身体忽视与情感忽视等方面的影响，但是性虐待对自尊水平的影响不明显，原因可能是本次研究对象中较少有受到性虐待的个体，样本数量可能不足，或者是在填写问卷的过程中，由于性虐待话题比较敏感，参与调查的人避而不谈。当童年期有受虐待经历时，个体的身心都受到严重挫折，会认为别人在否定自己，在周围的成人甚至是曾经当过榜样的家长或老师都在否定个体时，个体就很难拥有比较好的自我认知，渐渐地产生自卑心理，从而形成低自尊；而童年比较幸福快乐的大学生，身心健康全面发展，经常受到周围成人的肯定与赞赏，从而对自己有比较良好和清楚的认知,一般会形成高自尊。

对大学生的攻击性与自尊水平两者间的联系进行比较后发现,攻击性越高,自尊水平越低,并且自尊水平也能够较好预测大学生攻击性的状况,当大学生高自尊时,攻击性会降低,当人拥有高自尊时,会更加肯定自己的价值,同时也会更加注意与周围人的交往,攻击性水平也随之降低。高自尊很多时候能够让个体清楚自己某些行为的后果,从而进行判断,攻击性行为也会大大减少;低自尊对自我否定,对周围人存在消极的交往态度,很容易形成较高的攻击性水平。

最后,本书通过中介效应检验模型研究了大学生童年期受虐待、攻击性与自尊这三者的关系,结果显示,大学生的攻击性与儿童时期遭到虐待情况两者间的中介作用非常显著,这说明大学生的攻击性情况能够通过童年期遭受虐待的情况计算出来,也能够通过大学生自尊水平达到间接预测。如果个体童年受到虐待,自我的价值得不到外界的认同和肯定,成年以后容易形成低自尊,在这样的人格特质影响下,个体的认知与行为会出现一些问题,容易产生消极的情绪,从而攻击性增强。自尊作为部分中介变量影响个体的攻击性水平,家庭、学校、社会等可以通过各种途径提高个体的自尊水平,从而降低个体的攻击性。

第六章 受虐儿童的心理弹性

第一节 心理弹性概述

一 心理弹性的概念

一部分儿童期遭受虐待的成年人没有或者很少表现出负面影响,这种现象通常被称为"心理弹性"。心理弹性是人们面对心理压力的"缓冲机制",在遭遇压力和挫折的事件中,个体会产生消极的情绪反应,同时也会表现出积极的情绪变化,个体依靠这些积极的情绪反应,充分利用内外资源应对和适应压力,在面临困难时不被压倒和自我崩溃,能够像弹簧一样承受压力并从压力中恢复,获得良好的自我发展能力。[1]

对心理弹性的系统研究始于20世纪70年代,在此之前,学者们主要研究创伤和压力对个人和家庭的功能以及发展的影响,研究重点集中在逆境的负面后果上,出现了有关逆境对个体心理健康影响的临床科学,旨在了解心理健康问题的起源和病因。[2] 这些研究者认为,由于家庭遗传、遭受创伤或贫穷等因素,"处于危险之中"的年轻人在适应功

---

[1] Holmes, M. R., Yoon, S., Voith, L. A., Kobulsky, J. M., Steigerwald, S., "Resilience in Physically Abused Children: Protective Factors for Aggression", *Behavioral Sciences*, Vol. 67, No. 4, 2015, p. 176.

[2] Masten, A. S., "Ordinary Magic: Resilience Processes in Development", *American Psychologist*, Vol. 56, No. 2, 2001, p. 227.

能和生命历程方面表现出显著差异,对高危样本以及典型案例的研究表明,积极地应对压力和适应挫折有助于个体心理的健康发展,促进个体积极适应环境或减轻风险,逆境同样对个体的心理发展有重要作用。[1]研究发现,一些个体或家庭似乎更容易遭遇逆境,同时他们发现一些遭受类似创伤或家庭危机的个体或家庭比得到了更好保护的个体或家庭恢复得更好,起初这种现象被描述为"刀枪不入"或"抗压性",但最终学者们确定了"心理弹性"(resilience)一词,属于积极心理学的概念。早期关于心理弹性的研究专注于童年逆境的研究,随着时间的推移,逆境的类型被扩大到整个生命中的消极生活事件,包括养育不当、贫穷、无家可归、创伤事件、自然灾害、暴力、战争和身体疾病。[2]

对于心理弹性,出现过多种不同的翻译,有的学者将其翻译为"复原力""抗逆力"等。从根本上说,心理弹性指的是积极适应,或在经历逆境时保持或恢复心理健康的能力。心理弹性研究是跨学科研究,包括心理学、精神病学、社会学等,后来生物学和医学加入,尤其是遗传学、表观遗传学、内分泌学和神经科学。心理弹性的定义表现出多样化的特点,因为不同学者对心理弹性的关注点不同,对其定义也就有着不同的理解,但相互之间都有着某种联系,定义大致可以为三类。第一类,动态取向,心理弹性是指个体在遇到压力和挫折时,积极地建构资源来提高自己的适应能力的过程,心理弹性交互作用于危险因素,或者与危机因素相互协调和适应,这就决定了心理弹性不是一成不变的,而是一个动态的发展过程,心理弹性是个体面对压力情景的变化所表现出的变化和适应过程,是个体在社会经济背景下的内、外部因素相互作用变化的产物,它是个体对于重大生活逆境或重大灾祸的积极适应过程,

---

[1] Masten, A. S., "Risk and Resilience in the Educational Success of Homeless and Highly Mobile Children: Introduction to the Special Section", *Educational Researcher*, Vol. 41, No. 3, 2012, p. 363.

[2] Masten, A. S., Narayan, A. J., Silverman, W. K., Osofsky, J. D., *Children in War and Disaster. In Handbook of Child Psychology and Developmental Science*, Hoboken: Wiley, 2015, p. 1.

因此有学者将心理弹性定义为个体具有自身适应多变环境的行为倾向和从压力情境中恢复的能力。① 第二类，特质能力取向，心理弹性是个体应对在职场、社会、家庭中遇到的各种压力挫折或逆境的一种能力或特质，这种定义把心理弹性看作一种个人相对稳定的内在特征，包括自我韧性和应对效能，当个体面对压力情境时，他们有能力整合资源，获得家庭和社会的支持，调整心理状态应对环境压力的变化，迅速地从消极状态中恢复过来。② 第三类，结果取向，研究者将心理弹性定义为经历重大创伤后积极适应的结果，那些经历高危之后仍然适应良好的个体就是心理弹性比较好的，个体在压力、挫折等逆境下的恢复能力越快，心理弹性越好。③ 从概念上来看，虽然各个学者给出了不同的概念定义，但都在不同程度上体现了心理弹性的本质属性，共同之处是个体应对挫折、压力的能力良好。④

心理弹性的操作性定义可以分为三种观点。第一种观点认为，一个人具有心理弹性必须符合两个条件：一是要经历严重危险的打击，二是个体遭受打击后发展依然良好。此类研究多关注危险性因素的探究和适应良好的标准定义，倾向于心理弹性并非人群中普遍的现象而只存在于部分的少数人中。第二种观点事先有一个假设，即每个人的生活都充满危机风险，在这种假设下，个体只要能良好发展就可以被认为具有心理弹性，这种观点存在将危险和打击泛化的倾向。⑤ 第三种观点没有将危险因素的存在作为心理弹性的先决条件，而是把研究重点放在了心理弹性的保护性因素方面，认为保护性因素发展良好，个体就被认为具有高弹力，可以在困境中适应良好，这种观点认为心理弹性不是个别人所具

---

① Connor, K. M., Davidson, J. R., "Development of a New Resilience Scale: The Connor-davidson Resilience Scale (CDRISC)", *Depression and Anxiety*, Vol. 18, No. 2, 2006, p. 76.

② Luthar, S. S., Cicchetti, D., "The construct of Resilience: Implications for Interventions and Social Policies", *Development and Psychopathology*, Vol. 12, No. 1, 2000, p. 857.

③ Masten, A. S., "Ordinary Magic: Resilience Processes in Development", *American Psychologist*, Vol. 56, No. 2, 2001, p. 227.

④ 胡月琴、甘怡群：《青少年心理韧性量表的编制和效度验证》，《心理学报》2008 年第 8 期。

⑤ Tusaie, K., Dyer, J., "Resilience: A Historical Review of the Construct", *Holistic Nursing Practice*, Vol. 18, No. 1, 2004, p. 3.

有的，而是存在于每一个人身上，目前的观点更倾向于从动态、相互作用的角度来理解心理弹性。[1] 笔者认为，心理弹性是个体的一种能力或特质，通过个体与环境的交互作用过程，形成良好的适应结果，主要包括个人积极特质、家庭支持和人际协助等方面。

二 心理弹性的相关理论

（一）早期模型

早期模型主张保护性因素与危险性因素相互独立，强调保护性因素在个体心理弹性发展中的重要作用，那么保护性因素又是如何帮助个体面对或超越逆境的呢？有学者认为保护性因素的运作存在三种不同的机制，分别是补偿模式、挑战模式和调节模式。保护性因素是指个人正向特质、优势能力以及环境资源的提供与支持，个体拥有越多的保护性因素与越少的危机性因素则心理弹性越高，这些保护因子可能存在于个体人格的先天特质中，或者是后天发展过程中通过交互作用而产生的复原力，保护性因素在个体面对逆境与挫折时能起到调节作用。补偿模式是指通过个人特质或环境支持来对抗或减缓压力的影响。挑战模式认为适度的压力会开发或增强个体的能力，压力与能力表现呈现倒 U 型曲线的关系。调节模式是指个体从过去成功克服逆境的经验中，获得正向的经验或能力，从而可以从容地面对与克服当前的困难，就如同预防接种一样，过去的经验就像疫苗，形成个人对抗危机的抗体。这三种模式并非互相排斥，可能同时存在以增强个体的心理弹性。[2]

（二）整合模型

整合模型强调心理弹性发生机制的动态性与过程性，保护性因素和危险性因素是在个体、环境和适应结果之间起中介作用的动态机制。有研

---

[1] 李海垒、张文新：《心理韧性研究综述》，《山东师范大学学报》（人文社会科学版）2006 年第 3 期。
[2] Garmezy, N., Masten, A. S., Tellegen, A., "The Study of Stress and Competence in Children: Building Blocks for Developmental Psychopathology", *Child Development*, Vol. 55, No. 6, 1984, p. 97.

究者从系统性的角度提出身心灵动态平衡模型,归纳并整合出拥有心理弹性的个体的行为特征为:回应环境波动的要求,观点的转移,重新调整心理资源,平衡生活中渴望和需求的能力,平衡内心竞争的欲望、需求与生活需求,不再局限在个体的内在特定需求,而是包含在个体自身与环境之间的整体协调适应能力中。具备心理弹性的个体,不只追求自己认为有价值的目标,还能评估价值目标与现实环境要求之间的平衡。[1] 因而心理弹性越好的人,越能从自身的环境脉络中选择较好的应对方式,从而获得较好的心理适应,这是缓冲创伤冲击与稳定发展的重要因素之一。[2] 整合模型虽然增加了环境的影响因素,但这种线性过程模型只关注个体面临单一压力事件时的境遇,并没有考虑多重刺激对整合过程的影响。

(三) 交互模型

随着生态系统理论观点的提出,心理弹性研究的重点转向关注个体人格特质如何与环境因素交互作用而产生保护机制。个体的心理弹性依赖于与个体相互作用的其他系统,特别是那些直接支持个体心理弹性的系统,如父母或大家庭。系统论分析框架的重要意义是弹性不应该被理解为一个单一或稳定的特征,因为它来自相关系统之间和跨系统的许多过程的动态交互,儿童或家庭的心理弹性分布在各个层面和相互作用的系统中。[3] 儿童在特定时间点的心理弹性取决于儿童获得的支持资源,包括儿童自身和儿童与许多系统之间的互动,随着儿童年龄的增长,他们会与家庭系统之外的许多资源和关系建立联系。家庭弹性通过家庭内部的互动过程以及涉及家庭与社区、文化或环境中的其他系统互动的过程形成。动态的互动系统论模型也表明,随着时间的推移,系统和系统功能级别也将发生变化。[4]

---

[1] Richardson, G. E., Neiger, B. L., Jensen, S. & Karol L. Kumpfer, K. L., "The Resiliency Model", *Health Education*, Vol. 21, No. 2, 1990, p. 33.

[2] Kashdan, T. B., Jonathan, R., "Psychological Flexibility as a Fundamental Aspect of Health", *Clinical Psychology Review*, Vol. 30, No. 7, 2010, p. 865.

[3] Masten, A. S., Monn, A. R., "Child and Family Resilience: A Call for Integrated Science, Practice, and Professional Training", *Family Relations*, Vol. 64, No. 2, 2015, p. 5.

[4] Cox, M., Mills-Koonce, R., Propper, C., Gariépy, J., "Systems Theory and Cascades in Developmental Psychopathology", *Development and Psychopathology*, Vol. 22, No. 3, 2010, p. 497.

三 心理弹性的影响因素

心理弹性特质的形成包括内、外部因素，内部因素包括智力、认知方式、人格特点等，外部因素指家庭内因素（家庭环境、教养方式等）和家庭外因素（学校、社会公益机构等）。影响心理弹性的内外部因素包括危险性因素（risk factor）和保护性因素（protective factor），如图6-1-1所示，危险性因素主要是环境因素，包括困境、恶劣的关系、负面的生活事件、战争、自然灾难等，其中生活重大事件是指个人最近生活里的一连串不顺利事件及其影响，例如失去重要朋友、住院或父母离异。特定压力源是生活环境中特定的不利事件，如战争、创伤、长期生病等。多重危险的汇集指的是社会经济地位和家庭特性，例如贫穷、低收入、单亲等。值得注意的是，在高危环境里，仍有一部分儿童可以克服困难并获得成功的生活。

各种因素相互影响，在内部因素缺失时，如果外部因素能及时补偿，也能够达到良好的心理适应。在心理成长方面，对心理弹性起关键中介作用的是内部和外部保护性因素，保护性因素能减轻不利处境对儿童消极影响的因素，某些保护性因素增强了个体心理弹性，使遭受创伤的个体能够从逆境中恢复过来。[1] 影响儿童心理弹性的保护性因素分为个体因素、家庭因素和家庭以外的因素，如图6-1-1所示，在个体层面，个性特征（开放性、外向型和亲和性）、自我调节技能、较高水平的社会能力、个人控制能力、解决问题的技能都是潜在的保护因素。[2] 研究特别强调有爱心的成年人（如导师、照顾者、教师）提供的持续支持，是有助于个体创伤后恢复的一个主要因素。在社会或社区层面，积极的学校氛围、紧密团结的社区、安全的社区

---

[1] Howell, K. H., Miller-Graff, L., "Protective Factors Associated with Resilient Functioning in Young Adulthood after Childhood Exposure to Violence", *Child Abuse & Neglect*, Vol. 38, No. 2, 2014, p. 1985.

[2] Herrman, H., Stewart, D. E., Diaz-Granados, N., Berger, E. L., Jackson, B., Yuen, T., "What is Resilience?" *Canadian Journal of Psychiatry*, Vol. 56, No. 5, 2011, p. 258.

和社会关系、自尊和较高的适应能力、认知评价（对逆境的积极解释）和乐观主义都明显有助于个体的心理弹性。在关系层面，父母教养能力、积极的同伴关系和成年人的关爱被认为是与心理弹性相关的重要因素。此外，研究还发现，社会支持、积极的童年家庭环境（如照顾者的稳定性、照顾者的幸福感）是与儿童遭受虐待后的恢复相关的保护性因素。[1]

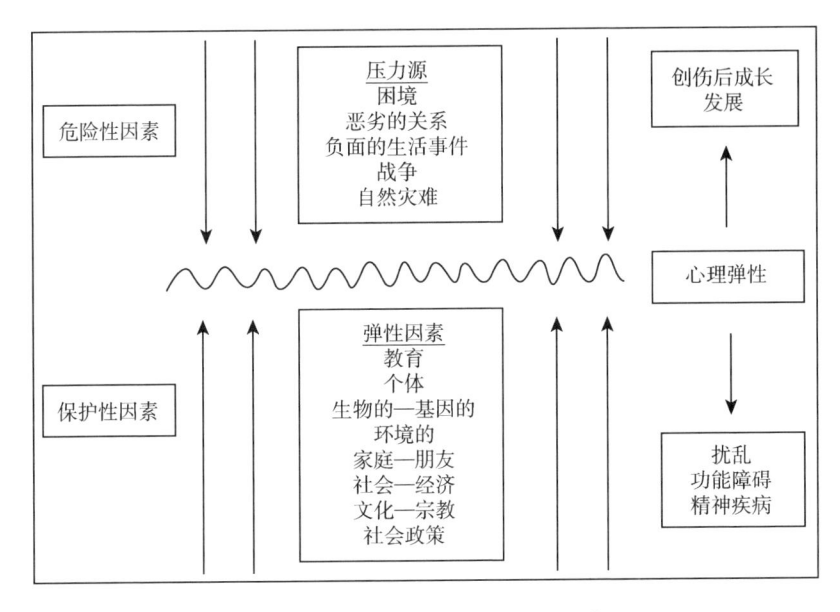

图 6-1-1 心理弹性的影响因素[2]

生物和遗传因素的研究表明，早期恶劣的环境会影响个体发育中的大脑结构和功能，神经生物系统的改变可能发生在神经网络、受体的敏感性以及神经递质的合成和再摄取上，大脑中的这些物理变化可以大大加剧或减少未来精神病理的脆弱性，大脑变化和其他生物过程可以影响调节消极情绪的能力，从而影响对逆境的适应力。一项针对 6—12 岁受

---

[1] Bradley, B., Davis, T. A., Wingo, A. P., Mercer, K. B., Ressler, K. J., "Family Environment and Adult Resilience: Contributions of Positive Parenting and the Oxytocin Receptor Gene", *European Journal of Psychotraumatology*, Vol. 4, No. 1, 2013, p. 1.

[2] 图源：Herrman, H., et al., "What is Resilience", *Canadian Journal of Psychiatry*, Vol. 56, 2011, p. 258.

虐待和未受虐待儿童的脑电图研究发现，心理弹性、受虐待状况和性别之间的脑电图活动模式存在显著的交互作用，强有力的研究证据表明，婴幼儿时期的支持和敏感的早期照护者可以提高个体的心理弹性。[1] 在大鼠实验中发现，母鼠对幼鼠的照顾，比如增加舔鼠的次数，会降低HPA对压力的反应。同时多项研究表明，基因变异可能对急性和慢性环境损害具有保护作用，并对一些受虐待儿童具有保护作用，例如MAOA的多态性决定了它在多巴胺、去甲肾上腺素和5-羟色胺神经递质降解中的效率，与MAOA活性低的男性相比，MAOA活性高的男性儿童虐待与反社会行为的相关性较小。[2]

通过回顾神经科学、行为科学和文化经验方面的研究发现：心理弹性来自不同层次的复杂交互作用，包括人的遗传、基因—环境反应、一生中积极和消极经历的影响以及社会（群体）环境和文化环境的影响；家庭因素和家庭以外的因素，包括社会支持，个体与家庭和同伴的关系等，稳定的家庭以及良好的亲子关系与儿童较少的行为问题和更好的心理健康显著相关，社会支持可以来自关系亲密的同龄人、教师、其他成年人以及直系亲属；在宏观的系统层面上，社区因素，如良好的学校、社区服务、体育和艺术机会、文化因素以及不受暴力侵害等，都有助于心理弹性。[3]

心理弹性的遗传学研究为基因与环境的相互作用提供了新的见解。一段时间以来，人们已经知道，精神障碍与遗传易感性、个体过去和目前的生活经历及环境相关。更令人惊讶的是，有证据表明社会经验可以导致基因表达的实质性和持久变化，进而影响一个人以后的行为并传递给下一代。研究表明，儿童时期的虐待与抑郁症相关，但积极的社会支持改善了抑郁症的遗传和环境风险，两个遗传因素与一个环境因素（虐

---

[1] Boss, P., Bryant, C. M., Mancini, J. A., *Family Stress Management*: *A Contextual Approach*, Thousand Oaks, CA: Sage, 2017, p. 56.

[2] Cicchetti, D., Rogosch, F. A., "Genetic Moderation of Child Maltreatment Effects on Depression and Internalizing Symptoms by Serotonin Transporter Linked Polymorphic Region (5-HTTLPR), Brain-derived Neurotrophic Factor (BDNF), Norepinephrine Transporter (NET), and Corticotropin Releasing", *Development & Psychopathology*, Vol. 26, No. 2, 2014, p. 1222.

[3] Walsh, F., *Strengthening Family Resilience*, New York, NY: Guilford Press, 2016, p. 32.

待）相互作用将增加抑郁概率，但另一个环境因素（积极的社会支持）可以降低这种风险。[1]

第二节 受虐儿童的心理弹性发展及其对健康的影响

一 研究方法

（一）研究对象

本书的研究采取方便抽样法，对南京市三所小学中四、五、六三个年级的790名儿童进行调查，共发放问卷790份，回收784份，剔除无效问卷后，共回收有效问卷760份，有效率96.2%。

如表6-2-1所示，参与本次研究的760名研究对象中，从性别来看，男生365人，占比48%，女生395人，占比52%；从年级来看，三个年级人数相当，四年级263人，占比34.6%，五年级295人，占比38.8%，六年级202人，占比26.6%；从是否独生子女来看，独生子女515人，占比67.8%，非独生子女245人，占比32.2%。

表6-2-1　　　　　　　研究对象的基本情况

变量		N	占比（%）
性别	男	365	48.0
	女	395	52.0
年级	四年级	263	34.6
	五年级	295	38.8
	六年级	202	26.6
独生子女与否	独生子女	515	67.8
	非独生子女	245	32.2
总计		760	100

---

[1] Kashdan, T. B., Jonathan, R., "Psychological Flexibility as a Fundamental Aspect of Health", *Clinical Psychology Review*, Vol. 30, No. 7, 2010, p. 872.

（二）研究工具

1. 心理虐待量表

采用《儿童心理虐待量表》（CPAS）测量并筛选受心理虐待的儿童。该量表由中南大学的潘辰和邓云龙编制，包括五个维度23个条目，五个维度分别为恐吓、忽视、贬损、干涉、纵容。问卷由学生填写，五点计分：0代表无，1代表很少，2代表有时，3代表常常，4代表总是。筛选标准为任何一个条目为4分的被试进入阳性组，即为受心理虐待儿童。经检测，该量表具有良好的信效度。

2. 心理弹性量表

采用胡月琴和甘怡群编制的《青少年心理弹性量表》，该量表分为2个维度，5个因子，共27个项目，其中个人力维度包括目标专注、情绪控制、积极认知三个因子，支持力维度包括家庭支持和人际协助两个因子。该量表采用李克特5点计分，得分越高表明心理弹性水平越高。

（三）研究过程

首先联系确定愿意参与本次研究的小学，研究者依次前往各所学校发放纸质问卷，部分问卷在儿童的课间休息时间发放，研究者向儿童说明问卷调查的内容和填写注意事项，儿童填写后，立即回收，部分问卷发放后，于次日前往学校回收。

（四）数据处理

研究采用SPSS26.0对录入的数据进行信度分析、描述性统计、独立样本t检验、单因素检验。

二 研究结果

（一）儿童心理虐待的现状

1. 儿童心理虐待的发生率

在760个有效样本中，受心理虐待儿童387人，占比50.9%（表6-2-2）。

表6-2-2　　　　　　　　心理虐待的发生率

	N	占比（%）
非心理虐待儿童	373	49.1
受心理虐待儿童	387	50.9
总计	760	100

2. 受心理虐待儿童人口学变量分布情况

受心理虐待儿童中，男生190人，占比49.1%，女生197人，占比50.9%；四年级儿童129人，占比33.3%，五年级儿童154人，占比39.8%，六年级儿童104人，占比26.9%；独生子女259人，占比66.9%，非独生子女128人，占比33.1%（表6-2-3）。

表6-2-3　　　受心理虐待儿童人口学变量分布情况

变量		N	占比（%）
性别	男	190	49.1
	女	197	50.9
年级	四年级	129	33.3
	五年级	154	39.8
	六年级	104	26.9
独生子女与否	独生子女	259	66.9
	非独生子女	128	33.1
总计		387	100

3. 受心理虐待儿童受虐各维度描述性统计

在儿童心理虐待量表的五个维度中，频率从高到低依次为：贬损、恐吓、纵容、忽视、干涉（表6-2-4）。

表6-2-4　　　受心理虐待儿童受虐各维度描述性统计

维度	M	SD	排序
忽视	1.22	0.98	4
贬损	1.43	1.11	1
干涉	0.99	1.01	5
纵容	1.29	1.78	3

续表

维度	M	SD	排序
恐吓	1.41	1.16	2

4. 受心理虐待儿童受虐各维度的人口学变量差异

受心理虐待儿童在受虐各维度都没有表现出性别上的显著差异（表6-2-5）。

表6-2-5　　　　受心理虐待儿童受虐各维度性别差异

	男（M±SD）	女（M±SD）	t
忽视	1.17±0.97	1.27±0.99	-0.990
贬损	1.44±1.10	1.43±1.14	0.047
干涉	0.97±1.02	1.01±1.01	-0.368
纵容	1.18±1.74	1.40±1.82	-0.915
恐吓	1.36±1.12	1.46±1.20	-0.828

非独生子女在忽视维度、贬损维度和恐吓维度的分值均显著高于独生子女（$t=-2.240$, $p<0.05$; $t=-2.137$, $p<0.05$; $t=-2.113$, $p<0.05$）（表6-2-6）。

表6-2-6　　　　受虐儿童受虐各维度独生与否的差异

	独生（M±SD）	非独生（M±SD）	t
忽视	1.14±0.87	1.40±1.17	-2.240*
贬损	1.35±1.07	1.61±1.18	-2.137*
干涉	0.95±0.99	1.06±1.05	-0.952
纵容	1.23±1.76	1.41±1.83	-0.0967
恐吓	1.40±1.13	1.44±1.23	-2.113*

年级在受心理虐待儿童的忽视、贬损、干涉和恐吓维度存在显著差异。进一步比较发现，在忽视维度，六年级的儿童显著高于四年级和五年级儿童；在贬损维度，六年级的儿童显著高于五年级儿童，五年级儿童也显著高于四年级；在干涉维度，六年级的儿童显著高于四年级儿童；在恐吓维度，六年级的儿童显著高于四年级和五年级儿童（表6-2-7）。

表6-2-7　　　　　　　受虐儿童受虐各维度年级的差异

	年级	(M±SD)	F	LSD
忽视	四年级	0.98±0.81	16.580***	③>①②
	五年级	1.12±0.04		
	六年级	1.67±0.98		
贬损	四年级	1.08±0.91	14.733***	③>②>①
	五年级	1.45±1.08		
	六年级	1.85±1.25		
干涉	四年级	0.86±0.87	3.187*	③>①
	五年级	0.97±1.02		
	六年级	1.19±1.13		
纵容	四年级	1.34±1.84	0.336	
	五年级	1.20±1.73		
	六年级	1.36±1.80		
恐吓	四年级	1.14±1.08	11.354***	③>①②
	五年级	1.36±1.11		
	六年级	1.84±1.23		

注：①＝四年级，②＝五年级，③＝六年级，下同。

(二) 受心理虐待儿童的心理弹性

1. 受虐儿童和非受虐儿童的心理弹性比较

如表6-2-8所示，受虐儿童和非受虐儿童在心理弹性的目标专注、情绪控制、家庭支持和人际协助维度上存在显著差异（$t=3.673$, $p<0.001$；$t=6.406$，$p<0.001$；$t=11.704$，$p<0.001$；$t=5.195$，$p<0.001$）。

表6-2-8　　　　　受虐儿童和非受虐儿童的心理弹性比较

项目	是否受虐	(M±SD)	t
目标专注	非受虐儿童	4.18±0.83	3.673***
	受虐儿童	3.95±0.88	
情绪控制	非受虐儿童	3.78±0.93	6.406***
	受虐儿童	3.32±1.01	

续表

项目	是否受虐	（M±SD）	t
积极认知	非受虐儿童	4.05±0.86	0.983
	受虐儿童	3.99±0.89	
家庭支持	非受虐儿童	3.95±0.74	11.704***
	受虐儿童	3.19±1.03	
人际协助	非受虐儿童	3.72±0.95	5.195***
	受虐儿童	3.33±1.14	

2. 受虐儿童心理弹性人口学变量的差异

如表6-2-9所示，受心理虐待儿童在心理弹性各维度都没有表现出性别上的显著差异。

表6-2-9　　受虐儿童心理弹性各维度性别的差异

项目	性别	（M±SD）	t
目标专注	男	3.96±0.91	0.133
	女	3.95±0.86	
情绪控制	男	3.38±0.99	1.061
	女	3.27±1.04	
积极认知	男	4.02±0.96	0.665
	女	3.96±0.81	
家庭支持	男	3.13±0.99	-1.213
	女	3.25±1.07	
人际协助	男	3.31±1.08	-0.322
	女	3.34±1.20	

如表6-2-10所示，年级在受心理虐待儿童的情绪控制、家庭支持、人际协助维度存在显著差异。进一步比较发现，在情绪控制维度，四年级的儿童显著高于六年级受心理虐待儿童；在家庭支持维度，四年级的儿童显著高于六年级受心理虐待儿童；在人际协助维度，四年级的儿童显著高于五年级和六年级受心理虐待儿童。

表6-2-10　　　　受虐儿童心理弹性各维度年级的差异

	年级	(M±SD)	F	LSD
目标专注	四年级	4.05±0.88	1.057	
	五年级	3.90±0.84		
	六年级	3.96±0.88		
情绪控制	四年级	3.48±0.97	3.619*	①>③
	五年级	3.33±1.04		
	六年级	3.12±1.01		
积极认知	四年级	3.94±0.92	1.647	
	五年级	3.93±0.83		
	六年级	4.12±0.93		
家庭支持	四年级	3.41±0.94	7.384**	①>③
	五年级	3.20±1.04		
	六年级	2.90±1.08		
人际协助	四年级	3.66±0.99	8.851***	①>②
	五年级	3.21±1.17		①>③
	六年级	3.08±1.19		

三　研究结论

(一) 心理虐待的高比率

研究结果显示，四到六年级儿童受心理虐待的比例为50.9%（387人），但在性别上并没有显著差异。在虐待类型中贬损占比最大，其次是恐吓、纵容、忽视，干涉所占比例最小。贬损是指言语侮辱和过度批评，父母经常因为孩子成绩不好而进行羞辱和嘲笑，孩子达不到期望和要求就骂"你是笨猪吗""你是笨蛋吗"等，长此以往孩子感觉自己很差劲或是认为自己是没有价值的，不被父母或照顾者所接受。家庭是构成社会最基础的单位，孩子在家庭中获得安全依附，得到支持及保护，进而学习情绪控制，发展社会行为。但在有贬损行为的家庭，孩子常常会有心理矛盾和冲突。对于一个来自暴力家庭，尤其是双重暴力家庭的儿童，恐惧、焦虑及复杂的心理将取代原本应有的爱、舒服及关照的需求，当目睹所爱的人和照顾他们的人被打骂，孩子会有罪恶感，认为这些家庭暴力问题是他们引起的，渐渐在行为表达、社会适应方面的发展产生障碍，甚至会形成自我伤害的习惯。

（二）受虐儿童的心理弹性显著低于非受虐儿童

研究结果显示，受虐组儿童在目标专注、情绪控制、家庭支持、人际协助维度显著低于非受虐组。这一结果表明，虐待是影响个体心理弹性发展的重要因素，个体的受虐程度越高，心理弹性水平越低。同时，对受虐儿童心理弹性在性别、年级上进行分析后发现，受虐儿童心理弹性及其各维度得分上，女生和男生的心理弹性无显著差异。年级方面，情绪控制、家庭支持、人际协助维度存在显著差异，年级越高，学生的心理弹性越低，这可能是随着年龄的增长，学习压力的持续增加，人际交往的不断扩大，家长的干涉范围变大，导致孩子的心理压力越来越大，随之心理弹性整体降低。四年级受虐儿童在情绪控制、家庭支持方面都高于六年级儿童，在人际协助维度也显著高于五年级和六年级儿童，这可能是因为随着年龄的增长，儿童的自主意识和独立性增强，在一定程度上会降低对家庭和学校支持的需求。

第七章 儿童保护的国际经验

儿童虐待与保护是一个全球性的社会问题，根据世界卫生组织（World Health Organization，WHO）估计，全世界大约有 4000 万儿童长期遭到各种各样的虐待或忽视。1989 年，联合国颁布《联合国儿童权利公约》（Convention on the Rights of the Child），在国际社会中首次以条约的形式规定了儿童权利，目前已有 200 多个国家签署这项公约，是联合国迄今为止最成功的公约之一。该公约的第 19 条规定："应保护儿童免遭一切形式的身体和精神暴力、伤害或虐待、忽视或疏忽对待以及包括性虐待在内的剥削行为。"① 各国对儿童的界定并不统一，通常指未满 12 周岁的未成年人，有时会延伸至少年，即未满 18 周岁的未成年人。有关儿童保护问题，由于存在文化差异，不同国家采取的举措有所不同，然而，在全球化背景下，各国在儿童保护方面达成了一些基本共识，存在许多共通元素。② 中国对儿童保护相关问题的关注和研究起步相对较晚，通过借鉴其他发达国家和地区在儿童保护方面的原则、措施、立法与社会服务体系等，探讨儿童保护制度的基本要素，有利于建构适合中国国情的儿童保护体系。

第一节 儿童保护的历史发展

儿童保护的产生与发展是伴随着一个国家的工业化和城市化进程展

---

① 联合国儿童基金会：《儿童权利公约》，《社会与公益》2017 年第 6 期。
② Stanley, N., *Domestic Violence and Child Protection: Directions for Good Practice*, London: Jessica Kingsley, 2006, p. 32.

开的,只有国家发展到一定阶段,人口增长到一定数量,才会产生"管理"的意愿。世界各国对儿童保护的关注始于近代,儿童保护的发展历史大致可以分为三个阶段,分别是早期发展、过渡期发展以及成熟体系的建立。[①]

一 儿童保护的早期发展

在19世纪之前,儿童保护工作集中在无家可归的流浪儿童(street children)或者是父母疏于照顾的贫民儿童身上,以期降低他们成年以后的犯罪率,免于造成更严重的社会问题。早期儿童保护的场所通常设立在教堂或者是慈善机构里。英国于17世纪后半期开始的圈地运动使得大批农民聚集于城市,对城市贫民的救济和管理工作逐渐成为英国政府的头等大事,流浪儿童和贫民儿童的安全问题和健康问题开始引起社会的关注,对他们的保护和教育也逐渐被纳入国家管理范畴。

18世纪下半期至19世纪上半期,英国的儿童保护工作主要依赖于民间慈善机构或个人的推动,较为著名的有怀尔德斯平的幼儿学校运动。到1833年,此类从事儿童保护的幼儿学校开始成为英国政府补助的对象。实际上发端于英国的儿童保护设施与举措正是近代欧洲儿童公共教育设施的根源和萌芽。与英国的情况类似,西欧其他国家在这一时期的儿童保护工作也经历了类似的历程,出现了慈善性质的孤儿与贫民育儿院,如法国的奥柏林在1770年创设编织学校,帕斯特莱在1801年在巴黎为贫民创办育儿院,德国的巴乌利勒于1801年在她的贫民救济所里设置孤儿所作为救济工作的一部分,弗利托娜在德国建立奥柏林式的编织学校为贫穷工人的幼儿提供保育场所,瑞士著名教育家裴斯泰洛齐于1774年创办新庄孤儿院,并于1799年在政府支持下于阿尔卑斯山区的斯坦兹设立招收战争孤儿、赤贫儿童和心智障碍儿童的孤儿院。

美国的工业化和城市化要晚于英国和法国等西欧国家,到19世纪

[①] Juha Hämäläinen, "The Origins and Evolution of Child Protection in Terms of the History of Ideas", *Paedagogica Historica*, Vol. 52, No. 6, 2016, p. 734.

中期，受移民、内战以及工业发展的影响，大量流浪儿童在街头游荡，为解决此问题，美国出现了与欧洲国家相类似的孤儿院、救济院和工业学校等安置机构。此外，还出现了将儿童安置在寄养家庭中的组织，如查尔斯·罗林·布蕾斯于1853年在纽约建立的儿童援助协会（Children's Aid Societies），该协会将流浪儿童安置到中西部农村家庭。1883年最初在伊利诺伊州成立的儿童之家协会（Children's Home Societies）为流浪儿童提供家庭寄养服务，并逐步扩展到美国中西部和南部的36个州。[①]

二　儿童保护的过渡期发展

在早期，儿童普遍被认为是父母的私有财产，没有特别的权利。到19世纪后半期，人们的儿童权利观念发生了变化，开始认可儿童是值得被保护的，认可儿童对未来社会至关重要，儿童保护工作也在此观念的影响下进一步发展，总体表现出两点特征：第一，承认儿童在自己家中可能面临危险；第二，由国家出面来提供儿童保护的服务。[②]

在过渡发展时期，不同国家并行存在两种儿童保护的路径：一种是"法律主义"（Legalism）取向的，比如芬兰、挪威和瑞典等北欧国家；另一种是"家庭支持"（Family Support）取向的，比如英国、法国和德国等。[③] 所谓"法律主义"取向路径，指的是政府成立专门的执法机构调查虐待和忽视儿童的指控，如指控属实则起诉父母，那些受虐儿童则从原生家庭中被解救出来，移交给专门的儿童安置机构，这项工作通常会诉诸法律并由警察来完成，但这个过程中鲜有做出预防儿童受虐再次

[①] 刘黎红：《从"拯救儿童"到"促进安全稳定的家庭"：美国受虐儿童家庭维系服务的演进历程与启示》，《学前教育研究》2018年第6期。

[②] Trevor Spratt, Jachennett, Leah Bromfield, et al., "Child Protection in Europe: Development of an International Cross-comparison Model to Inform National Policies and Practices", *British Journal of Social Work*, Vol. 45, No. 2, 2015, p. 1516.

[③] Hearn, T., Pösö, C., Smith, S., "What Is Child Protection? Historical and Methodological Issues in Comparative Rresearch on Lastensuojelu Child Protection", *International Journal of Social Welfare*, Vol. 13, No. 2, 2004, p. 28.

发生的努力。所谓"家庭支持"取向路径，则是政府要为处境不利的儿童及其家庭提供必要的支持，这项工作通常由社区工作人员来完成。总体来说，在过渡时期，国家和地方政府的力量越来越多地介入儿童保护工作之中，但多数时候仍停留在零散介入的状况，儿童保护工作要么交给警察，要么交给社工，缺少多部门之间的系统合作。

三 儿童保护的体系建立

进入20世纪，随着儿童保护工作的深入开展，国家亲权主义原则、儿童最大利益原则、普惠型儿童福利原则以及人人有责原则逐渐成为儿童保护的基本原则。在一些国家和地区，政府越来越多地参与到儿童保护工作之中，制定和颁布专门的法律法规来防止儿童虐待，指导和规范儿童保护工作的开展。儿童保护体系的完善一方面依靠法律制度的建设，另一方面也有赖于社会多方力量的积极参与和支持。1989年联合国颁布的《联合国儿童权利公约》（下简称《公约》）获得了许多国家的认可，《公约》将儿童权利分为生存权、受保护权、发展权及自由权四大类，儿童的受保护权要求成员国应当采取立法、行政、教育和社会等方面对儿童采取保护措施，使儿童免受身体或精神的伤害、虐待或忽视。

根据《公约》的规定，成员国需要建立相关的法律法规来保障本国儿童的权益，一些国家和地区先后颁布了专门的儿童保护法律，建立起了较为完善的儿童保护法律体系，例如英国的《儿童法》，美国的《儿童虐待防治法案》和《收养援助与儿童福利法》，日本的《儿童虐待防止法》和《儿童福祉法》。中国也是《联合国儿童权利公约》的成员国，也制定了专门的《未成年人保护法》来保护未成年儿童，此外，《预防未成年人犯罪法》《反家庭暴力法》等法律法规中也有保护儿童的相关条款。

在社会保障方面，世界各国相继建立起具体的保护儿童、使儿童免受虐待的防范治理系统和社会保障制度，如美国、加拿大、澳大利亚等国家先后建立儿童虐待事件强制报告制度，英国实施儿童福利基金保障制度，美国开展密集型儿童家庭维系服务等。当代的儿童保护工作不仅仅是简单地依法惩戒儿童虐待事件的责任人，而是需要多方力量共同参与的复杂的系统工程，需要社会多方面的人士参与，包括教师、医生、社工和心理学家等，同时还需要借助大众传媒开展儿童保护宣传活动和普法活动，在源头上杜绝虐待儿童事件发生。中国目前在社会支持与保障力度上与发达国家相比还有一定差距，儿童保护的系统治理方面还有待进一步完善和提升。

第二节 儿童保护的基本原则

时至今日，国际上对儿童保护的基本原则已达成了一定的共识，儿童保护的基本原则包括国家亲权主义原则、儿童最大利益原则、普惠型儿童福利原则、人人有责原则等。

一 国家亲权主义原则

在儿童保护的所有原则中，国家亲权主义原则是最基本的，是其他原则的基础。现代国家开展儿童保护工作以及建立儿童保护体系都必须贯彻国家亲权主义原则，国家亲权主义原则的提出使得世界各国的儿童保护工作具备了合理性和合法性。"亲权"一词来自罗马语"Patria Potestas"，它是亲子关系中的一种权利关系。传统社会认为子女是父母所支配的对象与客体，强调父母对子女的支配权。但随着儿童权利的发展，人们逐渐认识到子女并不是父母个人的所有物，亲权是父母照顾子女而享有的权利，根据法律规定，父母享有保护监督未成年子女的权力，但亲权不仅仅是父母的权利，更是父母对子女的义务。

"亲权"（Parental responsibility）指的是在自然状态下父母对未成年子女享有且承担保护和教养责任的权利和义务，父母与子女间具有自然的血缘关系，这种情感血浓于水，家庭是儿童最佳的成长空间，父母是子女的最佳守护者，养育子女是父母的基本事务，因而亲权具有历史正当性和法律普遍性。国家亲权（Parental patriae）是一个与自然亲权相对应的概念，即国家公权力代替失职的监护人扮演父母亲角色，国家亲权主义原则认为政府有权采取适当形式介入儿童家庭，其内涵主要包括两个层面：第一，国家亲权是对自然亲权的补充，当父母等监护人不能履行对儿童的监管和保护职责时，国家将代替监护人对儿童进行监管和保护；第二，国家亲权是对自然亲权的超越，国家对儿童的监护人行使亲权进行指导、支持和监督。①

国家亲权主义理念源自西方，最早出现在希腊，柏拉图的《理想国》中就有相关描述，在罗马帝国时期形成了体系化的国家亲权主义制度。② 现代国家亲权主义的奠基者是英国，英国在19世纪产生了"国家是儿童最高监护人"的法律理论，即国家亲权主义。受自由主义传统的影响，英国早期对亲权的介入非常有限，国家亲权更多是表现在对自然亲权的补充。作为英国早期的殖民地，美国继承了英国的国家亲权主义理论，并在此基础上完善并超越了英国的国家亲权主义理念。③ 经过发展，国家亲权主义的保护范围涵盖了包括儿童在内的所有公民，表现出由自由主义向国家干预主义转变的转向，强调国家应该更多地介入以阻止亲权滥用，包括监护监督、强制接受义务教育和禁止童工等。正是在英国和美国的国家亲权主义理念的基础上，世界各国逐渐形成了对国家亲权主义原则的认同。中国目前虽然没有直接使用国家亲权的概念，但立法和司法实践中也都体现出了国家亲权主义的理念。

二 儿童最大利益原则

《联合国儿童权利公约》第3条第1款规定："关于儿童的一切行动，不论是由公共或私营社会福利机构、法院、政府司法或立法机构执行，均应以儿童的最大利益列为评判和审议的首要考虑。"该条款所表述的即儿童最大利益原则（the Principle of Best Interests of Children），其

---

① 温慧卿：《未成年人国家亲权的内涵、原则与制度建构》，《少年儿童研究》2021年第1期。

② 徐国栋：《普通法中的国家亲权制度及其罗马法根源》，《甘肃社会科学》2011年第1期。

③ 徐国栋：《国家亲权与自然亲权的斗争与合作》，《私法研究》2011年第1期。

内涵是将儿童视为权利主体予以保护。儿童最大利益原则与国家亲权主义原则二者关系密切，前者对指导国家如何介入儿童保护问题，即指导国家亲权主义原则的具体运行具有重要意义。例如，当一个家庭内部出现儿童忽视或虐待问题，政府部门介入干预，是否将儿童带离家庭呢？此时应当以儿童最大利益原则进行判定，当国家亲权与自然亲权存在冲突时，根据儿童最大利益原则可以有效地解决冲突。英国1989年的《儿童法》第1条第1款规定，当法院决定儿童的抚养或儿童财产的管理使用时，首先要考虑的是儿童的福利。澳大利亚1995年的《家庭法》修正案中明确规定，有关儿童的一切诉讼程序必须以儿童最大利益为首要考虑。美国1997年的《联邦收养与家庭安全法案》也确立了儿童最大利益原则。[①]

促进儿童利益最大化不仅要保障儿童的物质利益，还要对儿童的意愿保持充分尊重。父母是儿童初级社会化的重要角色，在日常生活里，亲子关系不仅体现父母与子女之间的互动模式，也提供了权利关系的思考，让儿童进入社会后思考如何与其他权威互动以及权衡彼此之间的关系。在学校学习相关儿童权利知识之后，当儿童意识到自身权利在家里被侵犯而进行通报，这样的行为是对父母权利的挑战，也是对儿童自身权利的维护，所以儿童对自身权利的认知是需要"被建立的"。英国1989年的《儿童法》第1条第3款和第4款规定，当法院发布或撤销有关儿童的居住令和探视令时，应特别关注儿童的主观意愿、情感和教育需求等。澳大利亚1995年《家庭法》修正案的第68条第2款也规定了法院在确定儿童最大利益时要考虑儿童的主观意愿以及父母等监护人能否满足儿童的情感需求。

儿童是权利的中心，但是儿童参与家庭决策的影响非常有限，儿童常常觉得他们的声音很少被父母倾听，即使听了也不会被重视。近年来，关于让孩子能够对父母离婚事件发表意见的问题获得了社会支持，因为儿童参与不仅仅是一种权利，还可以提高孩子的能力和自尊，促进

---

① Juha Hämäläinen, "The Origins and Evolution of Child Protection in Terms of the History of Ideas", *Paedagogica Historica*, Vol. 52, No. 6, 2016, p. 738.

孩子的安全和健康。《联合国儿童权利公约》主张，儿童是有能力的社会参与者，把孩子看作他们自己人生的掌控者，并且肯定他们客观经验的价值，以拥有参与权的"有能力的孩子"取代"弱小依赖的孩子"观念，儿童有参与和决策自身相关事情的能力，应当和成年人一样享有同等参与和决策的权利，这一说法也达成了广泛共识，但是否能将这一说法真正转化为有意义的现实仍然颇具争议。

有些人认为在家庭中让孩子参与决策是有害的，他们常常质疑儿童的参与能力，认为儿童年龄和成熟度都很有限，给予孩子"平等"权利会动摇家庭权威，保守的观点坚信孩子们应该保持他们的天性，不应该被卷入成人的事务中去，这种参与对他们的成熟度有着不尽合理的要求。[1] 孩子的能力通过他所表达的观点来评判，但如果无视孩子的需求和希望，只是将那些抽象的或通用的理论知识强加于孩子，可能会使得孩子的心声无法为人所知，尤其是当孩子的观点与那些被普遍接受的观念相悖的时候。如果是这样的话，一旦孩子们的观点与大人的观点或主流观点相一致，他们就被认为是有能力的，反之则被认为是心智尚未成熟，甚至是离经叛道的。

尽管对于儿童能力的观点似乎难以转变，但是通过与孩子的交流可以发现他们具有一定的洞察能力。从社会文化角度来看，支持儿童参与和信任成人对孩子们来说是一种挑战，儿童越多地接触和参与决策，经验就会越丰富，能力和技巧也会不断增长。孩子们的参与会使他们的经验合理化，同时也代表着对同一事件的不同视角，因为即使是生活在同一个家庭中的孩子也会有不同的体验，这样不仅会减轻他们的压力，也能够使他们接受自己所做出的决定。当孩子的观点被认为是有价值的，他们就能够保持独立，同时应对逆境的能力也会加强，自尊也会得到相应增强。[2]

虽然理论上承认儿童的参与权利，但是当焦点集中在家庭法律诉讼

---

[1] Smith, A. B., Taylor, N. J., Tapp, P., "Rethinking Children's involvement in Decision-making after Parental Separation", *Childhood*, Vol. 10, No. 2, 2003, p. 216.

[2] Stanley, N., *Domestic Violence and Child Protection: Directions for Good Practice*, London: Jessica Kingsley, 2006, p. 76.

时，这些权利就会被限制在一定的范围之内。在监护权和探视权的案例中孩子的观点有很多种表达途径，包括参与诉讼过程，自我代表，通过要求福利报告的法庭参与，接受法官提问的地点或者是他们直接给出证据。① 但是孩子们的意见是否得到真正的申述，还需要对访谈的形式给予更大关注，因为有的孩子更愿意通过文字或图画的形式交流，而不是正式传统的谈话方式。② 当问儿童"想要什么"或者"怎样才能帮助他们参与并理解正在发生的状况"，他们会做出清醒地回应，这一点并不奇怪，他们需要信息和咨询，希望通过坦诚的交流得知正在发生的事情及其原因。③ 孩子们也想积极参与帮助父母解决分手或离婚后的相关事宜，以此获得相应的知情权，当儿童被问及与父母的关系时，他们会把自己看作与父母关系的积极创造者与维持者，而不是被动依赖的接受者，他们同样能够看出与父母关系之间的相互依赖性，而不是自己单方面对父母的依赖。④

儿童期虐待会扼杀一个无辜儿童的未来，守护儿童健康成长是每位儿童保护专业人员的责任。基于儿童利益最大化原则，儿童被看作不依附于其他任何人的独立个体，该原则强调对儿童生存权、发展权以及对儿童意愿的充分尊重，这使得儿童权利的保护更加符合儿童的真正利益。

三 普惠型儿童福利原则

儿童福利是一种针对特定人群的社会福利，在儿童成长过程中，以

---

① Piper, C., *The Wishes and Feelings of the Child*, *Undercurrents of Divorce*, Aldershot: Darthmouth, 1999, p. 77.

② Barnett, C., Wilson, C. J., "Children's wishes in the Australian Family Court: Are They Wishful Thinking?" *Psychology and Law*, Vol. 11, No. 1, 2004, p. 73.

③ Trinder, L., Beek, M., Connolly, J., *Making Contact: How Parents and Children Negotiate and Experience Contact after Divorce*, York: Joseph Rowntree Foundation, 2002, p. 126.

④ Morrow, V., "We Are People too: Children's and Young Peoples Perspectives on Children's Rights and Decision-making in England", *International Journal of Children's Rights*, Vol. 57, No. 7, 1999, p. 149.

儿童福祉为中心，通过专业制度与服务，提供儿童及其家庭正常生活所需的支持，促进儿童身心健全发展。服务对象包括一般儿童、特殊儿童、不幸儿童与保护性儿童四类。服务内容包括司法保护、卫生保健、教育和福利服务四个部分。落实儿童福利已成为现代国家的重要指标。儿童福利原则有补缺型和普惠型两种：其中补缺型儿童福利通常仅面向处境不利儿童，如孤儿和困难家庭儿童等，是为了弥补家庭的短板，具有救济性质；与之不同，普惠型儿童福利原则面向的是全体儿童，致力于帮助全体儿童实现生理和心理方面的各项潜能最大限度地发展。在历史上，人们把"福利"（welfare）等同于慈善、救济、施舍等概念，在这种观念指导下，儿童保护工作基本都属于补缺型。[1] 进入20世纪之后，福利逐渐走向制度化，成为"面向全体国民的、旨在提高物质文化生活水平和实现人的全面发展的一项社会政策"。[2] 因此，在现代社会，世界各国的儿童保护也呈现出由补缺型儿童福利原则向普惠型儿童福利原则转向的趋势。普惠型儿童福利原则建立在国家亲权主义原则的基础之上，相比较于补缺型儿童福利原则，前者要求国家更多地介入儿童生活，为全体儿童提供福利，促使儿童权益得到最大限度的实现。在普惠型儿童福利原则下，儿童获得福利不再被看作"施舍"，而是公民的基本权利，体现了国家对儿童尊严与价值的尊重。

《联合国儿童权利公约》要求对所有儿童不歧视地保护，不得基于民族、种族、性别、语言、宗教等因素而加以不同对待，对全体儿童一视同仁地保护，这是普惠型儿童福利原则的体现。英国在2004年修订的《儿童法》（The Children Act）基于"每个孩子都重要"这一理念，致力于为全体儿童提供福利，面向全体儿童建立起社会福利系统，体现了儿童利益最佳的价值取向，主要包括：支持性儿童福利服务，主要针对亲子关系持续紧张冲突的失序家庭，提供家庭咨询服务、亲职教育和心理卫生服务等支持性福利服务，提升家庭成员的角色能力和改善亲子关系，增强家庭本身的修复能力，是儿童福利功能中的第一道防线；补充

---

[1] 陈银娥：《现代社会的福利制度》，经济科学出版社2000年版，第1页。
[2] 陈红霞：《社会福利思想》，社会科学文献出版社2002年版，第2页。

性儿童福利服务，主要针对经济状况落后的家庭提供经济补助和托育等福利服务，修复家庭功能的缺陷与不足，避免儿童与原生家庭分离，是儿童福利功能中的第二道防线；替代性儿童福利服务，主要针对高度危险环境中的家庭，提供寄养服务和机构安置等替代性福利服务，儿童已经无法在原生家庭健康安全地生活时应该将儿童带离原生家庭安置，这是儿童福利功能中的第三道防线。①

建立普惠型儿童福利是社会发展的大势所趋，但也要清晰地认识到，对于欠发达国家而言，贯彻和实施普惠型儿童福利原则还缺乏必要的经济基础。中国正处在社会主义初级阶段，在儿童福利方面，还难以实现全面的"普惠"。2013年，民政部下发的文件《关于开展适度普惠型儿童福利制度建设试点工作的通知》中提出了"适度普惠"的概念，对儿童予以分层次、分类型、分标准、分区域的普惠福利，适度普惠型儿童社会福利将从21世纪初一直延续到21世纪中叶，到那时中国将达到中等发达国家水平。② 适度普惠型儿童福利作为一种过渡形态，既符合中国的国情现状，也传达出了由补缺型儿童福利逐渐过渡到普惠型儿童福利的决心和意志。

四 人人有责原则

儿童是国家的未来和社会的希望，保护儿童是每个公民应尽的责任，这是儿童保护的人人有责原则（Everyone's responsibility）。根据布朗芬布伦纳的生态系统理论，儿童的生活环境是一个生态系统，包括了家庭、学校、社区、社会四个圈层，处于不同圈层中的国家、社区工作者、教师、父母以及其他家庭成员等都对儿童保护负有一定的责任。儿童保护的各个责任主体在承担儿童保护责任时，既保留有相对独立性，

---

① Morrow, V., "We Are People too: Children's and Young Peoples Perspectives on Children's Rights and Decision-making in England", *International Journal of Children's Rights*, Vol. 57, No. 7, 1999, p. 58.

② 戴建兵、曹艳春：《论我国适度普惠型社会福利制度的建构与发展》，《华东师范大学学报》（哲学社会科学版）2012年第1期。

也存在相互关联性，处于不同圈层的各个责任主体起到相互监督和相互渗透的作用。一般而言，在现代社会，国家承担儿童保护的首要责任，家庭中的父母或其他监护人承担儿童保护的基础性责任，学校、社区以及社会要承担法律规定的儿童保护责任。

儿童虐待事件大多发生在家庭中，因而具有较强隐蔽性，一般很难被发现，对于落实儿童保护造成较大的障碍。建立通报制度，可以尽早和尽快地发现受虐儿童。根据通报主体以及效果不同，可以分为责任通报和一般通报：责任通报是指教师、医生等专业人员依据职业能力和职权范围，对于已知或疑似儿童虐待事件，运用专业知识的判断，向相关机构提出报告，协助受虐儿童脱离危险状态；一般通报是指社会大众在发现或怀疑儿童遭受虐待时，向相关机构报告的制度，目的是通过社会网络系统积极参与儿童保护。

许多国家和地区的强制报告制度规定了多重责任主体，充分体现了儿童保护的人人有责原则。美国的联邦立法和各州立法中规定，医护人员、幼儿园和中小学教师等管理人员在发现儿童可能受到虐待时，必须强制报案，否则这些人员可能被追究法律责任。澳大利亚的北领地特区规定全体公民都是强制报告的责任主体，澳大利亚州和昆士兰州则要求医生和教师等特定群体具有强制报告义务；中国台湾地区的《儿童与少年福利法》第34条规定，医务人员、社会工作人员、教育人员、保育人员等在知悉有儿童受虐情形时，应立即向直辖市、县（市）主管机构报案。[1] 多重责任主体的规定正是人人有责原则的体现与具体化，人人有责原则以及在其指导之下的相关立法规定有利于促进儿童保护工作的完善。

第三节 儿童保护的法律保障

追溯儿童保护的发展历史，1874年美国发生了一起令人震惊的儿童虐待事件，9岁的玛丽经常遭受养父母的毒打，他们用铁链锁住玛

---

[1] 郑瑞隆：《儿童虐待与少年偏差问题与防治》，台湾心理出版社2006年版，第38页。

丽，给她吃发霉变质的食物，在缺乏法律保护的困境下，社工人员只能寻求动物保护法帮助，最后纽约高等法院将玛丽安置在犯罪少女之家，这是世界最早的儿童保护案件。[1] 为了保护儿童的生命权、健康权以及免于恐惧和不受他人不当的对待，一些国家纷纷立法保护儿童的权利与福祉。儿童保护从内容上看更多指涉的是狭义的儿童福利问题，基于公平正义原则，法律视角应该重点放在利用法律的强制效力来保障儿童最基本的生存与发展的权利。

20世纪20年代以来，随着儿童观的持续变革以及儿童现实处境差距的拉大，儿童的权利逐渐得到社会认同，儿童保护的呼声日渐增高，国际社会开始从政策法规视角来思考儿童保护问题，特别是强调为处境不利的弱势儿童如弃婴、流浪儿、孤儿、童工、难童、残疾儿童、受虐待儿童等群体在法律上提供底线性救助、保护和服务，使其能够在安全的环境中成长，并针对相关议题达成了普遍共识，形成了一系列具有倡议性或带有一定法律约束效力的国际契约与规范性文件。[2] 儿童保护的基本原则在这些国际性文件中被予以申明与彰显，如"给予儿童特殊保护与照料的需要"在1924年《日内瓦儿童权利宣言》中首次被明确，儿童利益最大化的原则被写入1959年《儿童权利宣言》之中，并被此后的多个国际文件如《在非常状态和武装冲突中保护妇女和儿童宣言》《联合国少年司法最低限度标准规则》《关于儿童保护和儿童福利、特别是国内和国际寄养和收养办法的社会和法律原则宣言》《儿童权利公约》《儿童生存、保护和发展世界宣言》《适合儿童成长的世界》纳入考虑。其中，1989年通过的《联合国儿童权利公约》是第一部有关保障儿童权利且内容最丰富、最全面并具有法律约束力、被国际社会广泛认可的国际性条约，确认了无歧视、儿童利益最大化、生存和发展及尊重儿童的四项基本原则，为世界各国儿童保护法规的制定提供了一定立法框架与参照。[3]

---

[1] Juha Hämäläinen, "The Origins and Evolution of Child Protection in Terms of the History of Ideas", *Paedagogica Historica*, Vol. 52, No. 6, 2016, p. 736.
[2] 尚晓援：《儿童保护制度的基本要素》，《社会福利》（理论版）2014年第8期。
[3] 赵川芳：《我国儿童保护立法政策综述》，《当代青年研究》2014年第5期。

根据《联合国儿童权利公约》第3条第2款的规定，成员国需要明确儿童监护人的权利和义务，并为此采取一切适当的立法和行政措施。作为《联合国儿童权利公约》的成员国，中国现有的法律条款在儿童保护方面有待进一步加强。英国、美国、日本等发达国家以及中国香港地区先后建立起了相关的法律保障体系，完善的法律体系为儿童保护工作奠定了坚实的基础。梳理其他国家和地区的儿童保障法律体系和法制建设过程，对中国的儿童保护立法和司法工作具有参考借鉴价值。

一 英国的儿童保护法律

英国是最早立法保护儿童的国家，迄今已建立了较为完备的法律体系，对中国的儿童保护法制建设工作具有重要的启发意义和借鉴价值。16世纪以来，工业革命给英国社会带来深刻的变革和发展，同时也催生了复杂多样的儿童保护问题，儿童遭受虐待以及压榨童工、流浪儿童犯罪等问题日益严重。早在1601年的《济贫法》（The Poor Law）中就涉及了儿童保护，该法规定国家需要为孤儿和贫困儿童提供工作或学徒资格。此后，英国在1802年颁布了《学徒健康和道德法》（The Health and Morals of Apprentices Act），1872年议会通过《婴儿生命保护法》，1884年成立"伦敦防止儿童虐待协会"等，这些都是针对当时社会的儿童保护问题所做的努力。1868年的《济贫法》修正案特别强调父母有保护未成年子女的义务，并做出这样的规定："父母故意忽略向其未满14岁并在其监护下的子女提供充足的食物、衣服、医疗或住宿，导致子女的健康受到严重伤害的行为构成犯罪。"在1868年的《济贫法》的基础上，1889年的《防止虐待儿童和保护儿童法》增加了何种情况可剥夺父母监护权的规定，把保护儿童的责任从父母那里转移至政府手中，充分体现了国家亲权主义原则。

到了20世纪初期，各种与儿童相关的法律被整合到一起，形成了1908年的《儿童法》（The Children Act）。该法旨在建立一个以儿童权益为导向的全面法律体系，涵盖了儿童保护与防止虐待、工业学校与管教学校、青少年吸烟、青少年法庭等四个方面。在儿童保护与防止虐待方面，1908 年《儿童法》规定了儿童看护从业人员的职责，其第 1 条就明确规定带薪看护者在接收未满 7 岁儿童的 48 小时内就应当书面告知地方政府，地方政府则需要建立起"婴幼儿保护访问机制"（infant protection visitor），在这种机制下，政府工作人员会随时访问被看护的儿童，如果发现问题，如卫生条件差、儿童遭受忽视或虐待等，可督促其改正或申请强制执行。

第二次世界大战之后，英国经济受到重创，战前建立起的社会保障制度也遭到了严重破坏，与儿童保护相关的规则制度与实施也受到了破坏。1945 年，13 岁男孩丹尼斯·奥尼尔被养父杀害案引发当时英国社会各界的广泛关注。为此，英国政府成立专门的调查委员会对处境不利儿童的被照顾状况展开调查，调查的结果指向了儿童保护政策方法的较大纰漏。随后，英国议会开展了《儿童法》的制定、修改与完善，1948 年的《儿童法》就在这样的背景下诞生。《儿童法》全文分 7 部分，共 62 条，详细规定了地方当局、父母在照顾儿童方面各自应当承担的责任，同时也规范了儿童保护相关工作的行政和财务方面的内容，不仅建立起新的儿童照顾原则，强调地方当局儿童部的职责以及家庭照顾的重要性，还建立起对儿童服务的统一管理。

1989 年《儿童法》融合了 1948 年《儿童法》的内容并进行了修正，后又经 2000 年、2004 年、2013 年几次补充和修订，进一步调整儿童保护政策，强调志愿者、家庭的和社区的作用，尤其是重视协调各个服务机构和组织之间的关系，召开各相关部门人员协调会议，商讨共同关心的儿童个案，从而推动儿童保护制度的发展与完善。[①]

二　美国的儿童保护法律

早在 1935 年罗斯福新政时期，美国国会就通过了《社会保障法》

[①] Morrow, V., "We Are People too: Children's and Young Peoples Perspectives on Children's Rights and Decision-making in England", *International Journal of Children's Rights*, Vol. 57, No. 7, 1999, p. 48.

(The Social Security Act),该法案含有儿童保护的相关规定,根据第521条49款的规定,授权儿童局"与国家公益性机构建立合作、扩展和加强,尤其在农村地区保护和照顾无家可归的、被抚养的和疏于照顾的孩子和出现不良行为的孩子"。[1] 20世纪50年代美国儿童保护法律得到进一步发展。1962年,美国儿科医生亨利·肯普(Henry Kempe)出版了著名的《受虐儿童综合征》(The Battered Child Syndrome)一书,引起当时美国社会各界对儿童保护问题的广泛关注。美国国会于1962年修订的《社会保障法》,重新强调了儿童保护,首次将儿童保护服务确定为全国儿童福利的一部分,同时还要求各州承诺1975年7月1日之前在各自辖区内全范围提供儿童保护服务。[2] 到1967年,几乎所有州一级的法律都规定了政府负有保护儿童的责任。

美国是一个联邦制国家,在联邦政府层面上制定的专门的儿童保护法案有1974年的《儿童虐待防治法案》(Child Abuse Prevention and Treatment Act),该法案后又经1978年、1984年、1992年、1996年、2010年等几次修订,有关儿童虐待防治的相关条例不断被细化和完善。该法案对儿童虐待的概念进行了较为清晰地界定,同时授权联邦提供经费给各州政府,用于改善儿童受身体虐待、疏于照顾和性虐待等现象,要求各州政府建立起防治儿童虐待的强制报告制度。在美国国会通过《儿童虐待防治法案》的同时,一个新机构——国家虐待和忽视儿童中心(National Center on Child Abuse and Neglect)成立了,该机构致力于法案的贯彻落实,也为儿童保护问题的调研和报告提供经费支持。1984年,美国司法部公布实施明尼亚波尼斯市家庭暴力实验计划(Minneapolis Domestic Violence Experiment,MDVE),计划内容是在处理家庭暴力事件时将警察分为两个组,经过6个月以上的跟踪调查后发现,从预防施虐者再犯虐待事件来看,现场拘捕施虐者组比将当事人暂时分开组更有效。实验结果公布后,美国各州加速制定有关儿童虐待的逮捕法令,

---

[1] Walter, I. T., *From Poor Law to Welfare State*: *A History of Social Welfare in American*, Washington DC: Free Press, 1998, p. 22.

[2] Pagelow, M. D., *Family Violence*, New York: Greenwood Press, 1984, p. 56.

逮捕施虐者可以快速终止家庭暴力，立即提供受虐儿童的司法支持和社会帮助。逮捕一方面可以彰显公权力对儿童虐待行为的制裁，同时也可以让儿童脱离施虐者的生活场所，终止同加害人之间的关系，使儿童能及时接受社会服务。①

《儿童虐待防治法案》正式实施之后，大批儿童被带离原生家庭，美国"亲权停止"（termination of parental rights）的法律规定不论是自愿放弃，还是通过司法程序终止，都发生亲权停止的效力，当宣告儿童免受父母监护及教养时，即终止父母对儿童的所有权利和义务。到20世纪70年代，进入寄养体系的儿童数量逐年攀升，可见国家的强力介入并未从源头上避免儿童虐待事件的发生。1977年，卡特（Jimmy Carter）就职美国总统，"家庭"是卡特政府的竞选主题之一。受卡特政府重视"家庭"的影响，加之研究者对在此之前寄养制度弊端的反思，自20世纪80年代起，美国政府开始注重家庭对儿童成长的意义，家庭维系成为美国儿童保护的主题。1980年6月《收养援助与儿童福利法》（Adoption Assistance and Child Welfare Act）的颁布标志着美国的儿童保护转向家庭维系取向，尽力保护家庭和儿童是该法案的主旨思想，它要求各州政府"尽力"避免将受虐儿童从他们的父母身边带走。然而过度依赖家庭维系有时也会导致悲剧。理查德·盖勒斯（Richard Gelles）在1996年出版的《大卫之书：保护家庭怎能以牺牲孩子们的生命为代价》（The Book of David: How Preservation Families Can Cost Children's Lives）一书中强有力地批判了建立在家庭维系基础之上的儿童保护政策。1997年，美国国会通过《联邦收养与家庭安全法案》（Federal Adoption and Safe Families Act），该法案把儿童安全置于首位，授权各州政府在极端状况下可以放弃维系家庭，直接终止父母权利。②

---

① Widom, C. S., "Child Abuse, Neglect and Adult Behavior: Research Design and Findings on Criminality, Violence and Child abuse", *American Journal of Orthopsychiat*, Vol. 59, No. 3, 1989, p. 73.

② Gelles, R. J., *Issue in Intimate Violence*, CA: Sage Pub, 1998, p. 5.

三　日本的儿童保护法律

第一次世界大战之后，伴随着日本社会的工业化发展，使用和虐待童工现象日益严重。日本政府迫于各方面的压力，于 1933 年出台《儿童虐待防止法》保障贫困儿童的权益，这是日本第一部针对儿童虐待问题和确认儿童受保护权利的专门性法律。受儒家文化影响，日本社会在近代之前普遍认为儿童教养应是家庭内部之事，公权力不应介入家庭内部。1933 年《儿童虐待防止法》基于国家亲权主义原则，蕴含着"法亦可入家门"的理念，赋予了公权力介入儿童保护工作的权力。

1947 年，日本政府颁布《儿童福祉法》，该法和《民法》中的相关规定随即成为日本处理儿童保护问题的主要法律依据。该法遵循《联合国儿童权利宣言》的理念，积极为全体儿童谋取福利，将刑罚制裁也规范在《儿童福祉法》中，第六十条第一项规定，违反第三十四条第一项第六款（使儿童卖淫）者，处十年以下有期徒刑，并处 300 万元以下罚金。但由于时代的变迁，社会与家庭结构的变化，《儿童福祉法》实施后虽经多次修订，但由于缺乏可操作性，始终无法得到有效实施，实践中难以真正起到保护儿童的作用。20 世纪 90 年代之后，日本成为《联合国儿童权利公约》的成员国，儿童保护问题又一次开始被日本社会所重视。2000 年 11 月 20 日，新修订的《儿童虐待防止法》正式生效，该法案清晰地界定了哪些行为属于"儿童虐待"，确保在评判和惩治儿童虐待事件时有法可依，同时强调基层团体对儿童保护的职责，无论是学校、幼儿园、警察局、医疗机构等社会机构，还是教师、警察、医生、邻居等个人都有责任和义务保护儿童远离伤害。

《儿童虐待防止法》随后又经 2004 年、2016 年、2019 年三次修订，《儿童福祉法》也于 2019 年再次修订，经过不断的修订完善，《儿童虐待防止法》和《儿童福祉法》为日本的儿童保护工作建立起集预防、教育、介入、惩治于一体的法律保障体系。[①] 每个人总会经历不可预期的挫折、创伤或困境，如何面对生活中的困难事件，最好的方式是保持弹性。《儿童虐待防止法》提出，要增强儿童心理弹性，发展儿童的社会能力，增强师生之间的信任关系，教师与学生沟通对学生的高期待，教师提供学生有意义的学习机会。增加儿童的心理弹性，首先应培育有效能的教师，教师要了解心理弹性对学生的终生影响，相信所有学生都能成功，相信学生有社会情绪的需求，这些需求是在各个学科中学习而不是额外的课程。教师要具有同理心，重视学生的成功经验与安全的教室氛围，了解学习障碍会导致学生害怕失败，从而造成心理上的伤害。

四 新加坡的儿童保护法律

在保护和救助受虐儿童方面，新加坡先后制定并出台了相关法律文件，包括《儿童保护法令》《幼儿监护权法》《儿童收养法》《儿童和青年法》《新加坡儿童虐待管理指南》等，这些法律条例在整体上构成了保护和救助受虐儿童的法律框架。1999年，新加坡颁布《儿童虐待管理指南》，2003年再次进行修订，规范相关机构和组织的工作程序，并指导他们介入调查，进一步明确了儿童虐待的基本内容、主要类型、评估模式、调查程序、保密原则等。《儿童虐待管理指南》具有很强的可操作性，如在判定监护人是否虐待儿童时，是从身体和行为两个方面给出了具体的指标，这为司法干预提供了有力依据。该指南中还有专章给出了与儿童保护相关的所有法律，分别介绍相关的保护条例和处罚条例，对各种危害和虐待儿童的罪行做出了明确规定。此外，该指南还给出了很多配套的制度，以附件的形式对处理儿童保护问题做了详细说明，随着新加坡儿童保护的国家标准颁布，建立了跨部门联网的工作机制，增加了跨部门工作的透明度，形成了一个自上而下的全国儿童权益

[①] 陶亚哲、张莉：《日本家暴受虐儿童立法的源起、特点及其启示》，《早期教育》（教育科研）2017年第7—8期。

保护体系。①

在这些法律法规的基础上，对于儿童保护构建了较为完善的三级预防体系：初级预防，预防儿童虐待的发生，由信息筛查获取产生虐待情境的因素，用以预测高风险个案，再评估危险因子及保护因子后，利用现有资源降低危险因子以及增强保护因子，以减少儿童虐待发生率；次级预防，在面临疑似个案时，设计完整的儿童虐待评估表，便于社工人员评估使用，力求达到早期发现和早期介入；三级预防，治疗受虐者及其家庭并减少儿童虐待的再发率，通过团队合作协助家庭处理创伤经验，并联系相关单位给予相关保护措施。② 可以说，《处理虐待儿童个案程序指引》为协助有关专业人士更有效地处理儿童虐待案件提供明确的指导，充分保障了儿童权益。

第四节 儿童保护的社会保障

当儿童在遭遇不当对待或危险时，父母没能力改善又不寻求外在帮助，政府和相关机构必须主动提供服务，以保障儿童的安全并提供适当的照顾，通过个人、团体和社区的共同努力，保障儿童避免各种不同程度形式的伤害，以维护儿童自身的权益。基于法律法规，世界各国相继建立起具体的保护儿童、使儿童免受虐待的防范治理系统和社会保障制度，如强制报告制度、儿童福利基金保障制度、儿童家庭维系与支持服务等。

一 强制报告制度

儿童保护服务的目的是保障儿童在一个健康安全的环境成长。当儿童遭受不当对待时，国家公权力应及时主动介入以保障儿童的身心安全，通过外在系统资源恢复家庭功能，阻止儿童伤害问题的进一步扩

---

① 李珊、李小艺、杨健羽：《探析新加坡儿童权益保护法律体系》，《广西青年干部学院学报》2016年第3期。

② Kiess, W., et al., "Child Protection Prevention of Child Abuse and Neglect", *Kinder-undJugendmedizin*, Vol. 9, No. 2, 2009, p. 93.

大。在一些国家的法律法规中,虽然也规定和倡导举报儿童受虐事件,但却没有明确举报主体责任和相关的举报处理程序,不利于儿童保护工作的开展。所谓"强制报告",指的是与儿童密切相关的主体(如教师、医生、社工等)应当基于其职业能力对疑似发生虐待儿童的情况向相关部门举报,如果出现知而不报的情况,将会被追究法律责任。强制报告制度最初产生于20世纪60年代的美国(1963年),随后,加拿大(1965年)、澳大利亚(1972年)等国家也先后建立起了强制报告制度。

在强制报告制度中,报告责任主体是有机会在日常生活中与儿童密切接触、容易发现儿童受虐且基于职业能力可以初步判定儿童受虐情况的人士,比较常见的报告责任主体有教育工作者,医生、护士、治疗师、营养师等医务工作者,社区工作和服务人员,儿童的监护人或其他照料人员以及心理咨询师等。[1] 儿童受虐是一个长期的持续性过程,儿童的身心会出现较为明显的心理与生理行为异常特征,早期发现和处置是最为重要的关键手段。其中作为报告主体之一的教师与儿童互动的时间较长,经常和家庭照顾者沟通交流,容易发现儿童遭受暴力时表现出的言语和行为的转变。教师报告是受虐儿童伤害程度评估的重要依据,如果教师保持足够的警惕和敏锐度,就能尽早发现和处置,在一定程度上减轻儿童受虐的伤害程度。

当这些报告责任主体发现儿童正在遭受或已经遭受身体虐待和性虐待时,法律强制他们必须进行报告。当发现可能存在精神虐待和忽视的情况时,由于有时难以判断,是否将其列为强制报告内容,不同国家和地区的立法规定不尽相同。澳大利亚的新南威尔士州规定无论是身体虐待还是精神虐待,报告责任主体均须报告;而澳大利亚首都特区则规定只有发现身体虐待和性虐待时,责任主体才有报告义务。[2] 强制报告特

---

[1] Shen, J., Y. Cai, "The Law Protection of Child Abuse in America: Taking the State Model Child Abuse Protocol in Georgia for Example", *Studies in Early Childhood Education*, Vol. 82, No. 2, 2013, p. 32.

[2] Pan, D., S. Li, W. Jiang, "An Exploration on Perfecting Child Protection in the Perfective of Establishing Child Abuse Crime", *Journal of Anhui Vocational College of Police Officers*, Vol. 74, No. 12, 2014, p. 3730.

别关注身心障碍儿童的权益保障，通报的事件主要包括身心障碍儿童被遗弃、虐待以及限制自由，将身心障碍儿童置于易发生危险或伤害的环境，利用身心障碍儿童进行乞讨或表演，强迫或诱骗身心障碍儿童发生性关系，以及其他对身心障碍儿童的不正当行为。相关部门在接到报告之后，应当立即开展虐待儿童事件的调查工作，为受虐儿童提供保护服务并处罚施虐者。以美国为例，接到报告后，儿童保护机构立即开展初步审查，如果报告内容不符合虐待的法律界定或可信度存疑，这些报告将会被删除；如果报告有待进一步调查核实，则需要组织儿童保护机构等相关部门进行核查，对于非常严重涉及犯罪的虐童报告，将会成立一个专门的小组进行调查评估，小组成员包括警察、医生和儿童保护中心成员等，启动调查时间通常是在接到报告后的72小时之内，紧急情况应当24小时内。[①]

在处理儿童虐待案件过程中，工作人员按照规定进行调查和取证，检查儿童的生理和心理状况，评估家庭的生活和经济状况，同时与学校、医院和社会福利机构建立调查渠道，另外可申请对儿童做健康检查、医学诊断以及心理测验。如果父母亲反对留院检查，相关工作人员可向法院申请执行儿童保护并剥夺亲权。如果调查结果显示的确存在虐待儿童状况，调查人员会根据具体情况采取不同措施：如果把儿童留在家中再次受到虐待的可能性较小，那就可以让儿童继续与家人共同生活；如果发现儿童留在家中将面临再次受虐，儿童保护机构的工作人员就会将儿童带离原生家庭并向法庭提出诉讼，并由法庭指派特别监护人。[②] 对于被带离原生家庭的儿童，一般有3种安置方式，分别是寄养安置、机构安置以及收养安置。机构安置是指无血缘关系的儿童生活在一起，由机构工作人员抚养和照顾，主要针对具有特殊需求的儿童，如行为异常的儿童和身心有特殊问题的儿童。机构安置对儿童保护有着重

---

① Brosig, Cheryl L., Kalichman, Seth C., "Child Abuse Reporting Decisions: Effects of Statutory Wording of Reporting Requirements", *Professional Psychology: Research and Practice*, Vol. 23, No. 6, 1992, p. 486.

② 杨志超：《美国儿童保护强制报告制度及其对我国的启示》，《重庆社会科学》2014年第7期。

要的作用，因为通过支持性福利服务，原生家庭功能仍然无法恢复，儿童返家仍然会处于高风险的环境，因此会停止父母全部的亲权，并将监护权移转给教养机构，目前机构安置的方式已逐渐被淘汰，安置受虐儿童的主要方式是寄养或收养。在加拿大，法律规定了寄养家庭标准，并且为接受寄养儿童的家庭提供经济补助，寄养时间一般为3—5年。寄养结束后，儿童保护机构重新对儿童的原生家庭进行评估，通过评估的家庭，儿童将允许回归原生家庭；未通过评估的儿童则会继续被安排寄养或收养，而对于经核实的施虐者，将会被依法判刑和处以罚金。

二 儿童福利基金保障制度

物质条件的匮乏使得个体生活无法得到满足，导致个体自尊较低以及自动与人疏离，甚至受到邻居的歧视和排斥，结果导致个体人际关系的孤立，缺乏来自友邻、家人和朋友的支持，从而影响与朋友、同事或社区邻里的互动。经济拮据带来的巨大家庭压力和负担，导致父母无法积极投入家庭照顾角色。贫穷产生的生活压力会影响父母的情绪，家长一直处于易怒、沮丧和不稳定的情绪状态，容易导致父母对孩子实施惩罚和虐待行为。研究结果表明，儿童遭受虐待的风险和贫穷相关，家庭年收入低于1.5万美元者，相对于年收入高于1.5万美元的家庭，儿童受虐待的风险可能增加42.3%。[①]

家庭经济困难是造成儿童虐待的重要因素，受虐儿童通常会患有生理和心理疾病，为了消除受虐儿童身心伤害，必须到医院接受治疗，如果受虐儿童家庭经济拮据而无力承担医疗费用，国家应该帮助家庭支付医疗费用。另外由于贫困而无法维持基本生活所需的家庭，国家应该进行津贴支持，缓解家庭的经济压力，保持家庭的生活安定，从而促进家庭恢复正常生活。儿童福利基金保障制度由多项政府财政支持的补贴制度以及政府购买服务政策构成，简而言之，儿童福利基金保障制度主要

---

① Kim, H., et al., "Lifetime Prevalence of Investigating Child Maltreatment Among US Children", *American Journal of Public Health*, Vol. 107, No. 2, 2017, p. 126.

是政府利用经济手段进行宏观调控，这种方式有利于提高出生率，并且能为儿童以及儿童的家庭谋福利，保障儿童的权益。英国充分利用市场经济的方式来建立和调节儿童福利制度，英国的儿童福利基金保障制度体系相对健全，包括儿童保障津贴制度、儿童信托基金制度、税收抵免制度、家庭寄养减税制度等。[①]

国家津贴包括社会保险、社会救助与社会津贴，社会保险目的在于减缓风险导致家庭收入中断或减少的影响，社会救助是针对低收入或贫困户的经济补偿，社会津贴是对特定人群的普及性支持。19世纪末，法国、德国等欧洲国家开始对经济贫困的家庭提供补助，这是最早的儿童津贴，1930年比利时发放普及性儿童津贴，1962年新西兰政府颁布儿童津贴政策。[②]儿童津贴是一种社会津贴，是国家给全体儿童的普及性资金支持，无论家庭收入高低，只要有孩子的家庭都享有领取儿童津贴的权利。在儿童保障津贴制度中，儿童保障津贴有多种，包括儿童福利金、监护人津贴、家庭津贴等。儿童福利金是政府针对育有儿童的家庭发放的生活津贴以及对家庭困难儿童的家庭补助。原先英国的儿童福利金对所有儿童发放，2013年之后则不再对来自高收入家庭（夫妻一方的年收入超过5万英镑）的儿童发放。[③]孤儿或单亲家庭孩子的监护人有资格申请监护人津贴。每周工作16小时、收入低微、同时需要照顾儿童的监护人可以申请家庭津贴。

儿童信托基金制度由英国的布莱尔政府提出的，受2008年全球金融危机的影响，卡梅伦政府曾一度叫停，遭到英国广大民众的反对。儿童信托基金是一种免税存款账户，所有英国儿童出生时都会自动获得一个儿童信托基金账户，英国政府会在开立账户时和儿童7周岁时向账户中各存入250英镑，家庭困难儿童每次还会额外获得250英镑，另外，

[①] 张华英：《英国儿童权益保护工作凸显三大特色》，《社会福利》（理论版）2012年第4期。

[②] Jennifer MacLeod, Geoffrey Nelson, "Programs for the Promotion of Family Wellness and the Prevention of Child Maltreatment: A Meta-analytic Review", *Child Abuse & Neglect*, Vol. 68, No. 9, 2008, p. 68.

[③] 陈彦霏：《英国儿童福利制度的特点和启示》，《中国社会报》2019年6月3日第7版。

父母也可以每年往账户中存款，直至儿童满16岁或18岁取出，用于技能培训或高等教育的花费。① 税收抵免制度和家庭寄养减税制度都是通过减少纳税额度来给予抚养儿童家庭的福利，与儿童一起生活的成年人，如儿童的父母、监护人或者是寄养家庭的成员都可以申请一定额度的个人所得税减免，税收抵免和减税制度可以鼓励成年人更好地照料儿童。

三 儿童受虐危机管理制度

儿童受虐危机管理是一个多学科和跨学科的系统问题，涉及心理学、儿科医学、社会学、人类学、法律和公共政策，涉及的问题包括儿童虐待和创伤、神经生物学、社会政策和法律法规、预防体系和社区实践。儿童受虐危机预防的理论基础是布朗芬布伦纳提出的生态理论模型：环境可以分成层次鲜明的系统，个体嵌套于相互影响的环境系统之中，这些环境系统可以分为微系统、中间系统和外系统，环境系统将个体包围于核心，在这些系统中，通过人与环境之间互动，对个体的行为以及发展起着重要的作用。② 微系统由儿童生活和活动的环境构成，儿童体验与知觉到该场所的活动以及人与人之间的关系，包括儿童与家长互动的微系统称"家庭"，儿童与儿童互动的微系统称"同伴"，幼儿与老师互动的微系统称"师幼"。

中间系统指微系统中人们的相互交往。无论是儿童，还是与儿童生活有关的其他人，都会受到中间系统和微系统的影响。中间系统包括教师（学校微系统）与家长（家庭微系统）的沟通，学校微系统与社区微系统的互动，这些系统间的互动都影响着儿童的发展。在微系统中为孩子建立支持性的联系，会使儿童有更大的发展，如果儿童在家中与父母建立起安全依附情感，那么当孩子在进入幼儿园时，就会主动接近其他儿童并产生合作行为，良好的亲子关系有助于孩子在外在系统中快速

---

① 路晓霞：《英国儿童服务制度研究与借鉴》，《预防青少年犯罪研究》2013年第6期。
② Bronfenbrenner, *Ecological Systems Theory*, In R. Vasta（Ed.）, Six Theories of Child Development: Revised Formulations and Current Issues, Philadelphia: Kingsley, 1992, p. 187.

地适应环境。外系统是指儿童未直接参与，但会对儿童产生间接影响的环境，是整个社会大环境，包括文化或亚文化的态度、意识形态、价值观、法律和风俗等，外系统为个体设立了行为标准，大到政策法令的制定，小到日常生活的态度言行，其背后都隐含着社会或个人的文化价值（表7-4-1）。

表7-4-1　　　　　　　儿童虐待事件的生态因素

系统	危机因素
微系统（Micosystem）	1. 个人特质有暴力倾向　2 情绪控制差　3. 压力过大及压力处理能力不足　4. 童年期目睹暴力或者有受虐经验　5. 精神疾病　6. 药物酒精滥用
中间系统（Mesosystem）	1. 育儿及管教方式不当　2. 缺乏社会支持系统　3 婚姻失调、单亲　4. 失业贫困
外系统（Exosystem）	1. 社会隔离　2. 偏好特定性别儿童，如重男轻女　3. 地域文化　4. 儿童被视为财产　5. 打骂管教文化　6. 家庭暴力是私事

　　生态理论强调各体系组成的灵活联结，不同于一般静态观点，它特别提出了中间系统的概念，强调个体的社会关系以及个体之间的相互影响。这让人们关注到施虐家庭存在社会孤立（social isolation）以及缺乏社会支持网络（social support network）。[①] 生态理论强调儿童发展是个体与周围环境互动的结果，环境是儿童发展的关键因素，周围的人、事、物都是儿童成长中不可忽视的影响因素。生态理论模型认为系统中每一个组成部分都会与其他的组成部分相互影响，从而构成了儿童发展的复杂背景。受虐儿童保护的研究从单因素分析到多因素系统分析，将个体的成长和发展所需要的各个因素相结合，各个系统相互融合，这些将会直接促进受虐儿童的成长和发展。组成家庭系统的因素，不是个体的人，而是人与人之间交互作用的社会关系，人与周围环境之间是相互影响和相互适应的，亲密的家庭氛围有利于儿童形成自律和乐群的个性，而儿童良好的个性特征反过来又有利于形成家庭成员间的亲密关系，两者是

[①] Fleury, J., Lee, S., "The Social Ecological Model and Physical Activity in African American Women", *American Journal of Community Psychology*, Vol. 37, No. 4, 2006, p. 129.

相互加强、逐步递进、螺旋发展的。① 运用生态系统理论建构儿童危机管理系统（表7-4-2），通过医生、护士、社会工作员、临床心理工作者、教育人员、保育人员、警察、司法人员以及其他执行儿童福利工作人员协同配合，做好危机信息的收集和筛查工作，及早发现高危家庭和儿童，落实积极性的预防和处置措施，避免虐童事件的再度发生。②

表7-4-2　　　　　三种危机评估系统的比较

类型	矩阵系统	共识系统	精算系统
评估方法	危机评估矩阵	专家危机共识系统	计算机评估系统
评估项目	1. 儿童特质 2. 虐待及疏忽程度指标 3. 虐待历史与复发风险 4. 主要与次要照护者特质 5. 照护者与儿童关系 6. 社会经济因子	1. 儿童评估 2. 照护者评估 3. 家庭评估 4. 压力源评估 5. 介入机构评估	1. 从实证量化数据中建立危机因子 2. 结合多重危机因子预测儿童虐待与疏忽的复发因素
危机等级	1. 最低风险 2. 低风险 3. 一般风险 4. 高风险 5. 最高风险	1. 无此现象 2. 不太确定 3. 低度风险 4. 中度风险 5. 高度危机	1. 低风险家庭 2. 中风险家庭 3. 高风险家庭
危机鉴定	1. 计算儿童虐待严重程度和频率 2. 使用矩阵分类划分家庭功能强弱的风险因素	1. 辨别危机因子 2. 建构危机评估模式 3. 确定最危险和复发风险的危机因子	1. 计算儿童虐待或疏忽的风险指数 2. 评估再度发生风险的概率

对儿童虐待危机进行评估的样本来源非常广泛，有的来自儿童保护社会服务项目、医疗单位项目和教育机构项目，还有很大一部分来自社区项目，数据来源主要包括儿童保护记录、专家判断、父母或监护人报告、对父母或孩子有组织地观察、医疗记录以及孩子的自我报告。因此要做到有效评估，还需要利用大众媒体和儿童保护热线，唤起民众重视

---

① ［美］珍妮特·冈萨雷斯·米纳：《儿童、家庭和社区——家庭中心的早期教育》，郑福明等译，高等教育出版社2012年版，第89页。

② Pecora, P. J., "Investigating Allegations of Child Maltreatment: The Strengths and Limitations of Current Risk Assessment Systems", *Child and Youth Services*, Vol. 26, No. 2, 1991, p. 73.

并参与儿童保护工作,让普通民众学会辨识高危对象。一般遭受虐待的儿童会显现出较多外在的行为问题,如不服从,容易发脾气,攻击同伴,同伴关系较差,经常出现焦虑、沮丧和恐惧等负向情绪,学习成绩较差等。儿童受到各种虐待存在以下不同指标:一是身体虐待的指标,具体表现为不明原因的瘀伤或伤痕,不明原因的烧烫伤及灼伤,不明原因的骨折或脱臼,行为举止异常;二是精神虐待的指标,具体表现为偏差习惯,呈现退缩的行为,攻击或欺负其他同学,情绪或智能发展迟缓,容易自责,自我概念低落;三是疏忽的指标,具体表现为体重过轻或营养不良,严重的皮肤病,上课时疲倦,打瞌睡,行为举止异常,有偷食物的行为,经常离家出走或者在外游荡;四是性侵害的指标,具体表现为外生殖器部位有瘀伤、撕裂伤、肿胀、破皮或流血等情形,排尿或排便时疼痛,走路或坐下困难,生殖器疼痛或瘙痒,行为举止异常,害怕与异性接触,害怕学校的健康检查,极度害怕身体与他人接触。[1]

危机管理(Crisis Management)是指一种有计划的、连续的、动态的管理过程,也就是政府、组织或个人针对潜在或当前的危机,于事前、事中或事后利用科学方法采取一系列的应对措施,并根据信息反馈进行不断调整的动态过程,来有效预防危机、处理危机以及化解危机,主要目的是避免危险的伤害。[2] 儿童虐待危机管理分为三个阶段:一是危机爆发前的预防阶段,主要对象是新生儿的父母,运用抚育指标筛查出有可能伤害儿童的父母;二是危机爆发时的处理阶段,成立危机管理小组,负责对个案可能持续遭虐的状况进行追踪,安排事件处置所需的资源,申请儿童保护令或者采取合适的方式安置儿童,评估受虐儿童的危机程度,分为低度、中度与高度危机三种(表7-4-3),只要有其中一项落在危险范围内,就将该儿童列为高风险个案;三是危机解决后的评估阶段,危机处理后及时组织相关人员进行长期性追踪,降低危险因子以降低再度发生虐童的风险。

---

[1] 纪璃璃、纪樱珍、吴振龙:《儿童虐待及防治》,《北市医学杂志》2007年第7期。
[2] 郑新宜:《基层警察在儿童受虐防护网络中的角色之探讨》,硕士学位论文,世新大学,2007年,第8页。

表7－4－3　　　　　　　　受虐儿童的危机程度

项目	低度危机	中度危机	高度危机
自我保护能力	有自我求助能力且可自我照顾和保护，不需要成人协助	虽有自我求助能力，但需要成人协助才能照顾和保护自己	完全无求助能力且一定需要成人的协助、保护和照顾
受伤部位	膝盖、手肘、屁股	躯干、四肢	头部、脸部或生殖器、脏器
家庭教养能力	照顾者或管教知识及能力较为适当	照顾者或管教知识与能力较为缺乏	照顾者或管教能力严重缺乏
家庭经济能力	刚失业一星期	失业一星期至二个月	失业二个月以上

四　儿童家庭维系与支持服务

在20世纪70年代之前，国家保护受虐儿童通常采用的方法是将儿童带离家庭。20世纪70年代之后，人们的观点开始发生转变，认为不应该把父母看作问题的源头，解决儿童保护问题的关键是维持家庭环境的安全稳定，因此出现了"家庭维系"（Family Preservation）的概念。家庭维系基于这样的理念，即将儿童与家庭分开会带来持久的不良影响，如果能给父母提供恰当的支持服务，改变他们的生活状态，那么儿童就有可能在家中得到保护。受虐儿童是家庭和社区的一分子，受到家庭、社区、文化及自身因素影响，"以家庭为中心"的护理（family-centered care，FCC）重点关注儿童安全和健康发展的需要，提供无创伤性的照护环境，运用护理措施预防或减少儿童及其家庭所承受的身心痛苦（如疼痛、失眠、焦虑、害怕、生气、失望、羞耻、罪恶感等）。[1] 创伤性照护（Atraumatic care）的运用遵循如下原则：预防及减少儿童与家人分离；增加控制感；预防或减少身体伤害与疼痛；进行任何不熟悉的治疗前的心理准备；提供治疗性游戏；采取24小时弹性会客来增加儿童和父母的生活安全感，从而通过缓和家庭成员之间关系来促进儿童恢复健康和提升儿

---

[1] Wong, D. L., *Whaley & Wong's Nursing Care of Infants and Children*, St. Louis, MO: Mosby, 1999, p. 15.

童对照护的满意度。[1]

当前国际儿童保护存在两种不同的政策模式,即儿童强制保护与家庭支持模式。[2] 采取强制保护模式的国家倾向于以个人归因方式解释儿童虐待问题的发生,认为儿童虐待事件是父母管教不当或照顾疏忽所致。基于这样的理论假设,这些国家一般建立强制通报制度,并采取法医学方式进行案件调查,采用公权力将儿童带离家庭进行安置,甚至剥夺家长的监护和照顾权利,政策主要聚焦儿童安全,关注儿童虐待风险预防及管控。如果儿童无法在原生家庭中成长,就会被安置于家庭以外场所。但是无论家外安置的时间长短,都会在一定程度上对儿童形成新的冲击和创伤,于是替代性福利服务开始转向支持性福利服务,这样既可以保持原生家庭的完整,同时又满足儿童所需的父母依赖关系和家庭归属感,由社工人员到案主的生活场域内,为家庭提供多元支持服务,帮助他们认识产生家庭冲突问题的原因,帮助家庭解决亲子关系危机的能力。家庭维系的目的在于为家庭赋能,从而达到预防儿童虐待事件的再次发生。

表7-4-4　　　　强制保护与家庭支持政策的比较

项目	强制保护	家庭支持
服务内容	1. 报告与调查制度 2. 提供受虐儿童安置服务 3. 家长亲职辅导	1. 报告与调查制度 2. 提供普及性家庭维系服务 3. 家长亲职辅导
服务能力	1. 儿童虐待报案量激增 2. 存在严重的虚报问题	1. 受理一般儿童问题 2. 忽略高风险家庭
服务绩效	1. 缺乏支持家庭的服务 2. 大量儿童被带离家庭 3. 社工与案主关系的紧张	1. 强调事前预防 2. 社工与案主的合作关系 3. 重视家庭功能的恢复

家庭支持模式主张家庭是儿童成长的最佳环境,协助家长正确保护

---

[1] Giuliano, K. K., Giuliano, A. J., Bloniasz, E., Quirk, P. A., Wood, J., "Families First Liberal Visitation Policies may be in Patients Best Interest", *Nursing Management*, Vol. 31, No. 5, 2000, p. 46.

[2] Pösö, T., Skivenes, M., Hestbæk, A. D., "Child Protection Systems within the Danish, Finnish and Norwegian Welfare States-time for a Child centric Approach?" *European Journal of Social Work*, Vol. 17, No. 1, 2014, p. 475.

及教养其子女，加大服务家庭的力度，强化邻里社区的人际系统，这样家庭就可以获得社会支持，获得自尊感、情绪性以及人际层面的支持，有助于家庭在遭遇压力的时候，有来自外部的支持系统以及保护力量提供儿童安全稳定的家庭环境。儿童虐待的行为和施虐者个人因素以及生态环境因素有关，落实儿童保护既要保护受虐儿童，同时也要帮助施虐者，因为施虐者缺乏自信、自我控制力弱以及人格特质不成熟等都会造成虐童行为，同时经济压力和落后的地域文化等生态因素也是形成虐童的风险因素，因此应对高风险的家庭给予帮助，提供物质和精神上的支持，减轻家庭压力与负担，避免或降低儿童受虐的风险。

1990年，美国逐步建立密集型家庭维系服务（Intensive Family Preservation Service）体系。密集型家庭维系服务是指在一个限定期限内，积极主动地介入高风险家庭，通过教授亲职教育、情绪控制以及家庭内冲突解决技巧等具体服务，提高父母的教养能力，协助其解决家庭压力问题，发展家庭的正式与非正式支持系统，帮助高风险家庭恢复家庭功能，确保高风险的儿童、青少年的安全并使儿童、青少年能拥有稳定家庭的一系列服务。[①] 针对情节较严重需要家外安置的儿童，可以先在相关机构或者寄养家庭妥善安置，在隔离期内安排儿童与父母定期见面，同时提供家庭所需的经济和辅导等支持服务，化解家庭的危险因子，待儿童返家的阻碍解除后，儿童就可以结束家外安置而重返家庭。

在具体操作层面，当儿童的家庭成员主动求助或者通过与儿童密切接触的学校、社会机构转介，提供密集型维系服务的机构接到求助或转介后便与儿童虐待或忽视的高风险家庭联系，获得进入许可，随后相关工作者便开展针对高风险家庭的密集型家庭维系服务。工作者与家庭成员共同商讨家庭维系方案，可以为家庭成员提供教育与行为训练、生活技能培训等一系列服务。一般情况下，家庭维系服务的工作人员在同一时间内只服务1—2个家庭，从而可以保证24小时"随叫随到"的高质量密集型服务。

[①] 罗玲、张昱：《美国密集型家庭维系服务及其对中国的启示》，《理论月刊》2016年第6期。

第八章 中国儿童保护的政策进展与趋势

儿童遭受虐待的现象长期存在于人类社会中，儿童属于相对弱势的群体，他们的生存与发展权利在人类社会中长期被成人社会否定或者忽视，这就直接导致儿童受虐问题一直未被视为严重的社会问题并且进行有效干预。针对儿童受虐问题，社会工作学科与医学、心理学学科相比，前者既关注个体层面的认知、行为和情绪方面的问题，又关注家庭、组织、社会和制度层面的问题，更重要的是它强调在社会模式和权利模式下优化个体与环境之间的互动关系，而后两者则更多聚焦于个体认知、行为和情绪方面具体问题的诊断、识别和干预。儿童虐待问题受到儿童个体、家庭、社区、社会以及制度与文化等多重因素的影响，因而社会工作学科的显著优势在于以生态系统视角分别从宏观、中观和微观多个维度来评估和干预儿童虐待，注重根据虐待过程和阶段来积极发挥保护性因素和控制风险性因素的作用，基于受虐和易受虐儿童个体及其家庭的需要开展专业服务和福利资源传递。

第一节 儿童保护法律法规体系的建构与取向

纵观新中国成立以来儿童保护事业的发展历程，政府历来高度重视儿童保护问题，关注儿童生存与发展权利的保障，尤其是在 1990 年和 1991 年相继签署《儿童权利公约》《儿童生存、保护和发展世界宣言》《执行九十年代儿童生存、保护和发展世界宣言行动计划》之后，随着中国儿童福利事业与国际儿童福利事业的接轨，以及儿童权利理念的传播和依法治国进程的深入推进，社会对儿童的关注程度显著提高，人们对儿童作为独立平等的个体的认识不断加深，有关儿童保护方面的专门立法工作正式启动。① 儿童生存与发展的各项基本权利不仅仅只是停留在政策倡议口号层面，而是逐渐得到更为强有力的法律保障。总体来看，中国儿童保护的政策法规具有以下发展特点。

一 儿童保护的价值理念不断纳入法律精神

儿童保护的价值理念主要建立在对儿童主体性、独立性发现、尊重、认可与接纳的基础上，在法律意义上，其核心是儿童与成人一样享有独立、平等的权利主体地位。在现实世界中易遭受成人世界侵害的儿童所享有的各项权利应受到法律保障，通过相应的制度设计来回应与满足儿童的需要，改善儿童的生存状况，促进儿童的发展。② 这一关于儿童保护的核心的价值理念随着时代的发展不断被吸收纳入立法考量中，构成中国法律精神的重要底色，持续影响着儿童保护的实践。

新中国成立以后，中国在宪法上确立了儿童保护的基本价值立场。1954年第一部《中华人民共和国宪法》（以下简称《宪法》）第96条旗帜鲜明地规定："婚姻、家庭、母亲和儿童受国家的保护。"这就申明了儿童保护的国家立场。此后，《宪法》经过多次修改，此条仍一直保留，并在1982年修订后的《宪法》第49条中进一步被规定，同时补充强调"父母有抚养教育未成年子女的义务""禁止虐待老人、妇女和儿童"，该项规定一直延续至今。③ 中国在根本大法中明确写入儿童保护条款并增加相应的禁止性规定，充分体现了国家之于儿童保护的责任的强调，凸显了国家在政治意识形态上对儿童保护的关注。④ 需强调的是，1982年《宪法》不仅再次声明儿童保护的基本价值立场，而且从

---

① 赵芳、徐艳枫、陈虹霖：《儿童保护政策分析及以家庭为中心的儿童保护体系建构》，《社会工作与管理》2018年第5期。
② 易谨：《儿童福利立法的理论基础》，《中国青年政治学院学报》2012年第6期。
③ 杜雅琼、杜宝贵：《中国儿童保护制度的历史演进》，《当代青年研究》2019年第3期。
④ 程福财：《中国儿童保护制度建设论纲》，《当代青年研究》2014年第5期。

儿童保护的权利视角出发重点规定了儿童享有受教育权利，特别确立了国家在儿童培养方面的责任。《宪法》第46条明确指出："中华人民共和国公民有受教育的权利和义务，国家培养青年、少年、儿童在品德、智力、体质等方面全面发展。"由此可见，儿童发展权利的实现（主要表现之一为法律保障儿童的受教育权）在国家层面被高度重视，儿童权利的价值理念已纳入法律制定的过程中。

除《宪法》外，有关儿童保护的议题还在其他一些法律法规中被提及，保障儿童最基本的生存与发展权利早已被纳入法律制定的精神内核之中。早在1954年，最高人民法院发布《关于处理奸淫幼女案件的经验总结和对奸淫幼女罪犯的处刑意见》，针对奸淫不满14周岁幼女罪犯的处刑问题，特别强调"无论在何种情况下或用何种手段，都应认为是极严重的犯罪，一般均应按其情节从严惩处"，对奸淫儿童的恶劣行径进行严厉打击与制裁，保护儿童生理与心理的安全与健康。[1] 与在政治上特别强调政府对于儿童保护的责任的宣示相呼应，中国还制定出台了一系列有关儿童保护的专门性法律与非专门性法律。[2] 其中，专门性法律主要包括《中华人民共和国义务教育法》《中华人民共和国未成年人保护法》《中华人民共和国收养法》《中华人民共和国预防未成年人犯罪法》，非专门性法律内含有儿童保护的相关条款，对儿童保护问题进行了相应的司法解释，主要包括《中华人民共和国民法通则》《中华人民共和国母婴保健法》《中华人民共和国婚姻法》《中华人民共和国残疾人保障法》《中华人民共和国教育法》《中华人民共和国继承法》《中华人民共和国人口与计划生育法》《中华人民共和国民事诉讼法》《中华人民共和国食品安全法》《中华人民共和国反家庭暴力法》《中华人民共和国家庭教育促进法》等。[3] 以《宪法》为根据，这些专门与非专门性法律基本构成了中国儿童保护的法律体系框架，为惩处侵害儿童权利的恶性事件，改善儿童不良的生存处境，保障儿童各项权

---

[1] 周强：《充分发挥案例指导作用促进法律统一正确实施》，《人民法院报》2015年1月4日第1版。
[2] 程福财：《中国儿童保护制度建设论纲》，《当代青年研究》2014年第5期。
[3] 赵川芳：《我国儿童保护立法政策综述》，《当代青年研究》2014年第5期。

利，落实儿童主体地位提供了相应的法律依据。

总体而言，对儿童权利的尊重与对儿童价值地位的认可已不断在中国法律精神层面上得到确认，保护儿童和关爱儿童已逐渐成为法律制定过程中必须考虑的重要价值导向。可以说，自1992年中国第一部儿童发展纲要——《九十年代中国儿童发展规划纲要》发布以后，特别是从2011年起，随着《中国儿童发展纲要（2011—2020年）》的颁布，中国儿童保护法律及相关的制度建设方面有了方向性文件，"儿童优先"和"儿童利益最大化"已提升到国家战略层面，并逐渐纳入中国法律精神的内核中。

二　儿童保护的对象范围在法律上不断扩大

中国有关儿童保护的法律在保障对象的范围上不断扩大，体现出由补缺向适度普惠甚至趋向全面普惠的发展方向。长期以来，中国儿童保护属于补缺模式，在法律政策方面尤为关注长期或短期失去家庭依靠的弃婴、孤儿和流浪儿童群体。[1] 在新中国成立初期（1949—1965年），受制于当时落后的生产力，儿童的温饱需求难以得到满足，关于儿童保护方面的法律政策数量相对较少，国家主要依据《宪法》《刑法》《婚姻法》等法律来重点保障孤儿、弃婴、流浪儿等脱离家庭的儿童的基本生活和生命安全。[2] 改革开放以后，中国虽然出台了一些专门性的有关儿童保护的法律法规（如《义务教育法》《未成年人保护法》《收养法》《预防未成年人犯罪法》等），在法律层面上强化对包括普通儿童在内的所有儿童的保护责任，但保障的侧重点仍然放在弃婴、孤儿、流浪儿童、残疾儿童群体上，重点保障的是儿童的生命健康与受教育的权利，从法律服务对象与其所承担的福利责任这个意义上来看，很长一段时间内中国法律视角下的儿童保护实行的是补缺模式。

---

[1] 乔东平、廉婷婷、苏林伟：《中国儿童福利政策新发展与新时代政策思考——基于2010年以来的政策文献研究》，《社会工作与管理》2019年第9期。

[2] 廉婷婷、乔东平：《中国儿童福利政策发展的逻辑与趋向》，《中国公共政策评论》2021年第1期。

进入21世纪以来，随着社会经济、政治、文化等方面的不断发展，政府治理方式的转变，特别是"科学发展观""和谐社会"理念目标的提出，中国在包括儿童政策在内的公共政策领域发生了重大社会转向，主要表现为在关乎民生福祉的社会事业领域中逐渐强化政府责任，着手构建基本公共服务体系，重点建立覆盖城乡居民的社会保障体系。① 在这一背景下，中国法律意义上的儿童保护也逐渐由补缺向适度普惠的方向发展。

具体而言，2006年颁布的《国民经济和社会发展第十一个五年规划纲要》对保障儿童权益特别是孤残儿童基本生活权益、健全社会保障体系提出了具体的要求，"适度普惠"的概念被提出，具体表述为："逐步拓宽社会福利保障范围，推进社会福利制度由补缺型向适度普惠型转变。"② 与此同时，随着经济文化的迅猛发展，孤残儿童的数量呈下降趋势，但由于受到社会生活方式迅速转变、生活节奏加快、工作压力增大和人们观念快速变化等各因素影响，单亲家庭、问题家庭的数量在增加，无人看护的儿童、留守儿童、流浪儿童、流动儿童、贫困儿童以及闲散未成年人的照料、管理已成为社会问题。③

针对此，中国政策法规中儿童保护的对象范围逐渐扩大，如2006年民政部等15部委出台《关于加强孤儿救助工作的意见》，这是新中国成立以来对孤儿生活救助和服务保障第一个综合性的福利性的制度安排，将孤儿救助对象扩展为所有失去父母的未成年人和事实上无人抚养的未成年人。④ 2010年，中国进入儿童福利元年，在这一年国务院出台《关于加强孤儿保障工作的意见》，该文件是中国政府第一次直接通过现金补贴的形式为福利机构内外的孤儿提供制度性保障，标志着中国在儿童保护特别是与其相关的福利政策方面取得重大突破，具有里程碑意义。⑤ 随

---

① 岳经纶、范昕：《幼有所育：新时代我国儿童政策体制的转型》，《北京行政学院学报》2021年第4期。
② 《中华人民共和国国民经济和社会发展第十一个五年规划纲要》，人民出版社2006年版，第62页。
③ 窦玉沛：《中国社会福利的改革与发展》，《社会福利》（理论版）2006年第10期。
④ 赵川芳：《我国儿童保护立法政策综述》，《当代青年研究》2014年第5期。
⑤ 刘继同：《改革开放30年来中国儿童福利研究历史回顾与研究模式战略转型》，《青少年犯罪问题》2012年第1期。

后，中国政策法规中的儿童保护对象范围逐渐由孤残儿童、弃婴、流浪儿童群体扩大至更广泛的困境儿童群体。[1] 2011年国务院发布的《中国儿童发展纲要（2011—2020年）》在重点强调提高孤儿家庭寄养率和收养率的同时，还新增了受艾滋病影响儿童和服刑人员未满18周岁子女的权利保障问题。[2] 在该文件精神的指引下，2013年民政部发布的《开展适度普惠型儿童福利制度建设试点工作的通知》将儿童群体分为孤儿、困境儿童、困境家庭儿童、普通儿童四个层次。2014年，民政部在各地积极推进困境儿童分类保障制度建设，并将其列为2015年工作重点。[3] 民政部还发布了《家庭寄养管理办法》，在规定符合家庭寄养对象的条件范围除了"未满18周岁、监护权在县级以上地方人民政府民政部门的孤儿、查找不到生父母的弃婴和儿童"之外，特别强调"流浪乞讨等生活无着未成年人"的家庭寄养问题也按此办法执行。2015年，国家出台《反家庭暴力法》，明确规定对遭受家庭暴力的未成年人应当给予特殊保护，并强调了学校与幼儿园在反家庭暴力中的责任，从法律层面上为遭受家庭暴力的未成年人提供了重点保障。此后，从2016年起，中国在政策层面上高度关注农村留守儿童问题，先后于2016年和2019年发布《关于加强农村留守儿童关爱保护工作的意见》《关于进一步健全农村留守儿童和困境儿童关爱服务体系的意见》，为农村留守儿童和困境儿童的生存与发展提供相应的政策支持与保障。

由上述可见，中国政策法规层面上的儿童保护的对象范围正在逐渐扩大，从特殊儿童（如弃婴、孤儿、流浪儿等）到困境儿童（如遭受家庭暴力的儿童、农村留守儿童、受艾滋病影响的儿童、服刑人员未满18周岁子女等）再到惠及全体儿童，保障对象明显增多和细化。[4] 总体而言，中国法律意义上儿童保护的对象特点呈现出由补缺到适度普惠甚

---

[1] 尚晓援、王小林：《中国儿童福利前沿》，社会科学文献出版社2013年版，第157页。
[2] 赵芳、徐艳枫、陈虹霖：《儿童保护政策分析及以家庭为中心的儿童保护体系建构》，《社会工作与管理》2018年第5期。
[3] 北京师范大学中国公益研究院：《构建普惠型儿童福利服务体系》，《社会福利》（理论版）2015年第6期。
[4] 廉婷婷、乔东平：《中国儿童福利政策发展的逻辑与趋向》，《中国公共政策评论》2021年第1期。

至趋向全面普惠的发展方向。

三 儿童保护的权利内涵在法律上深化延伸

中国儿童保护立法的基本价值理念是建立在儿童权利观的基础上的。随着立法过程中对儿童权利理解与认识的不断深化，中国法律视角下的儿童保护所涉及的儿童权利的内涵范畴在不断地拓展丰富，主要表现为儿童保护的相关法律不仅限于保障儿童最基本的生存与发展权利，而且逐渐落实儿童利益最大化原则，以儿童为本展开相应的制度设计，将儿童的受保护权、参与权、平等权等纳入法律制定的过程中。

在国际上，"儿童权利"的概念于1924年《日内瓦儿童权利宣言》中第一次被正式提出，在1959年《儿童权利宣言》通过后更加深入人心，并在1989年《儿童权利公约》中被再次表述。儿童权利的内涵丰富多元，根据《儿童权利公约》的精神，在法律层面上对其进行保障主要依据儿童利益最大化的原则，这也为中国制定儿童保护方面的政策法规提供了方向。基于儿童权利保护的考虑，中国法律视角下的儿童保护主要经历了从保障儿童生存权、发展权特别是受教育权到逐渐关注其他多元权利保障的阶段。

除《宪法》对儿童保护的原则性和方向性规定外，1991年中国通过了专门关于儿童保护、隶属于儿童福利法系的第一部国家大法——《未成年人保护法》。[①] 该法明确了未成年人保护工作的四项原则：保障未成年人的合法权益，尊重未成年人的人格尊严，适应未成年人身心发展的特点，教育与保护相结合，并规定了未成年人的国家保护、家庭保护、学校保护和司法保护的责任。但需强调的是，1991年第一次通过的《未成年人保护法》更多是保障未成年人合法权益不受侵害，对其进行总括性说明，并未专门站在儿童权利视角对未成年人所享有的主要权利进行全面、明确的表述，也没有将儿童利益最大化原则写入其中。

---

① 张玮宣、苏果云：《改革开放四十年中国儿童福利体系发展与新挑战》，《劳动保障世界》2019年第14期。

随后，1999年中国第一次通过了《预防未成年人犯罪法》，对国家、社会、家庭应当如何预防未成年人违法犯罪以及未成年人违法犯罪后的处理问题进行了规定，与《未成年人保护法》一起构成了中国儿童保护的基本法。

在《未成年人保护法》与《预防未成年人犯罪法》颁布期间，随着中国经济的发展以及观念的变革，儿童权利的概念逐渐进入儿童保护的立法视野。1995年，中国在十五大报告中正式提出"依法治国"方略后，国家在法治建设的整体背景下展现出对权利和人权的重视。2004年，"国家尊重与保护人权"被写入《宪法》。2012年，新刑事诉讼法增加了人权保障条款。在此背景下，中国儿童权利的保护实践得到进一步推动。[①] 2001年发布的《中国儿童发展纲要（2001—2010年）》中特别提出了"儿童优先"的原则，保障儿童生存、发展、受保护和参与的权利，提高儿童整体素质，促进儿童身心健康发展。此后，"儿童优先""儿童权利"理念正式进入中国儿童保护的政策法规内容之中。

2006年第一次修订后的《未成年人保护法》正式对儿童权利进行表述，首次明确规定："未成年人享有生存权、发展权、受保护权、参与权等权利，国家根据未成年人身心发展特点给予特殊、优先保护，保障未成年人的合法权益不受侵犯。未成年人享有受教育权，国家、社会、学校和家庭尊重和保障未成年人的受教育权。未成年人不分性别、民族、种族、家庭财产状况、宗教信仰等，依法平等地享有权利。"这标志着中国开始正式将儿童权利纳入儿童保护法律体系的构建过程中。2014年，颁布《关于依法处理监护人侵害未成年人权益行为若干问题的意见》，这是自签署《儿童权利公约》之后首次将"儿童最大利益原则"写入中国法律法规之中，在中国儿童保护的发展史中具有里程碑式的意义。[②] 2020年9月，教育部发布《中华人民共和国学前教育法草案（征求意见稿）》，其中第二章"学前儿童"中将儿童权利放在首要

---

① 刘涛、石华琛：《中国儿童权利研究的逻辑紊乱及其调适——基于学术史的考察》，《人权研究》2021年第2期。
② 杜雅琼、杜宝贵：《中国儿童保护制度的历史演进》，《当代青年研究》2019年第3期。

位置,第 13 条开宗明义规定:"对学前儿童的教育应当坚持儿童优先和儿童利益最大化原则,尊重儿童人格,保障学前儿童享有游戏、受到平等对待的权利。"从儿童权利的本身出发来思考学前儿童保护问题,切实确立起儿童在法律上的权利主体地位。2021 年出台的《中国儿童发展纲要(2021—2030 年)》对儿童优先原则进行了明确表述:"坚持对儿童发展的优先保障。在出台法律、制定政策、编制规划、部署工作时优先考虑儿童的利益和发展需求。"这为中国之后制定出台儿童保护相关的政策法规奠定了价值理念基础,指明了方向。

除了有关儿童保护的政策法规不断吸纳接受儿童权利视角外,法律意义上儿童权利的内涵也在逐渐深化延伸。有学者指出,良好的儿童保护法律判断的标准之一是基于公平正义的价值标准,对处境不利的弱势儿童实行根本的、底线性的、充分的法律保障。[①] 正如前文所述,中国儿童保护的政策法规最为首要的考虑就是遵循公平正义的原则,充分发挥法律的保障性功能来确保儿童最基本的生存与发展权利的实现,如《宪法》《婚姻法》《未成年人保护法》《预防未成年人犯罪法》《收养法》《义务教育法》《刑法》等明确了儿童的受抚养权、健康成长权、受保护权、受教育权等,对侵害儿童权益的行为进行严厉打击与处罚,强调为儿童营造健康、安全、良好的生存环境,促进儿童身心全面发展,在法律层面为儿童最基本的生存与发展权利的实现提供整体性保障。以流动儿童的权益保障为例,相比流动儿童其他权利而言,其受教育权与健康权最先在中国政策法规层面中被重点关注。1992 年,《义务教育法实施细则》首次提及义务教育阶段流动儿童的"借读"问题,此后政策法规围绕流动儿童受教育权利的保障先后经历了以借读为主的限制流动阶段(1992—2000 年)、以"两为主"为特征的积极探索阶段(2001—2005 年)、以"保障平等"为特征的目标明确阶段(2006—2013 年)、以"两纳入"为主的深度推进阶段(2014 年至今),不断从政策法规上推动流动儿童能够平等享受真正意义上的义务教育与教

[①] 尹力:《良法视域下中国儿童保护法律制度的发展》,《北京师范大学学报》(社会科学版)2015 年第 3 期。

育公平。① 除受教育权的保障外，中国政策法规上还对流动儿童免疫接种问题进行了规范，如 1998 年和 2016 年颁布的《特殊人群计划免疫工作管理方案》《预防接种工作规范》《流动人口健康教育和促进行动计划（2016—2020 年）》等，积极采取各项措施保障流动儿童的健康权。近年来，随着社会经济的发展与人们对儿童权利认识的加深，有关流动儿童政策法规中将对儿童生存与发展权利的关注扩展到其他更为多元的权利层面，如在政策法规制定过程中将流动儿童心理健康、社会适应、社会融合、社会支持等各因素考虑在内，致力于全面保障儿童权利。②

此外，从保障对象与内容上来看，中国以往儿童保护的相关政策法规更多聚焦在儿童生存与发展权利的保障上，而对儿童参与权的保障规定相对较少，但是近年来在政策法规方面则开始切实注意到要促进儿童参与权的实现。如 2021 年《中国儿童发展纲要（2021—2030 年）》将"坚持鼓励儿童参与"作为基本原则，明确强调"尊重儿童主体地位，鼓励和支持儿童参与家庭、社会和文化生活，创造有利于儿童参与的社会环境"，并增设"儿童与环境"板块，再次重申"儿童参与家庭、学校和社会事务的权利得到充分保障"。是年，国务院发布《关于推进儿童友好城市建设的指导意见》，重点将儿童参与作为基本原则纳入儿童友好城市建设的理念之中，明确提出"推动儿童全方位参与融入城市社会生活"的规定，充分体现了国家在政策顶层设计上践行以"一米高度看城市"、尊重儿童独特性及主体地位思想理念的坚定决心，为之后制定有关保障儿童参与权利的政策法规做出了方向性指导。

四　儿童保护的体系机制在法律上逐渐完善

中国目前已初步形成了以《宪法》为根据，以《未成年人保护法》

---

① 樊士德、严瑾：《流动人口子女义务教育政策演进脉络与格局前瞻》，《中国发展观察》2020 年第 5 期。

② 刘玉兰：《儿童权利视角下近 30 年流动儿童研究轨迹与政策发展》，《常州大学学报》（社会科学版）2018 年第 3 期。

和《预防未成年人犯罪法》为主体,以《婚姻法》《残疾人保障法》《收养法》《继承法》《义务教育法》《教育法》《反家庭暴力法》《家庭教育促进法》《民事诉讼法》等为支撑的儿童保护法律体系,相关的体系机制也在朝着健全完善的方向发展。其中,《未成年人保护法》与《预防未成年人犯罪法》于 2020 年 10 月同步完成最新修订,针对当前儿童保护所存在的薄弱环节和现实问题,构建起家庭保护、学校保护、社会保护、网络保护、政府保护、司法保护"六位一体"的社会化综合保护体系和权益保障机制,为儿童保护工作提供坚实的法律保障,为儿童权利的维护进一步保驾护航,标志着中国法律意义上儿童保护正式步入贯彻"儿童利益最大化""儿童优先"理念的新专业化发展阶段。[①] 在不断构建儿童保护法律体系的过程中,中国政府也在不断加强相应的制度建设,逐渐完善相关机制。如 2012 年新刑事诉讼法中增设未成年人保护专章以及相继在 2015 年和 2020 年通过《刑法修正案(九)》和《刑法修正案(十一)》,不断强化儿童刑事司法保护制度建设。2014 年《关于依法处理监护人侵害未成年人权益行为若干问题的意见》的出台,在儿童保护的司法实践层面中首次确立了国家监护干预机制。2021年通过的《家庭教育促进法》,则进一步强化了有关儿童保护的家庭教育方面的制度建设。[②] 此外,中国还初步建立了国务院妇女儿童工作委员会领导下的多部门协作的儿童保护工作机制,成立专门的责任部门来进一步强化管理责任。如 2018 年民政部成立儿童福利司,其主要职责是拟订儿童福利、孤弃儿童保障、儿童收养、儿童救助保护政策和标准,健全农村留守儿童关爱服务体系和困境儿童保障制度,指导儿童福利、收养登记、救助保护机构管理工作。这些与儿童保护相关的制度建设不断推动中国儿童保护事业向前发展。

总体而言,随着国家层面上对作为权利主体的儿童重视程度的不断提高,以及社会治理过程中法治精神的增强和依法治国实践的持续推

[①] 尤伟琼、李涛:《〈未成年人保护法〉视域下的"六大保护"》,《中国民族教育》2021年第 6 期。

[②] 佟丽华:《深化儿童法律保护,夯实儿纲法治根基》,《中国妇女报》2021 年 10 月 28日第 3 版。

进，中国儿童保护法律体系建设取得了一定突破与进展，收获了许多经验与成效。在法律的公平正义原则前提下，"儿童优先""儿童利益最大化"的价值理念不断纳入中国儿童保护法律体系机制构建的过程中，儿童作为权利主体的需要与独特性逐渐被尊重与接纳，有关儿童保护的法律对象范围在不断扩大，法律保障所涉及的儿童权利的内涵在逐渐深化拓展。然而，尽管目前中国儿童保护事业实现了突飞猛进的发展，但仍需强调的是，法律视角下的儿童保护关注的重点仍然是与儿童生存发展息息相关的底线性生活保障问题，更多解决的仍是补缺型的儿童福利问题，面向更多儿童特别是困境儿童群体的适度普惠型甚至全面普惠型的儿童保护法律体系建设仍然任重道远。法律视角下的"儿童保护""儿童福利"的概念内涵及其二者之间相互关系仍需进一步厘清，儿童权利理念还需在儿童保护政策法规的顶层设计及国家重大战略中进一步体现，国家、家庭、社会、市场在儿童保护中的责任分担及投入机制尚需进一步强化，有关儿童保护的法律配套制度及其工作机制仍需进一步细化。只有基于儿童立场，不断推进中国儿童保护法律制度体系建设的发展，提高应对挑战和解决现实问题的能力，才能更好地为儿童身心全面发展提供全方位、立体化的法律制度保障，满足每个儿童对美好生活的期待，实现党的二十大报告中所提出的"幼有所育""弱有所扶"的目标，开拓新时代儿童事业，进一步推动社会发展进步。[1]

第二节 儿童保护社会支持体系的建构与取向

中国现行包括《宪法》《未成年人保护法》《预防青少年犯罪法》《民法通则》《义务教育法》《收养法》等在内的法律，对儿童虐待问题都仅在个别的条款中提及，而且都是宣言式的，停留在概念理论层面，缺乏实际可操作性，并且较为缺乏对学前教育阶段儿童的重视。从一系列政策法规可以看出中国目前逐渐开始重视儿童保护事业中受虐儿童社会政策支持体系的建设与不断完善，有关儿童保护法律文件在加快制定

---

[1] 宋文珍：《新时代儿童权利保护的价值取向》，《中国妇运》2018年第6期。

与颁布，政府正在努力尝试从各个层面加强对儿童权益的保护。随着2020年9月7日《中华人民共和国学前教育法草案（征求意见稿）》的公告发布，儿童受虐的现状进一步得到了改善，说明国家开始意识到学龄前儿童相较于整个儿童定义范围的儿童是具有特殊性的。但是总体来说，现在儿童受虐事件仍层出不穷，归根结底还是由于法律仍然缺少对虐童行为的规制，相关法律还没有对"受虐情况"划分量刑等级，这样会给施暴者可乘之机，社会对于儿童权利认识不足，导致缺乏保护儿童权利的公共意识以及举报意识。

"儿童权利"是指儿童享有的区别于成人群体的特殊权利，它是以儿童为中心以及权利为基础的思维，儿童权利的概念是尊重儿童为"独立个体"，家长、学校和社会有义务为儿童提供其发展所需的物质和精神条件。由于儿童尚处在发展阶段，身体和心理发展尚未成熟，被看作无民事行为能力群体，还不能完全明白什么是权利，更不懂得如何维护自己的权利，需要成人来保护，理所当然儿童的权利被成年人和家长所取代。因此，一方面法律法规应当细化条文和规定，另一方面要提高成人对于"儿童权利"的认识，增强自觉保护儿童权利的意识，对于出现虐待儿童的现象不能冷眼旁观，不能认为是家庭的私事，要树立主动参与和及时举报的意识。对受虐儿童的救助是一项非常复杂的工作，儿童保护的一般程序由报告、接受立案、调查、评估、确认、干预等几个有机部分组成，对受虐儿童的救助还没有形成联动机制。结合中国现状以及借鉴已有先进经验，可以从以下几个方面进行完善。

一 完善保护儿童权益的法律法规，加大对虐童行为的惩治力度

2013年，中国开始推进未成年人社会保护试点，先后颁布实施了《反家庭暴力法》和《关于加强困境儿童安全的意见》等一系列政策法规，努力更好地保护儿童生存权益，通过加强儿童福利、儿童保护制度和服务体系的建设和完善，促进儿童的生存和发展，保护儿童免受各种暴力和虐待的伤害，从而在法律上为防控虐童事件提供前提和保障，从

法律制度层面对施虐者进行威慑和警告。虐待儿童事件的产生，大部分是因为施虐者对儿童权利的认识不到位，认为儿童是弱势群体，虐待儿童之后，施虐者也不会遭受严厉的法律制裁，久而久之，虐童事件层出不穷，所以要进一步完善有关儿童虐待的法律法规，力求在法律层面上对施虐者以及普通群体大众起到警示作用。中国是社会主义法治国家，坚持依法治国，将儿童虐待上升到法律层面，能够有效防控儿童虐待事件。

二　完善社会保障制度和救助制度，加大资金投入度和持续度

借鉴国外家庭维系服务体系，建立中国特色的儿童社会保障和救助制度。既然中国已经成为《儿童权利公约》的签约国，那么公约所规范一切保护儿童免受侵害的规定，政府各部门均应全力遵守，不能以资源或人力有限为借口，否则公约就会沦为纸上的保障，毫无实质意义。儿童保护分为"一般性保护"和"强制性保护"，前者重在对于儿童虐待的预防与辅导，扩大儿童受虐不良行为的禁止范围，后者则针对受虐或其他需政府介入的家庭提供强制性保护。欧美发达国家为了落实儿童权利保障，通过较为完善的法规与服务体系治理儿童虐待问题，受虐儿童需要一个安全稳定的家庭环境，如果使用强制手段将孩子与家庭分离会产生持久性、创伤性的负面影响，于是美国政府推出了家庭维系服务计划，受虐儿童仍然安置在父母身边，对儿童与家庭提供支持服务，包括家庭生活扶助与医疗补助、儿童托育服务和父母亲子教育，以保障儿童的权益，使儿童在自己的家中就可以得到保护，避免分离之苦，在不断改进的家庭环境里健全成长。

尊重儿童的权利是重要的原则。权利是社会建构的产物，权利经常被诠释为在合理范围里被拥有的概念，权利理论在社会学的发展是需要被解构的："何谓有益的？对谁有益的？以何种方式？"这才是最大的挑战，所以儿童的权利在一定意义上是被边缘化的。因此要成立专门的政府机构，设立专门儿童法庭、儿童医院和专门儿童取证室，避免在审

理过程中对儿童的心理造成二次伤害。设立儿童受虐报告受理热线电话，提供全天候电话咨询服务，扩大举报者的投诉途径，为咨询者提供全面细致的专业支持和帮助。

21世纪以来，中国政府针对受虐儿童问题实施了儿童社会保护服务计划，设立儿童保护专项基金，同时吸收社会力量建立关爱受虐儿童及家庭服务的公益组织，通过结构化决策模式工具，解决家庭服务过于零碎的问题，强化有关儿童保护个案的安全评估工作。加强经费监管，做到资金收支分离，在体制绩效方面改善了资金的投入度和持续度。为了解决社工专业人员供给不足的问题，政府加强对家庭服务及必要人力资源的投资，落实地方儿保社工人才专项计划，充分发挥政府专项救助资金的效益。

三 建立健全行政监管与宣传教育机制，杜绝虐童情况发生

幼儿园是孩子早期教育和发展的主要场所，要减少儿童虐待的发生，就要在源头上对"黑园"、无证办园、教师无证上岗等问题加大监管力度，建立严格的幼儿园准入及监管制度，提升办园质量，引进专业的高素质幼儿教师。在虐童事件发生以后，要能够及时落实相关职能部门的职责，做到分工明确、各司其职以及相互协作，避免因为缺少依据和规范而出现的权责不明，处理部门、处理流程和各个部门负责的处理程度不明确，救助过程互相推诿的情况。

儿童期虐待现象频发与一些家长与教师对儿童权益的不重视也存在一定关系，因此要预防儿童期虐待的发生，在保教工作中需要加强家、园联系与沟通，进行儿童保护与防虐待宣传，由于儿童期虐待的种类及预测因素较多，在幼儿园宣传中所面对的情境更为复杂，为此在宣传与教育过程中，既要让教师与家长理解包括身体虐待、情感虐待、心理虐待以及忽视等虐待类型对受虐儿童造成的巨大伤害，也要让他们关注到儿童的性格、性别、生源的状况以及学业水平与儿童期虐待关系。具体而言，幼儿园应建立定期的宣传机制，通过工作会议、实践观摩以及教学研讨等不同形式提高幼儿教师的儿童保护意识、知识以及技能，避免

一些职业能力较弱的幼儿教师在无意中实施虐待行为。此外，幼儿园需要进一步提升教师的儿童观，增强幼儿教师的职业素养，帮助其成为具有理想信念、道德情操、扎实学识以及仁爱之心的好老师。与此同时，受"棍棒下出孝子"等传统观念影响，一些父母的教育观可能存在偏差，误将虐待认为是管教。对此，幼儿园可通过家长微信群、公众号、校园展板或专题座谈会等形式加强家园互动，宣传科学的育儿方式，明确告知儿童期虐待的影响与伤害，帮助家长树立正确的教育观，塑造有利于幼儿形成安全依恋的抚养环境。

四 实行强制报告制度，将被动应对转变为主动防御

受传统观念的影响，中国家长普遍认为儿童是属于家庭的，虐待儿童的事件属于家事，直接导致受虐儿童始终封闭在家庭中，难以被发现和举报。另外，由于儿童的认知、表达以及其他行为能力尚未成熟，面临不舒服或痛苦的情况，不懂得适时保护自己并向外求助，这就凸显责任举报者存在的重要性。建立强制报告制度，当儿童遭受严重虐待时，教师、医生和邻居等相关责任人员都有报告的义务，这样一来，不仅能及时发现儿童受虐并及时采取保护措施，也能有效规避重复虐待的发生。

校园是儿童活动的主要场所，教师与同伴都是影响儿童身心发展的重要他人，也是为受虐儿童心理提供支持的重要力量。在对儿童虐待事件进行预防与干预的工作中，幼儿园在避免发生校园虐待事件的同时要为受虐儿童提供温暖的支持。幼儿园应规范保教流程，完善对儿童虐待的观察与报告制度，幼儿教师在与家长沟通时，应主动了解幼儿在家表现以及家长的管教方式，对可能存在的儿童虐待现象及时沟通处理。幼儿家庭中父母的关系、人格以及教养方式等都与儿童虐待显著相关，因此在幼儿园保教工作中，教师要了解儿童的家庭环境并对可能出现儿童虐待情况的家庭重点关注。此外，受自身认知能力或恐惧的影响，幼儿在遭受虐待时往往认为是自身的原因，从而不会也不敢向他人透露受到虐待的情况，这就要求教师在幼儿入园晨检时，应仔细询问并检查幼儿

是否有被虐待的经历或痕迹，以便第一时间发现幼儿的受虐情况。当发现儿童虐待时，幼儿园应及时保护受虐儿童，向地方政府报告，配合妇联、公安以及医疗部门有效处理儿童虐待事件，减少对受虐儿童的进一步伤害。另一方面，幼儿园应建立自上而下的教师伦理规范，详细规定教师在幼儿园中的行为准则，制定标准化的保教流程与实施细则，以专业的态度与方式回应儿童的需求，最大限度避免教师在教育过程中的行为不当与偏差。

五 整合社会资源，动员全社会的力量对儿童受虐问题进行干预

在现代社会的发展进程中，儿童虐待已经成为复杂的社会问题，也是一个严重的全球性问题。儿童作为权利主体应受到特别保护，并应通过法律和其他方式而获得各种机会与便利，使其能在安全健康的环境中得到全面的发展，当前迫切需要的是形成一种集体的社会意识，建立一种对儿童生命、自由与尊严的尊重态度，将儿童福利的思维方式，由成人观点转化为以儿童最大利益为出发的原则。儿童权利相较于成人权利的差异在于儿童需依赖成人学习社会期待的一位好公民应该具备的技巧、态度与行为，因此儿童权利的落实需要政府、学校、社区以及家庭共同协作和落实推动。当前中国儿童保护事业中的儿童虐待与忽视防治工作仍处于发展阶段，缺乏成熟的服务方法，在借鉴国外理论和本土化实践创新方面还需要进一步深化，要充分发挥公共部门、政府机构、非政府组织的作用，构建政府部门主导，相关机构及社会组织协同机制，形成政府部门宏观调控，事业机构以及志愿组织在微观方面进行服务的行动体系，建立全社会、多层次、多组织参与的儿童虐待防护网。

受虐儿童保护服务需要医疗、司法、教育以及民政等单位共同协作，并提供第一线紧急保护措施、紧急性安置和家庭维系服务，加强全社会对儿童保护的重视，提高儿童的地位和权利，有效减少虐童事件的发生。2014年民政部颁布的《儿童社会工作指南》中对儿童社会工作实务提出了基本的指导原则："当家庭照顾功能缺失时，针对儿童的实

际需要,将儿童安排到适当的居住场所,提供部分或全部替代家庭照顾功能的服务。"林典通过借鉴中国香港地区的经验,提出社会工作者介入儿童虐待个案可扮演的主要角色及其工作职责,并总结了社会工作的专业优势,包括聚焦社会功能方面和融合性实务方面。①

六 加大人才队伍建设,强化社会工作及专业人力资源体系构建

政府机构要增加相应的社会工作人员的聘任,加强对参加儿童保护志愿者服务工作的宣传,扩大高校相关专业人才的培养,从而多方面推动社会工作人才发展,优化人力资源总体水平,完善社会工作人力资源体系构建。由于处理受虐儿童案件的过程较长且十分复杂,往往需要不同专业的人员协同解决,主要包括政府官员、律师、医护工作者、社工人员等。从接受虐童事件报告,到案件的调查取证,再到提起诉讼,最后到异地安置或者家庭维系服务,都需要大量的人力和物力资源,要实现有效的支持和救助,就必须优化社会工作专业人力资源,培养具备相关方面丰富经验的专业人才,同时建构能够将各类人才有效整合的制度体系。

虐待经历出现得越早对儿童的身心伤害越大,因此学前期是预防与干预儿童期虐待的最佳时期。② 由于儿童所遭受的虐待类型不同,并且儿童还具有独特的个性特征以及应激反应,因此需根据儿童期虐待的干预机制,制定合理的心理支持计划。儿童虐待的干预应以情感支持为主,帮助儿童正确面对虐待事件,形成安全的依恋关系,避免受虐经历对其神经心理的进一步影响。任何心理问题都可以在儿童时期寻找到答案,而儿童不成熟的情感表达与认知方式,是造成这一结果的根本原因,当儿童遭受虐待时,往往无所适从,这超出了他们的情感与认知模

---

① 林典、韩思齐:《社会工作者在防治儿童虐待服务中的角色研究——香港地区的经验分析》,《社会福利》(理论版) 2019 年第 9 期。

② Reams, R., Friedrich, W., "The Efficacy of TimeK-Limited Play Therapy with Maltreated Preschoolers", *Journal of Clinical Psychology*, Vol. 50, No. 6, 1994, p. 889.

式范围，冲击了已有的依恋模式，进而造成一系列的心理问题。[①] 面对虐待的创伤经历，儿童可能在不成熟的认知框架下认为虐待由自身的不完美造成，形成扭曲的内部工作模式，进而造成未来长期的心理问题。在干预过程中，应结合幼儿的依恋模式，照顾受虐儿童的情绪情感，使其能够妥善应对虐待所带来的巨大心理冲击。具体而言，幼儿园应加强游戏活动的教育功能，增加绘本阅读游戏、团体游戏甚至沙盘游戏等游戏形式，为幼儿改变其依恋模式提供有利的情境。此外，医疗师或教师也应尝试在游戏中向儿童传递对虐待的正确理解方式，使其认识到自己是受害者，而施虐者才是应该受到惩罚的罪魁祸首。

　　针对儿童虐待心理干预应注重对儿童认知能力的保护。虐待会影响儿童包括记忆广度、加工速度、执行能力甚至语言理解能力在内的认知功能，幼儿园在保护幼儿免受恶性情绪影响的同时应及时安排认知能力测验，评估受虐的影响程度，并有针对性地安排课内外活动，保证其认知能力的正常发展。在对儿童期虐待的干预中不仅应关照受虐儿童，同样也应对作为其重要抚养人的父母进行心理支持。研究表明，在依恋理论指导下，针对父母的消极情绪、不良行为模式以及恶化的亲子关系进行共情与疏导，将显著改变亲子间的依恋模式，降低幼儿的消极自我表征，形成更为积极的内部工作模式。[②] 在遭受虐待时，不论其父母是否为虐待者，儿童都会有强烈的情绪反应。如果父母是虐待者，那么虐待行为一定反映着父母的某种心理问题、表达或诉求，而其虐待行为后的表现也会对受虐儿童的心理变化起着重要的影响作用。毫无疑问，如果施虐父母能及时纠正施虐行为，积极面对自身的消极情绪与行为，并给予儿童以心理抚慰，势必能够减弱儿童所受到的心理伤害。据此，学前教育工作应注重家园协同，将对儿童虐待心理支持前置于幼儿的家庭中

[①] Carr, S. C., Hardy, A., Fornells-Ambrojo, M., "Relationship between Attachment Style and Symptom Severity across the Psychosis Continuum: A Meta-Analysis", *Clin Psychol Rev*, Vol. 59, No. 3, 2018, p. 145.

[②] Toth, S. L., Maughan, A., Manly, J. T., Spagnola, M., "The Relative Efficacy of Two Interventions in Altering Maltreated Preschool Children's Representational Models: Implications for Attachment Theory", *Development and Psychopathology*, Vol. 14, No. 4, 2002, p. 877.

去，改善幼儿父母的认知、情绪以及抚养方式，促进幼儿修复受损的依恋关系，形成抵抗儿童虐待最有力的心理屏障。

七 构建受虐儿童管理资源库，完善受虐儿童的风险预警机制

现代社会风险管理强调的是预测、认知以及分析风险，进而采取必要措施以降低风险，直到可接受的范围。事先预警，就是要从能避免造成风险的阶段开始，直到建立起预防的安全机制，即风险管理，也就是说在平时要建立风险监控机制，以降低风险发生的可能性，即使发生风险事件，其后果的严重性也会降到最低。通过整合户籍、医疗、卫保系统等大型数据库，分析儿童家庭状况，找出脆弱家庭的风险因子，主动监控高危家庭，以阻断机会的方式预防儿童受到虐待，这是对虐童事件最有力的风险预防与管控。目前对高风险家庭的普遍性定义有五项指标：一是，父母亲婚姻失调、单亲家庭以及母亲与孩子的非生父的男子同居；二是，主要照顾者发生重大负面事件（死亡、重病、入狱服刑等）；三是，主要照顾者曾经历暴力、患精神疾病或有酗酒、吸毒行为，并未就医或未持续就医；四是，儿童有心理或生理的健康问题；五是，主要照顾者收入较低、邻里关系较差以及社会支持薄弱。

根据人类发展生态学理论，在建构受虐儿童保护体系进程中，国家可设立专门机构，对受虐儿童建立个性化档案，针对儿童的受虐情况以及已经采取的救助措施等方面进行有效记录、整理归档，这样不仅有助于更加全面细致地处理儿童受虐事件，同时有助于对困境儿童实施追踪管理，实时更新受虐儿童的信息，有利于相关工作的对接，可以有效防止儿童遭受二次虐待。虐待是可以预防和控制的。首先要对存在可能遭受虐待的儿童进行预警并采取保护措施，其次要建立对虐童事件的等级评估制度和相关处理机制。无论是对儿童身体伤害还是对儿童心理伤害都需要建立相应的等级评估制度并匹配相应的处理机制，等级评估与处理有利于确定对施虐者的惩处程度，让施虐者可以得到应有的惩罚，也可以对尚未被发现的施虐者形成一定的震慑。

第三节 社会工作系统的介入和实践流程

一 社会工作系统介入的方式

如果受到忽视虐待、身体虐待、情感虐待和性虐待，儿童会出现营养不良、骨折、软组织损伤、皮肤烧伤、器官功能性损伤、知觉障碍甚至残疾或死亡等情况。经历过性虐待和身体虐待的儿童会表现出控制焦虑和恐惧性神经通路敏感，儿童频繁激活相关大脑区域来应对生存和环境威胁，大脑其他部分如涉及复杂思想功能的区域则因缺少足够的激活而欠发达，因此虐待所造成的紧张压力和对神经通路功能的影响打破了心理发展的平衡。遭受虐待越早，儿童心理发展障碍越大，许多人在成年后一遇到环境刺激就会反应过度，甚至出现可怕的暴躁行为。早年受虐的儿童成年后易患精神疾病以及出现反社会行为，对社会造成一定程度的危害。而多种虐待的叠加，对儿童的身心损害会更为严重，如重复的性虐待和身体虐待会增加受虐儿童长期心理混乱的危险。受虐儿童需要完善的法律体系来帮助他们维护自己的合法权益，同时也需要社会机构对他们提供帮助和支持。受虐儿童除了渴望完整美好的家庭关系之外，最需要的是社会的关爱，需要社会机构帮助他们调整心理状态，治愈心理疾病，过上正常人的生活。

社会工作可以嵌入社会组织和政府组织中去。首先，在政府部门的牵头下，针对受虐儿童提供建设性服务。其次，充分利用儿童之家和乡镇社工站等基层社会组织开展社会服务工作，持续关注受虐儿童群体，摸清他们的需求，推动相关专业资源与服务机制建设。最后，通过多种媒体和渠道对儿童权利保护工作及相关政策和法律条例进行宣传，运用资金方式从经济上帮助家庭获得稳定的收入来源，运用辅导方式从文化上帮助家长改善教育认知，从而提升家庭自助与互助的能力。

二 完善受虐儿童救助的社会工作流程

（一）建立信任关系

专业关系是社工与案主建立的具有目的性的助人关系，具体在受虐儿童的救助领域，这种关系是信任关系，信任关系贯穿社工服务的始终，可以说是社工服务成败的关键。这种信任关系的形成分为两个阶段。第一阶段是专业关系的建立阶段，或者可以称为破冰阶段，这个阶段发生在社工与案主的第一次接触时。此阶段社工要把握两点，第一，完成破冰，采用的方法包括寻找共同话题、组织游戏活动等。第二，真诚，真诚至少要做到三点：一是微笑，微笑可以为接触营造轻松的氛围，可以让儿童放下戒备；二是倾听，在儿童述说自己的经历时认真倾听，可以让儿童感觉到被尊重；三是自我暴露，当社工主动以自我暴露的方式与儿童接触时，可以使儿童感受到社工的真诚，进而取得他们的信任。

第二阶段是专业关系的维持阶段。专业关系形成后还需要社工去维持。受虐儿童一般比较敏感，对别人怀有高度戒备，很难真正信任他人，如果建立好的关系不进行妥善的经营和维护，很容易让这种关系断裂，以后就很难重新建立。该阶段社工要关注两点：一是诚信，诚实守信，不仅可以获得儿童的持久信任，也可以起到正面榜样的作用，引导儿童学会诚信；二是以"儿童为本"，秉持"以儿童为本"的理念，在制度允许的范围内为儿童争取权益，可以让儿童真切地感受社工真心为自己着想的态度，更乐意持续配合社工的服务。

（二）预估

儿童与社工建立好信任关系后，就更容易敞开心扉沟通交流，社工就可以对儿童的状况进行全面评估。预估阶段的目的有两个：第一，分析受虐儿童的问题和需求；第二，对受虐儿童进行筛选，确定需要社工服务的案主。从操作层面上讲，社工可以从儿童的受虐经历、家庭状况、服务需求、未来规划等几个方面收集资料，通过对收集资料的分析来评估儿童的问题和需求。分析时可以采用生态系统理论，从微观系统

（个人层面）、中观层面（家庭层面）、宏观系统（学校、社区、社会、文化等层面）对案主的问题和需求进行全面的陈列，从而更科学的筛选案主，也有利于后续服务的开展。通常情况下，儿童的问题和需求不是孤立的，这需要社工进行全面科学的成因分析。

（三）筛选案主

社工服务的案主来源分为三种：第一种是主动求助的案主，第二种是转介来的案主，第三种是社工通过外展工作发掘的案主。具体到受虐儿童的救助领域，案主来源有所不同，由于入站的所有受虐儿童都需要救助机构为其提供救助服务，他们都是需要社工服务的潜在对象。通过预估阶段，社工已经对受虐儿童的状况有了全面的了解，并且对儿童的问题和需求进行了全面的分析，根据儿童问题和需求状况的不同，结合社工自身能力，社工可以判断这些潜在服务对象中哪些需要提供社工服务，使其变为自己的案主。一般而言，通过筛选可以将受虐儿童分为三类：第一类儿童，他们的问题和需求非常少，只需提供站内基本服务和护送服务，这类儿童通常不需要社工提供专业服务，这类儿童不是社工服务的案主；第二类儿童，他们的问题和需求超出了社工专业服务的范围，且社工没有能力去解决，比如儿童有严重的精神疾病，通常需要为这类儿童提供转介服务，这类儿童也不是社工服务的案主；第三类儿童，他们的问题和需求比较多，而且在社工的专业能力范围内，需要社工为其提供专业的服务，社工就可以将这类儿童确定为服务案主。

（四）分类干预

筛选案主后，社工就可以为案主提供专业服务，在开展服务时可以对儿童进行分类，根据不同类型提供分类干预服务。一般而言，可以将这些案主分为轻度受虐儿童和重度受虐儿童，通常需要多种专业服务的案主归为长期干预类；将问题和需求并不多，短时间可以得到改善的案主归为短期干预类。两种干预服务的开展流程相同，都包括计划、介入和评估三个阶段，具体实施时可根据实际情况进行调整。

第一，计划阶段，主要包括制定服务目标及选择服务策略。服务目标包括总目标和具体目标：制定总目标时要秉持使案主回归家庭和社会的理念；制定具体目标时，要参考预估阶段对案主问题和需求的评估，从而制定个别化、精细化、可操作的目标。短期干预类服务策略关注"重点",侧重案主的重点问题和重点需求的解决,融入任务中心模式的思维,即在短时间内提供有效的服务,满足案主的重点需求,解决案主的重点问题。长期干预类服务策略关注"全面",侧重案主所有问题和需求得到全面改善,融入个案管理的思维,即在充足的时间里更好地发挥社工的作用,让案主的需求和问题得到更好的改善。

第二,介入阶段。在服务手段方面,社工可以采用直接和间接的服务手段为案主提供干预服务:直接的服务是针对案主个人开展的服务,这在开展站内服务时比较常用;间接服务是针对案主所处的环境开展的服务,这在开展站外服务时比较常用。在介入内容方面,短期干预类可以将干预服务分为重点服务和其他服务,重点服务是指社工对重点关注的问题和需求开展服务,开展较少的服务则是其他服务。长期干预类可以将干预服务分为社工服务和其他专业服务。在介入过程中,社工人员要认真开展个案管理工作,帮助案主链接所需的其他专业服务,并对这些服务开展进行跟踪,以了解案主的改变状况。

第三,评估阶段。评估工作与专业关系一样,贯穿社工服务的始终。在这里,评估主要针对介入实施过程阶段,长期服务类和短期服务类在评估阶段工作内容相同。评估包括过程评估和结果评估:过程评估是指对开展服务的各个阶段进行评估,既包括对社工采用的理论、方法的评估,也包括对各阶段服务开展后案主改善情况的评估;结果评估是指当开展了完整的社工服务后,对案主的问题解决情况和需求满足状况进行评估,可以采用基线测量法、任务完成情况测量法、目标实现程度测量法等方法。评估的目的有两个,一是作为结案的依据,二是梳理服务成效,如果发掘案主有新问题或者服务开展后案主的情况得不到改善,就需要对服务计划及时进行调整,然后再实施介入,再次进行评估。

(五)结案

通过结果评估,社工可以对服务目标已经达成、情况得到有效改善、具备回归家庭或融入社会能力的案主进行结案。开展结案工作时主要注意三点:第一,提前告知,在即将结束服务前,要提前告知案主社工服务即将结束,让案主做好结案的心理准备;第二,与案主共同回顾服务过程,巩固案主已取得的改变,让案主认识到自身应对未来生活问题和挑战的能力,使其拥有回归家庭和融入社会的信心;第三,处理好离别情绪,结案时营造一种轻松的氛围,可以通过播放音乐或放映电影等方式结束最后一次服务。

(六)跟访

结案并不意味着整个社工服务的终结。受虐儿童问题比较特殊,需要开展后续的跟踪服务,跟踪服务的目的在于了解儿童回归后的家庭融入和社会适应状况,对需要跟进服务尤其是家庭介入服务的案主提供指导。儿童受虐的主因是家庭问题,而以往的服务往往没有对家庭实施介入,导致儿童受虐的根源得不到解决。因此,跟访工作要更关注儿童的家庭融入问题,为儿童提供家庭介入服务。通常情况下,开展跟访服务可以采用两种方式:一是电话跟访,二是实地跟访。电话跟访的优点是方便快捷、省时省力,可以及时地掌握儿童的近况,提供指导服务,但是缺点也很明显,电话回访不利于开展介入服务,更无法保证服务的效果。与电话跟访相反,实地跟访的缺点是耗费的人力和物力较多,加大了救助机构的开支,但是优点是可以更科学地评估儿童的回归情况,尤其方便对儿童提供面对面的介入服务。因此,在跟踪服务时可以将二者结合,发挥各自的作用,通过电话跟访了解案主近况,通过实地跟访对有需要的案主提供后续的介入服务。

第四节 受虐儿童的社会救助典型案例

[案例报告] 阿莲,14岁,初二女生。其母常年在外务工,基本上不与家里联系,据知情人说其母在外已经与别人重组了家庭。父亲靠拾破烂为生,还喜欢酗酒,一酗酒就会发脾气。阿莲和父亲长期居住在破旧的城中村的一处违建住房内,其生活和教育无法得到基本的保障。阿莲上小学的时候,曾被邻居性侵,阿莲的父亲在报案后就消失了,而阿莲在本市没有其他亲属,邻里也不愿意临时

照顾阿莲，说这个小女孩各方面习惯不好，也不讲卫生，品行不佳。后来派出所只好找到社会工作机构对阿莲进行临时性保护救助，接到委托之后，社工人员进行了针对性帮扶。①

社工人员先是上门仔细询问了阿莲的家庭情况、父母情况和学习情况，经过多次上门咨询了解，阿莲才陆陆续续地告诉社工人员，自己家原来在四川农村，在她很小的时候，爸爸先来了 N 市，后来妈妈带着她一起跟了过来。爸爸在 N 市做装修工人，一次意外受伤之后就主要以拾破烂为生。妈妈主要帮人做钟点工，一开始还比较和谐，后来妈妈在不良朋友的撺掇下，到一家不正当经营的发廊工作，就开始嫌弃父亲，后来就经常不回家，几年前直接消失，完全没有了消息。阿莲跟爸爸住在城中村里，家徒四壁，住房条件很差，卫生状况也不好，屋内有明显异味。阿莲在 N 市上了小学，但成绩不好，初中时经常不去学校。爸爸喜欢喝酒，经常喝醉，喝醉后对阿莲有暴力行为。从亲子状况和家庭社会关系来看，阿莲的家庭结构不完整，长期缺失母爱和父爱。

为了帮助阿莲恢复身体健康和排除心理阴影，社工人员带她到医院进行妇科检查。经过检查，医生说阿莲有妇科炎症，有过性行为。通过对阿莲询问发现，她不止一次遭受到邻居的性侵，而且还是不同的邻居。据阿莲口述，她根本不敢跟父亲说，对父亲说就会被父亲骂不要脸，而且父亲也曾在酒后对阿莲有抚摸胸部等猥亵行为。为了帮助阿莲恢复心理健康，社会工作人员每隔一日上门为她提供专业的康复训练和基本的生活照料，让阿莲身体健康状况得到恢复。

为了让阿莲能够更好地融入社会学习和生活，社工人员决定安排阿莲到一家寄养家庭进行替代性照顾，并且安排她到另外一所初中就读，全面保护阿莲的隐私，并由专业社工定期为其进行持续的心理疏导、抚慰和支持。在转学过程中，由于不适应学校的学习内容和进度，阿莲后来又被转送至特殊教育学校。经过长达一年半的社会工作人员的帮扶，阿莲基本

---

① 冯元：《儿童心理虐待行为过程与社会工作干预策略——基于一个儿童受虐案例的分析》，《浙江工商大学学报》2017 年第 6 期。

上恢复了心理和身体的健康。在此期间，社工人员多次联系她的父亲和其他亲属，通过对其父亲的教育和帮助，让父亲认识到酗酒的危害。社会工作机构还帮助她的父亲找到了一份保安工作，让他有了一份稳定的工作收入。父亲表示以后不会再酗酒，也会重新租房，带阿莲开始新的生活。

在这个案例中，阿莲的家庭是一个典型的结构失调型家庭。家庭由各种次系统所组成，包含配偶次系统（妻子和丈夫）、父母次系统（爸爸和妈妈）、手足次系统（子女），以及延伸的次系统（如祖父母、亲戚、小区、学校等），每个家庭成员都扮演各自的角色并影响系统中的其他人，缺失任何一个成员都将影响整个系统的功能，个体的异常行为和问题是家庭组织内结构失调的产物，因此治疗性的改变是帮助家庭调整消极的互动模式以及重新定义家庭关系。在父母次系统中，阿莲的父母亲的角色和功能缺失，基本上无法继续履行抚养和监护功能，况且阿莲的父亲还存在猥亵虐待的高风险，如果阿莲回归家庭，可能有再次被伤害的危险。在这种情况下，社工对阿莲实施保护性救助和监护干预，并制定了预案，但是无法达到预期效果，因为在现有法律框架内，无法实现对阿莲监护权的转移，只能给予阿莲及其家庭持续性支持和短期替代性照顾。

第五节 受虐儿童的社会支持体系建构

儿童虐待问题受到来自个体、家庭、社区、社会以及制度与文化等多重因素的影响，而社会工作的显著优势在于以生态系统视角分别从宏观、中观和微观多个维度来评估和干预儿童虐待，积极发挥保护性因素和控制风险性因素的作用，根据家庭需要开展专业服务和福利资源传递。中国目前受虐儿童服务行动方面的工作主要是政府与社会福利机构组织提供物质方面的支持，缺少心理疏导和情感关怀。此外，目前可以较好地对已经遭受虐待的儿童提供帮助，但是对于处在受虐边缘，存在遭受虐待潜在风险的儿童缺少发现和关注，不能及时有效地防止或者中止虐待事件的发生。因此要从时间、发展系统和对于环境变化的反应等三个向度，来预测虐待潜在的危险因素。当人们对于儿童存在环境中的危险因子有所认识，便能在外在环境中提供更多的保护性因素。

一 构建家庭风险防控与服务干预体系

儿童是国家和民族文化传承的希望,对于儿童虐待案件的预防,有赖社会中的每个成员的参与。除了专业人员要提升敏感度与提供协助外,还要通过媒体的广泛宣传,让社会大众了解儿童受虐过程中可能产生身心问题的征兆,共同担任终止儿童虐待悲剧的守门人,杜绝伤害下一代问题的持续发生。避免儿童虐待不是在事件发生时才介入,更需要提升对儿童的保护意识,只有每个人都成为儿童身心保护安全网的一环,建立儿童虐待预警及早期介入机制,才能让儿童虐待日渐终止。从三级预防的初级预防观点来看,要预防儿童虐待的发生,一方面社会大众要了解儿童虐待型态,另一方面要教育儿童辨识虐待的行为,使自己有所警觉并提供求助渠道。在儿童虐待的预防上,除积极建构社会安全网络外,教育与托育机构更应该落实通报责任,使儿童能于第一时间获得帮助。由于精神虐待发现不易,当儿童出现异常反应时,其实已经遭受了一段时间的虐待,因此及早辨识、趁早阻断和立即通报就显得相当重要。

近30年来,基于接受投入疗法(Acceptance & Commitment Therapy,ACT)的干预服务运用广泛,以增加心理弹性来接受困难并投入新目标,这种接受投入疗法介入成效颇大。ACT将想法与感觉当作背景,其中重点在接纳、内观法、价值导向及行为改变与持续,发展出接纳与承诺,通过心理弹性调整施虐者认知上僵化的倾向,期盼能为施虐者带来更多正向的改变。ACT认为人的心理问题主因在于认知融合和经验逃避所导致的弹性缺乏,需要通过接纳、脱离纠结、自我为脉络、连结当下、价值以及承诺行动等方式,直接与间接地体验建立心理弹性的过程。接纳,是指个体愿意接纳自己,接受并不仅仅是对自己的宽容,也是对当下所体验到的经验采取不评断的客观立场。[①] 脱离纠结,是指个

---

① Hayes, S. C., Strosahl, K., Wilson, K. G., Bissett, R. T., Pistorello, J., "Measuring Experiential Avoidance: A Preliminary Test of a Working Model", *The Psychological Record*, Vol. 54, No. 3, 2004, p. 553.

体与自己的想法及记忆切割或抽离，降低不愉快的语言与认知的负面想法，而不陷入其中，将想法看作是语言和文字本身，而非代表事实，从而减少个体被想法绑架的状态。连结当下，是指个体把注意力放在当下所发生的事件上，注意此时此地的内在与外在经验，包括身体感受、想法与感觉，不做评价，只是观察与接受，而非自动地回到经验性逃避之中。以自我为脉络，是指通过环境脉络来观察自我和了解自我，这样的观察是超越自我的角色、想法和感受，对自我的心理问题采取脉络性和历史性的理解。① 价值，是指个体选择的人生方向，是当事人为了要达成人生的目标而选择的信念。承诺行动，是指个体在价值的引导下发展并实行更多有效的行为模式。②

增强家庭的结构稳定性和功能可持续性，培养家庭的抗逆力，避免家庭因物质和精神的负面因素而陷入痛苦，因为怕痛苦而处于回避各种经验与可能性的状态，从而尝试各种可能性的动机较低，也就缺乏去接触到变化可能性的机会，经常回避不愿意尝试错误的人，也就容易陷入心理僵化的状态，甚至自我放弃的状态。家庭的状况会影响儿童虐待事件发生的概率和频率，如家庭贫穷和负债，夫妻婚姻关系紊乱或家庭冲突不断，家庭成员非自愿性失业或重复失业，家庭成员患有重病或服刑，家庭成员有喝酒、吸毒等物质滥用等，这些家庭的孩子受虐待的风险远远高于正常家庭。因此要重点关注和帮助高风险家庭，一方面在财物方面及时给予支持，另一方面要开展婚姻辅导、技能培训和亲子教育活动，改善和提升他们的认知能力和行为模式。

二 建立专业的社工平台，提供多元服务

未成年人保护中心的救助机构可以组建专业的服务平台，作为社工

---

① Campbell-Sills L., Forde, D. R., Stein, M. B., "Demographic and Childhood Environmental Predictors of Resilience in a Community Sample", *Journal of Psychiatric Research*, Vol. 43, No. 12, 2009, p. 1007.

② 胡嘉衡、陈志贤：《实习咨商心理师心理弹性、实习压力知觉与专业成长之相关研究》，《咨商心理与复健咨商学报》2020年第1期。

人员的经验交流平台，通过受虐儿童救助案例及经验的分享，总结提炼出更有效，更科学，更具特色的服务模式，提供多元服务。受虐儿童的需求呈现多样化，他们往往需要心理辅导、法律援助、行为矫治、学习教育以及就业培训等帮助。引导家庭、机构和专业人员应当加强对身体残疾、存在行为偏差、有病态心理、受教育水平低、自我照顾能力弱等儿童的照顾和帮助，改善他们的身心健康状况，增进他们的适应技能，因为往往这些问题儿童遭受虐待的概率比较大。

社会救助机构的规章中包含弱势儿童的救助服务，但是在实际工作中往往没有得到很好地落实，究其原因是救助机构缺乏相关资源。一方面缺乏相关人才，救助机构内的专业服务人员数量不多，而且这些专业人员多以社工专业和心理学专业为主，他们只能在专业范围内满足儿童的需求，而无法满足儿童各方面的需求。另一方面缺乏相关合作机构，由于救助机构更关注儿童的安置问题，要么把儿童护送回家，要么把儿童安置在福利院或者寄养家庭中，所以他们的合作方往往是公安局、福利院、法院和其他救助站等，与学校、企业、培训机构及其他慈善组织等方面的合作甚少，儿童的需求一般集中在就学、技能培训等方面，由于机构缺乏相关资源就无法给予儿童相关服务支持。

为了提高救助机构的服务质量，向受虐儿童提供多元的服务，救助机构平台可以增加专业人才数量，拓展合作资源，购买相关服务。受虐儿童社会服务工作可以建立儿童保护领域的专业共同体，提升专业能力和社会形象，提高服务工作的全面性和专业性，注意加强专业共同体内部以及与相应的服务主体如法律工作者和医疗卫生工作者之间的交流。社会工作者遵从"类型化"和"个别化"干预原则，提升危机敏感性机能，根据不同心理虐待类型来设计服务方案计划和选择介入焦点和介入方法，满足儿童从心理创伤的修复到就学、再次回归家庭的各种需求，同时提供就业培训服务、法律咨询服务等。平台对部分情况复杂的案主完善转介工作，保障受虐儿童救助服务的完整性，更有利于从根本上真正解决儿童的受虐问题。

对于遭受虐待的儿童仅仅采取物质上满足于躯体上的照顾是远远不够的，受虐儿童心理上的伤害往往要大于身体上的伤害，因此要对受虐儿童进行心理疏导和情感支持，进行"类别化"和"个性化"的干预，来缓解和尽可能地去除所遭遇的心理伤害，既要充分考虑到不同类型儿童虐待的影响因素、产生过程、持续状态、虐待后果以及处理程序、干预重点方面的差异，又要考虑不同受虐儿童及其家庭的特殊问题和危机状况，从而做到依人、依地、依时地对儿童受虐进行根源性地解决和干预。

三 探索全民参与式儿童保护与福利体系

全社会要进一步提升儿童保护意识，各级政府要把儿童保护纳入工作计划，落实属地责任，强化部门责任，健全服务体系和救助机制，充分发挥各主体的积极作用，形成儿童友好的社会氛围。同时要加强不同困境儿童福利供给方式的内部沟通与外部整合，强化邻里社区的人际系统，提供受虐儿童稳定的成长环境，落实家庭监护主体责任，赋能家庭，让儿童生活在家庭经济有保障、家庭功能较为完善的家庭，从源头上减少和杜绝虐童行为发生。

利用社区以及学校加强儿童保护宣传。对儿童的性教育工作要引起社会的足够重视，有的学校和幼儿园采用绘本的方式进行性教育，加强儿童对自身的保护意识。增强儿童的权利意识，很多遭受虐待的儿童或许根本不知道自己正在遭受虐待，以为只是家长或其他年长者比较严厉而已，还有的就是遭遇虐待不敢说，也不知道该和谁说，因此要提升社区儿童保护之家的组织功能，让受虐儿童知道要维护自身的安全和权利，有地方去申请和寻求保护。

社会服务工作的开展可以以社区为基点，利用社区广泛开展活动，提高家庭在社区中的参与度，以社区为平台推广亲子活动，培育社区亲子文化，构建社区共同体。这样可以部分缓解家长的压力，减少虐童行为的发生。社会工作服务过程中要充分利用现代技术，加强与媒体的合作，社会工作者可借助媒体为受虐儿童群体发声，对虐待儿童相关事件和政策提出相关观点与建议，唤起社会对受虐儿童群体的重视，普及儿童保护知识，积极为政府的政策改进做贡献。

参考文献

一 著作

（一）中文著作

陈红霞：《社会福利实现》，社会科学文献出版社2002年版。

陈银娥：《现代社会的福利制度》，经济科学出版社2000年版。

韩晶晶：《澳大利亚儿童保护制度研究》，法律出版社2012年版。

李雪荣：《儿童行为与情绪障碍》，上海科学技术出版社1987年版。

乔东平：《虐待儿童：全球性问题的中国式诠释》，社会科学文献出版社2012年版。

尚晓援：《建立有效的中国儿童保护制度》，社会科学文献出版社2011年版。

尚晓援：《中国弱势儿童群体保护制度》，社会科学文献出版社2001年版。

史秋琴：《儿童权益保护与社会责任》，上海文化出版社2008年版。

王勇民：《儿童权利保护的国际法研究》，法律出版社2010年版。

杨敏：《儿童保护：美国经验及其启示》，江苏人民出版社2016年版。

袁宗金：《回归与拯救：儿童提问与早期教育》，高等教育出版社2008年版。

赵润琦：《儿童保护问题的探索》，厦门大学出版社2016年版。

郑瑞隆：《儿童虐待与少年偏差问题与防治》，台湾心理出版社2006年版。

（二）译著

［美］埃里克森：《同一性：青少年与危机》，孙名之译，浙江教育出版社1998年版。

［德］黑格尔：《法哲学原理》，张企泰、范扬译，商务印书馆1997年版。

［德］黑格尔：《历史哲学》，王造时译，上海人民出版社2002年版。

［德］黑格尔：《哲学史讲演录》，贺麟等译，商务印书馆1986年版。

［美］加雷斯·皮·马修斯：《哲学与幼童》，陈国容译，生活·读书·新知三联书店1989年版。

［德］康德：《道德形而上学原理》，苗力田译，上海人民出版社2002年版。

［德］康德：《历史理性批判文集》，何兆武译，商务印书馆1986年版。

［德］康德：《实践理性批判》，韩水法译，商务印书馆1986年版。

［美］罗伯特·K. 殷：《案例研究：设计与方法》，周海涛、史少杰译，重庆大学出版社2017年版。

［美］罗斯·肯普等：《虐待儿童》，凌红等译，辽海出版社2000年版。

［加］马克思·范梅南、［荷］巴斯·莱维林：《儿童的秘密》，陈慧黠、曹赛译，教育科学出版社2004年版。

［美］乔治·H. 米德：《心灵、自我与社会》，赵月瑟译，上海译文出版社2005年版。

［瑞士］让·皮亚杰：《儿童的语言与思维》，傅统先译，文化教育出版社1980年版。

［瑞士］让·皮亚杰、英海尔德：《儿童心理学》，吴福元译，商务印书馆1986年版。

［美］威廉·詹姆斯：《心理学原理》，田平译，中国城市出版社2012年版。

［奥］维特根斯坦：《哲学研究》，陈嘉映译，生活·读书·新知三联书店1992年版。

［德］雅斯贝尔斯：《什么是教育》，邹进译，生活·读书·新知三联书店1991年版。

［美］约翰·杜威：《民主主义与教育》，王承绪译，人民教育出版社1990

年版。

［美］约翰·杜威：《我们怎样思维·经验与教育》，姜文闵译，人民教育出版社 1991 年版。

［美］查尔斯·霍顿·库利：《人类本性与社会秩序》，包凡一、王源译，华夏出版社 1989 年版。

（三）外文著作

Anastasi, A., *Psychological Testing*, New York: Macmillan Publishing, 1988.

Beck, A. T., *Depression: Causes and treatment*, Philadelphia: University of Pennsylvania Press, 1967.

Beck, A. T., Steer, R. A., Brown, G. K., *Beck Depression Inventory*, Springer New York, 2011.

Blcak, T. R., *Doing Quantitative Research in the Social Sciences: An Integrated Approach to Research Design, Measurement and Statistics*, Thousand Oaks, CA: Sage, 1999.

Bollen, K. A., *Structural Equations with Latent Variables*, New York: John Wile & Sons, 1989.

Boss, P., Bryant, C. M., Mancini, J. A., *Family Stress Management: A Contextual Approach*, Thousand Oaks, CA: Sage, 2017.

Bowlby, J., *Attachment and loss*, New York: Basic Books, 1969.

Bronfenbrenner, *Ecological Systems Theory*, In R. Vasta (Ed.), Six Theories of Child Development: Revised Formulations and Current Issues, Philadelphia: Kingsley, 1992.

Browne, M. W., Cudeck, R., *Alternative ways of assessing model fit. Testing Structural Equation Models*, New-bury Park, CA: Sage Publications, 1993.

Camines, E. G., Zeller, R. A., *Reliability and Validity Assessment*, Beverly Hills, CA: Sage, 1979.

Creswell, J. W., *Research Design Qualitative and Quantitative Approaches*, Thousand Oaks, CA: Sage, 1994.

Crocker, L., Algina, J., *Introduction to Classical and Modern Test Theory*, Chicago: HoltRinehart and Winston, 1986.

Dantzer, R., Kelley, K. W., *Psychoneuroimmune Phenomena: Neuroimmune Interactions*, New York: Springer New York, 2016.

Fenichel, O., *Psychoanalytic theory of neurosis*, New York: Norton, 1945.

Gelles, R. J., *Issue in Intimate Violence*, CA: Sage Pub, 1998.

George Herbert Mead, *Mind, Self and Society*, Chicago: University of Chicago Press, 1934.

Giovannoni, J. M., *Child Maltreatment: Theory and Research on the Causes and Consequences of Child Abuse and Neglect*, New York: Cambridge University Press, 1989.

Gorard, S., *Quantitative Methods in Educational Research: The Role of Numbers Made Easy*, London: Continuum, 2001.

James, W., *The principles of psychology*, Cambridge, MA: Harvard University Press, 1983.

Kolb, B., Whishaw, I. Q., *Brain Development and Plasticity*, New York, NY: Worth Publishers, 2015.

Pagelow, M. D., *Family Violence*, New York: Greenwood Press, 1984.

Piper, C., *The Wishes and Feelings of the Child, Undercurrents of Ddivorce*, Aldershot: Darthmouth, 1999.

Stanley, N., *Domestic Violence and Child Protection: Directions for Good Practice*, London: Jessica Kingsley, 2006.

Walsh, F., *Strengthening Family Resilience*, New York, NY: Guilford Press, 2016.

Wong, D. L., *Whaley & Wong's Nursing Care of Infants and Children*, St. Louis, MO: Mosby, 1999.

Young, J. E., Klosko, J. S., Weishaar, M. E., *Schemagerichte Therapie*, Houten: Bohn Stafleu van Loghum, 2005.

二 论文

(一) 中文论文

白卫明、刘爱书、刘明慧：《儿童期遭受心理虐待个体的自我加工特点》，《心理科学》2021年第2期。

程福财：《中国儿童保护制度建设论纲》，《当代青年研究》2014年第5期。

杜雅琼、杜宝贵：《中国儿童保护制度的历史演进》，《当代青年研究》2019年第3期。

范志光、门瑞雪、刘莎：《大学生约会暴力与儿童期虐待经历的关系》，《中国心理卫生杂志》2021年第7期。

方平、熊端琴、郭春彦：《父母教养方式对子女学业成就影响的研究》，《心理科学》2003年第1期。

贾芷菁、凌晓俊：《儿童忽视研究述评》，《陕西学前师范学院学报》2020年第9期。

蒋奖、许燕：《儿童期虐待、父母教养方式与反社会人格的关系》，《中国临床心理学杂志》2008年第6期。

李微微、张青、刘斯漫、王争艳：《父母儿童期情感虐待对学步儿问题行为影响机制的比较》，《心理科学》2020年第3期。

廉婷婷、乔东平：《中国儿童福利政策发展的逻辑与趋向》，《中国公共政策评论》2021年第1期。

刘珏、郭年新、麻超：《儿童期虐待经历对大学生抑郁症状的影响：安全感和拒绝敏感性的中介作用》，《现代预防医学》2018年第10期。

刘黎红：《从"拯救儿童"到"促进安全稳定的家庭"：美国受虐儿童家庭维系服务的演进历程与启示》，《学前教育研究》2018年第6期。

刘婷：《幼儿教师"虐童"行为产生的原因及对策分析》，《黑龙江教育》（理论与实践）2017年第5期。

刘文、邹丽娜：《124例儿童虐待案分析》，《中国心理卫生杂志》2006年第12期。

刘文、刘方、陈亮：《心理虐待对儿童认知情绪调节策略的影响：人格特质的中介作用》，《心理科学》2018年第1期。

刘晓、黄希庭：《社会支持及其对心理健康的作用机制》，《心理研究》2010年第1期。

陆芳：《受虐儿童社会情绪能力发展的研究述评》，《中国特殊教育》2016年第5期。

路晓霞：《英国儿童服务制度研究与借鉴》，《预防青少年犯罪研究》2013年第6期。

罗玲、张昱：《美国密集型家庭维系服务及其对中国的启示》，《理论月刊》2016年第6期。

尚晓援：《儿童保护制度的基本要素》，《社会福利》（理论版）2014年第8期。

孙丽君、杨世昌：《460名普通中小学生儿童行为情绪问题与受虐状况调查》，《四川精神卫生》2013年第3期。

王登辉、罗倩：《试论虐待儿童的法律法规制》，《青年探索》2014年第5期。

王丽、傅金芝：《国内父母教养方式与儿童发展研究》，《心理科学进展》2005年第3期。

肖索未：《"严母慈祖"：儿童抚育中的代际合作与权力关系》，《社会学研究》2014年第6期。

肖勇、汪耿夫、杨海、王路晗、胡国云、徐耿、苏普玉：《青少年童年期虐待与忽视对不良心理行为的影响》，《中国学校卫生》2016年第1期。

谢玲、李玫瑾：《虐待对儿童的影响及行为成因分析》，《中国青年社会科学》2018年第2期。

杨娜：《幼儿园教师虐童行为产生的原因及其规避路径分析——基于生态学视角》，《现代教育科学》2018年第8期。

杨世昌、张亚林、郭果毅、黄国平：《受虐儿童的父母养育方式探讨》，《实用儿科临床杂志》2003年第1期。

杨世昌、张亚林、黄国平、郭果毅：《受虐儿童个性特征初探》，《中国心理卫生杂志》2004 年第 9 期。

杨志超：《美国儿童保护强制报告制度及其对我国的启示》，《重庆社会科学》2014 年第 7 期。

姚建龙：《防治儿童虐待的立法不足与完善》，《中国青年政治学院学报》2014 年第 1 期。

尤伟琼、李涛：《未成年人保护法视域下的"六大保护"》，《中国民族教育》2021 年第 6 期。

于增艳、赵阿勐、刘爱书：《儿童期受虐经历与抑郁的元分析》，《心理学报》2017 年第 1 期。

袁飞飞、孔维民：《幼儿园教师虐童事件的起因与应对》，《陕西学前师范学院学报》2019 年第 3 期。

袁宗金：《"好孩子"：一个需要反思的道德取向》，《学前教育研究》2012 年第 1 期。

袁宗金：《儿童提问的消逝——基于教育文化的社会学分析》，《南京晓庄学院学报》2018 年第 10 期。

袁宗金、张磊：《儿童虐待对儿童生理与心理健康影响的研究进展综述》，《生活教育》2022 年第 5 期。

岳冬梅、李鸣杲、金魁和、丁宝坤：《父母教养方式：EMBU 的初步修订及其在神经症患者的应用》，《中国心理卫生杂志》1993 年第 3 期。

张华英：《英国儿童权益保护工作凸显三大特色》，《社会福利》（理论版）2012 年第 4 期。

张建人、孟凡斐、凌辉、龚文婷、李家鑫：《童年期虐待、父母教养方式、不安全依恋与大学生反社会人格障碍的关系》，《中国临床心理学杂志》2021 年第 1 期。

张玮宣、苏果云：《改革开放四十年中国儿童福利体系发展与新挑战》，《劳动保障世界》2019 年第 14 期。

张智辉：《家暴受虐儿童的社会工作介入》，《社会福利》（理论版）2015 年第 9 期。

赵川芳：《我国儿童保护立法政策综述》，《当代青年研究》2014 年第 5 期。

赵芳、徐艳枫、陈虹霖：《儿童保护政策分析及以家庭为中心的儿童保护体系建构》，《社会工作与管理》2018年第5期。

朱婷婷：《从儿童躯体虐待角度：看中国传统教养方式对儿童心理发展的影响》，《内蒙古师范大学学报》（教育科学版）2005年第4期。

（二）外文论文

Beristianos, M. H., Maguen, S., Neylan, T. C., Byers, A. L., "Trauma Exposure and Risk of Suicidal Ideation Among Ethnically Diverse Adults", *Depression & Anxiety*, Vol. 33, No. 6, 2016.

Bernard, K., Frost, A., Bennett, C. B., Lindhiem, O., "Maltreatment and Diurnal Cortisol Regulation: A Meta-analysis", *Psychoneuroendocrinology*, Vol. 78, No. 3, 2017.

Butchart, A., et al., "Preventing Child Maltreatment: A Guide to Taking Action and Generating Evidence", *World Health Organization WHO*, Vol. 24, No. 6, 2008.

Cabrera, C., H. Torres, S. Harcourt, "The Neurological and Neuropsychological Effects of Child Maltreatment", *Aggression and Violent Behavior*, Vol. 54, No. 2, 2020.

Chang, Y. C., et al., "Child Protection Medical Service Demonstration Centers in Approaching Child Abuse and Neglect in Taiwan", *Medicine*, Vol. 95, No. 11, 2016.

Davis, A. S., Moss, L. E., Nogin, M. M., Webb, N. E., "Neuropsychology of Child Maltreatment and Implications for School Psychologists", *Psychology in the Schools*, Vol. 52, No. 1, 2015.

De Bellis, M. D., Keshavan, M. S., Clark, D. B., Casey, B. J., et al., "Developmental Traumatology Part II: Brain Development", *Biological Psychiatry*, Vol. 45, No. 1, 1999.

De Punder, K., Overfeld, J., Dörr, P., Dittrich, K., Winter, S. M., Kubiak, N., Heim, C., "Maltreatment Is Associated with Elevated C-reactive Protein Levels in 3 to 5 Year-old Children", *Brain Behavior and Immunity*, Vol. 66, No. 2, 2017.

Dumontheil, I., "Development of Abstract Thinking During Childhood and Adolescence: The Role of Rostrolateral Prefrontal Cortex", *Developmental Cognitive Neuroscience*, Vol. 10, No. 3, 2014.

Fang, X., Fry, D. A., Ji, K., Finkelhor, D., Chen, J., "The Burden of Child Maltreatment in China: a Systematic Review", *Bulletin of the World Health Organization*, Vol. 93, No. 3, 2015.

Gerin, M. I., Gerin, V. B., Blair, J., White, S., Puetz, V., "A Neurocomputational Investigation of Reinforcement-based Decision Making as a Candidate Latent Vulnerability Mechanism in Maltreated Children", *Development & Psychopathology*, Vol. 29, No. 10, 2017.

Gold, A. L., Sheridan, M. A., Peverill, M., Busso, D. S., Lambert, H. K., Alves, S., McLaughlin, K. A., "Childhood Abuse and Reduced Cortical Thickness in Brain Regions Involved in Emotional Processing", *Journal of Child Psychology and Psychiatry*, Vol. 57, No. 10, 2016.

Grady, M. D., Yoder, J., Brown, A., "Childhood Maltreatment Experiences, Attachment, Sexual Offending: Testing a Theory", *Journal of interpersonal violence*, Vol. 36, No. 5, 2021.

Grassi-Oliveira, R., Ashy, M., Stein, L. M., "Psychobiology of Childhood Maltreatment: Effects of Allostatic Load", *Revista brasileira de psiquiatria*, Vol. 30, No. 1, 2008.

Heim, C., Newport, D. J., "The Link Between Childhood Trauma and Depression: Insights from HPA Axis Studies in Humans", *Psychoneuroendocrinology*, Vol. 33, No. 6, 2008.

Hein, T. C., Monk, C. S., "Research Review: Neural Response to Threat in Children, Adolescents, and Adults After Child Maltreatment-A Quantitative Meta-analysis", *Journal of Child Psychology and Psychiatry*, Vol. 58, No. 2, 2017.

Hillis, S., et al., "Global Prevalence of Past-year Violence Against Children: A Systematic Review and Minimum Estimates", *Pediatrics*, Vol.

137, No. 3, 2016.

Kim, H., Wildeman, C., Jonson-Reid, M., Drake, B., "Lifetime Prevalence of Investigating Child Maltreatment Among US Children", *American Journal of Public Health*, Vol. 107, No. 2, 2017.

Kisely, S., Strathearn, L., Mills. R., Najman, J. M., "A Comparison of the Psychological Outcomes of Self-reported and Agency-notified Child Abuse in a Population-based Birth Cohort at 30-year-follow-up", *Journal of Affective Disorders*, Vol. 280, No. 12, 2021.

Leung, P. W. S., Wong, W. C. W., Chen, W. Q., Tang, C. S. K., "Prevalence and Determinants of Child Maltreatment Among High School Students in Southern China: A Large-scale School-based Survey", *Child and Adolescent Psychiatry and Mental Health*, Vol. 62, No. 2, 2008.

Lu, S. J., Gao, W. J., Huang, M. L., Li, L. J., Xu, Y., "In Search of the HPA Axis Activity in Unipolar Depression Patients with Childhood Trauma: Combined Cortisol Awakening Response and Dexamethasone Suppression Test", *Journal of Psychiatric Research*, Vol. 78, No. 3, 2016.

McDonnell, C. G., Boan, A. D., Bradley, C. C., Seay, K. D., Charles, J. M., Carpenter, L. A., "Child Maltreatment in Autism Spectrum Disorder and Intellectual Disability: Results from a Population-based Sample", *The Journal of Child Psychology and Psychiary*, Vol. 60, No. 5, 2018.

McLaughlin, K. A., Sheridan, M. A., "Maltreatment Exposure, Brain Structure, and Fear Conditioning in Children and Adolescents", *Neuropsychopharmacology*, Vol. 41, No. 8, 2016.

Menke, A., "Is the HPA Axis as Target for Depression Outdated, or Is There a New Hope", *Frontiers in Psychiatry*, Vol. 101, No. 10, 2019.

Mielke, E. L., Neukel, C., Bertsch, K., Reck, C., Möhler, E., Herpertz, S. C., "Alterations of Brain Volumes in Women with Early Life Maltreatment and Their Associations with Oxytocin", *Hormones and*

Behavior, Vol. 97, No. 2, 2018.

Monteleone, A. M., Ruzzi, V., Pellegrino, F., Patricello, G., Cascino, G., Del Giorno, C., Maj, M., "The Vulnerability to Interpersonal Stress in Eating Disorders: The Role of Insecure Attachment in the Emotional and Cortisol Responses to the Trier Social Stress Test", *Psychoneuroendocrinology*, Vol. 101, No. 4, 2019.

Nelson, J., Klumparendt, A., Doebler, P., Ehring, T., "Childhood Maltreatment and Characteristics of Adult Depression: Meta-analysis", *British Journal of Psychiatry the Journal of Mental Science*, Vol. 210, No. 2, 2017.

Pervanidou, P., Chrousos, G. P., "Posttraumatic Stress Disorder in Children and Adolescents: Neuroendocrine Perspectives", *Science Signaling*, Vol. 245, No. 5, 2012.

Puetz, V. B., Viding, E., Palmer, A., Kelly, P., Lickley, R., Koutoufa, I., Mccrory, E., "Altered Neural Response to Rejection-related Words in Children Exposed to Maltreatment", *Journal of Child Psychology and Psychiatry*, Vol. 57, No. 1, 2016.

Quidé, Y., O'Reilly, N., Watkeys, O. J., Carr, V. J., Green, M. J., "Effects of Childhood Trauma on Left Inferior Frontal Gyrus Function During Response Inhibition Across Psychotic Disorders", *Psychological Medicine*, Vol. 48, No. 9, 2018.

Teicher, M. H., Andersen, S. L., Polcari, A., Anderson, C. M., Navalta, C. P., Kim, D. M., "The Neurobiological Consequences of Early Stress and Childhood Maltreatment", *Neuroscience and Biobehavioral Reviews*, Vol. 27, No. 1, 2003.

Teicher, M. H., Samson, J. A., Anderson, C. M., Ohashi, K., "The Effects of Childhood Maltreatment on Brain Structure, Function and Connectivity", *Nature Reviews. Neuroscience*, Vol. 17, No. 10, 2016.

Vasilevski, V., Tucker, A., "Wide-ranging Cognitive Deficits in Adolescents Following Early Life Maltreatment", *Neuropsychology*, Vol. 30,

No. 2, 2016.

Wang, L., Dai, Z., Peng, H., Tan, L., Ding, Y., He, Z., Li, L., "Overlapping and Segregated Resting-state Functional Connectivity in Patients with Major Depressive Disorder with and Without Childhood Neglect", *Human Brain Mapping*, Vol. 35, No. 1, 2014.

Wan, G. W., Wang, M., Chen, S., "Child Abuse in Ethnic Regions: Evidence from 2899 Girls in Southwest China", *Children and Youth Services Review*, Vol. 105, No. 3, 2019.

Watts-English, T., Fortson, B. L., Gibler, N., Hooper, S. R., De Bellis, M. D., "The Psychobiology of Maltreatment in Childhood", *Journal of social issues*, Vol. 62, No. 4, 2006.

Yoder, J., Dillard, R., Leibowitz, G. S., "Family Experiences and Sexual Victimization Histories: A Comparative Analysis Between Youth Sexual and Nonsexual Offenders", *International Journal of Offender Therapy and Comparative Criminology*, Vol. 62, No. 2, 2017.

后　记

　　幸福的人用童年治愈一生，不幸的人用一生治愈童年。

　　儿童是自然的存在，千百年来，每一代人都是在对"好孩子"的追求中长大。每一个孩子都哭着、喊着、笑着、闹着，同时又那么认真地渴望成为"好孩子"。但当幼童在遭受暴力时，我们还有多少值得奢求的美好？那些童年不幸的人，长大后往往在性格上有缺陷，在很多地方也有难免的缺点，譬如沉默寡言，譬如抑郁消极，譬如不相信任何人和一切，谨小慎微，等等，就像那街头巷尾受尽折磨、伤害与委屈的流浪猫流浪狗，在躲在阴暗角落瑟瑟发抖的同时，又默默舔舐着自己的伤口，无情地注视着世间的一切。

　　传统教育强调"以家族为中心"，强调成人的要求和干预。约束与压力让孩子产生强烈的挫败感，尊重、自由、自信、快乐等让生命充满活力的词语，最终只是昙花一现，童年的经历使孩子能够熟练地学会把自己放在一边，以满足家庭的需要和家庭照顾者的期望。孩子在放大镜下长大，长辈们事无巨细地检查，没有理由，不准辩解，凶一点跌落到否定的恐惧，赞美又会掉入交换的陷阱。只有眼神里的真爱和等待、大手中的包容和接纳，才能抚慰受伤的心灵，让瑟缩的孩子放掉惊惶，让儿童知道自己重要，自己爱自己。

　　童年伤口永远无法愈合，它只能被遮挡。做研究一定要是对自己有意义的，不是为了做研究而做研究，把它做完就算了，需要去反思：做这样的研究，在我生命里的意义是什么？在我现阶段有什么样的意义？从研究过程里可以学到什么？可以感受到什么？所以去选择一个对自己有意义的主题进行研究，是做研究很重要的态度。昨晚蓦地从很深的梦境中醒来，梦见母亲高声责骂着我，一如小时候的无数次梦里场景。委屈又伤心的情绪冲破了梦境直抵现实，醒来的我满脸泪痕，委屈又伤心的情绪不但未因梦醒而消除，反而比梦里更深重，前尘旧事，所有半生经历过的苦痛似乎全被聚集到了一起。

给孩子一个幸福的童年，如同让阳光照亮他的一生。谁来为孩子说话？谁又看见孩子了？当我以为我看见孩子，事实上，我可能是没有看见的。"要看得见舞台""要勇敢一点把话说出来"，逼得我不得不面对自己内心深处的"畏惧"。从开始的模糊想法到真正着手进入研究现场搜集资料、分析数据、梳理思绪，在每一步踏实的具体行动中，在图书馆字斟句酌的日日夜夜里，一切终于变得清晰明朗起来。这期间有过犹疑彷徨，亦经历了浮躁不安，所幸最后还能静下心来审视自己的灵魂。

感谢每一个善待和帮助过我的人，感谢朋友们的陪伴，是你们组成我生命中一点一滴的温暖。多少个寂静无人的夜里，只有书本和计算机为伴，多少个焦虑不安的日子里，幸而有你们的关怀和鼓舞，使我得以顺利完成此项研究。这份曾经拥有的感动，将深放在心中。人生漫漫，愿我们保持热爱，高处相见。

感谢刘亚鹏博士、齐星亮博士、李艳玮博士、吴彦博士、汤艳梅博士、易彬彬博士、郭艳芳博士、林榕博士、张莉博士、陈晓铖老师、吕嘉慧同学，是你们在困难的时期，帮助我完成问卷的编制和数据的整理与分析。感谢李金涛老师，他的智慧和辛勤给拙文增色不少，也让我的文字得以飞扬。

我们的童年已经永远地逝去，也许只能在梦里找寻。可是，我们的孩子，他们的童年，我不希望再重蹈我们的覆辙。因此，除了法律的严厉警戒和惩罚之外，我们也应关注到每一个为人师表的教师，关注到每一个担负起时代使命的教育机构，尽快建立更完备、更人性化的教育监督机制。只有孩子免于被侮辱和被损害，只有孩子拥有明媚而健康的未来，我们才未来可期。

愿每个孩子都有一个幸福快乐的童年！